愛媛県東予における
林田哲雄と近代的農民運動

越智順一

創風社出版

編者まえがき

越智順一氏は、二〇一九年七月から二二年三月にかけて、三三回にわたって『愛媛民報』に連載「東予における近代的農民運動」を書いた。執筆後、越智氏は、この論稿をふくらませて一書にするつもりで少しずつ準備に取りかかっていた。執筆すべきところは、すでに自分の研究蓄積にあり、二年もあれば、余裕で完成するはずであった。ところが、予期しない病魔に侵され、厳しい闘病のすえ、昨年、二〇二三年四月、不帰の客となった。

本書は、越智氏の友人、元愛媛県高校教諭、近代史文庫会員、澄田恭一、元愛媛医療生協理事、近代史文庫代表、冨長泰行、元愛媛民報記者、東温市議会議員、小島建三、関東学院大学名誉教授、佐伯尤の四名が、相談の上、編集したものである。右に述べた『愛媛民報』の連載論稿を第一部とし、『えひめ近代史研究』に掲載された近代史文庫会員（越智氏含む）の林田哲雄に関する研究三点と、越智氏が『東予市誌』と『小松町誌』に書いた二つの論稿を合わせて、第二部とした。しかし、おそらく越智氏の著書構想では、このような二部構成は考えられていなかったであろう。この点、本書でなぜこのような編成をとったか、一言説明を要するであろう。

第一部の「東予における近代的農民運動」が、本書の中心論稿である。この中で、著者は、「林田の活動をとおして大正末から昭和初期の東予の農民運動を記録する」ことを課題とすると述べているが、林田哲雄の活動を述べないでは、愛媛県東予における近代的農民運動は語ることはできない。あえて言えば、林田哲雄の活動そのものが、東予の近代的農民運動の始まりであり、展開であった。

第二部「研究論稿」を設けた理由は、次のとおりである。林田哲雄についての研究は、現在のところ、主に、松山市に本部をおく近代史文庫の会員にかぎられている。したがって、林田哲雄について研究しようとすれば、まず近代史文庫の機関誌『えひめ近代史研究』に発表された研究を参照しなければならない。これが第一の理由である。第二の理由は、『愛媛民報』の越智氏の論稿自体が、これらの研究と、上に述べた、『東予市誌』と『小松町誌』に越智氏自身が発表した論稿を土台として書かれていることである。およそ歴史研究の理解に始まるであろうが、それを乗り越えて新しい知見を加えようとすれば、新しい資料を発掘し、解読し、事実をきちんと認識し、事実相互の関係を確定し、しかるのちに、歴史の展開を考定する。第二部の諸論稿は、まさにそれらの研究実践を示すものである。したがって、ここにこれらを掲載し、第一部の論稿の基礎となったものを紹介する意義は十分にあると思われる。

本書に収録した論稿の初出は、次のとおりである。

第一部「東予における近代的農民運動」―『愛媛民報』（二〇一九年七月二一日～二二年三月二〇日）。
第二部　第一章「周桑における地主小作関係と小作争議、農民運動」―『東予市誌』一九八七年。
第二部　第二章「小松における地主小作関係と小作争議、農民運動」―『小松町誌』一九九二年。
第二部　第三章「研究ノート　「昭和初期における林田哲雄と仲間たち」とその後（遺稿）」（今井貴一）―『えひめ近代史研究』第六七号（二〇一三年八月）。
第二部　第四章「資料解題　林田哲雄関係書簡から見た昭和初期の農民運動―今井貴一会員遺稿をふまえて」―『えひめ近代史研究』第六七号（二〇一三年八月）。
第二部　第五章「資料紹介　林田哲雄の予審終結決定書」（冨長泰行）―『えひめ近代史研究』第七六号（二〇二二年一一月）。

第二部第一章と第二章の論稿の掲載を許可して下さった西条市教育委員会社会教育課に感謝しますとともに、丁寧にお調べくださった愛媛県立図書館の堀内様と島根県浜田市中央図書館の藤本様と児玉様にお礼申しあげます。また、本が立派に仕上がったのは、何事にもてきぱきと適切に対応してくださった創風社出版の大早友章様と大早直美様のおかげです。記して感謝の意を表します。

凡例

一　本書に収録した諸論稿は、それぞれ独立論文であるため、同じ言葉が違った表記で表されている場合がある。原文尊重の意味から、初出のままにした。

一　第二部第一章と第二章はそれぞれ、『東予市誌』「近代・現代　第二章　市町村制公布から第二次世界大戦終了までの東予市域」の「七　大正期の地主小作関係」と「八　小作争議と農民運動」、『小松町誌』「近代・現代　第八章　第一次世界大戦後の郡町村と住民の動き」の「二　地主制と農民」と「三　小作争議と農民運動」から構成されている。それぞれ二つの論稿を合わせて、章のタイトルを決めた。

一　第一部「東予における林田哲雄と近代的農民運動」においては、章を設け、節のタイトルを一部変えた。第二部第四章「資料解題　林田哲雄関係書簡から見た昭和初期の農民運動――今井貴一会員遺稿をふまえて」においては、既存の節に新たに四つの節を設け、また、著者による暦年別区分を事件あるいは時代の局面区分に変更した。

一　原文に手を入れたところが二ヶ所ある。一つは、第二部第四章一節「愛媛における労農党・日本農民組合の分裂」の冒頭の文章であり、一部修正した。もう一つは、第二部四章九節冒頭の「一九三二（昭和七）年の数通の書簡から」に始まり「農民運動は一時休止となった。」で終わる一〇のパラグラフから成る長い文章を、本章の「おわり」直前の位置から、九節冒頭に移した。

一　第一部第四章と終章、および第二部第四章と第五章の原文には、小川重明と記されているが、本名が重朋と判明したので、愛媛新報が記事で報じた小川重明を除き、すべて、小川重朋に変更した。

愛媛県東予における林田哲雄と近代的農民運動

―目　次―

第二部 研究論稿 79

第一部

東予における近代的農民運動

第一章　林田哲雄の労働・農民・水平運動へのかかわり

一　林田哲雄

林田哲雄

愛媛の農民運動家と言えば多くの人が井谷正吉の名を挙げる。

戦前、北宇和郡日吉村に「明星が丘我らの村」を創設し、多くの若者と共に「新しい村」建設に取り組み、南予平民党を率い、日本農民組合予土聯合会を結成し小作争議を指導。戦後は衆議院議員四期、郷土の発展に多くの足跡を残した業績は活動家の名にふさわしい。

同じころ、東予に林田哲雄がいた。知名度は井谷ほどではないが、その活動は勝るとも劣らない。

昭和四三年（一九六八）三月一九日付の愛媛新聞「激流に生きた人々」で、林田と共に活動した日本農民組合愛媛県連合会常任委員玉井教一氏は「時代の先覚者は年代の如何を問わず権力者と対立して抗争するものだ。大正・昭和にかけて『愛媛の宗五郎』に等しい農民運動の草分けをしたのが林田哲雄君であった」と述べ、「検束されること七十餘回、獄につながれること五年二ヵ月、彼の一生は農民、労働者、水平社の人たちにささげた血みどろの戦いであった」と紹介している。

林田は、大正末から昭和初期、東予での労・農・水三角同盟の構築に取り組み、日本農民組合愛媛県連合会（日農愛媛県連）書記長として県内の農民運動を牽引した。

私はこの際、林田の活動をとおして大正末から昭和初期の東予の農民運動を記録に残しておこうと思う。

林田哲雄は明治三二年（一八九九）周桑郡小松町（現西条市小松町）の明勝寺（真宗大谷派）孝純師の次男として生まれた。幼くして父を亡くし、兄も夭折したので、寺を継ぐため、大正七年（一九一八）、西条中学から京都の大谷大学に入学した。

当時、民衆の力を示した米騒動やロシア革命の影響もあって、新しい社会思想や民衆運動が広がろうとしていた。

そうしたなかで、社会主義思想に関心を持った哲雄は、大正九年一二月、結成された日本社会主義同盟に加入した。しかし、翌年、結成後わずか六ヶ月で、政府の弾圧を受け会は解散した。

近代史文庫会員であった故今井貴一氏は、同郷の先人林田哲雄と農民運動を丹念に調べ多くの資料を残した。その中の、「農民運動の中の林田哲雄関係年表」によれば、「哲雄はこの頃（大正九年ころ）、大谷大学を中退し帰郷、僧侶を継ぐ」となっている。中退の理由は明らかではないが、この同盟加入が、学業なかばで帰郷し社会運動に取り組む大きな要因となったのではないかと述べている。

一方、平成一六年（二〇〇四）刊行の日外アソシエーツ「二一世紀の日本人名辞典」によれば、加盟を理由に中退し、大谷大学社会事業研究所に入り大学図書館に勤務した、と書かれている。

いずれにせよ哲雄は、大正一一年三月三日、京都岡崎公会堂での全国水平社創立大会に参加し、社会運動に取り組む決意を持って帰郷した。

二　日本農民組合の成立

哲雄が京都から帰ったとされる大正一一年（一九二二）は、日本の民衆運動の歴史にとって画期的な年であった。吉野作造、新渡戸稲造、大山郁夫など、知識人を中心に起こった大正デモクラシー運動や、民衆の不満が嵐のように全国を吹き荒れた米騒動など、広範な社会運動の影響を受け抑えられていた人々が立ち上った。

大正一一年三月三日、京都岡崎公会堂に未解放部落の代表二〇〇〇人が集まり、「全国に散在する我が特殊部落民よ、団結せよ、長いあいだいじめられてきた兄弟よ」で始まり、「水平社はかくして生まれた。人の世に熱あれ、人間に光あれ」とむすばれた格調高い宣言を採択し全国水平社を結成。「部落民自身の行動によって絶対の解放を期す」と各地に運動を広げ、創立一年目に三府五県に六〇の水平社を成立させた。

つづいて、同年四月九日、賀川豊彦、杉山元治郎らの呼びかけに応え日本農民組合（日農）が結成された。明治中期に確立した半封建的地主制のもとで、収穫の半分を超える高額小作料に苦しめられていた小作農民は、大正の初め頃から団結し地主に対抗しはじめた。

全国的に小作争議が本格化するのは、第一次世界大戦後の恐慌以降である。

大正七年に全国で八八に過ぎなかった小作人組合は、同一一年、五二五と増え、それにともなって小作争議も年々増加した。特に米騒動のあった大正七年を境に、同六年、八五件だった争議は、七年、二五六件、一〇年、一六八〇件、一三年には二二〇六件と急増した。

このような状況のもとで、ともにキリスト教徒であり、社会運動に取り組んでいた賀川豊彦と杉山元治郎は小作人組合の全国統一組織の結成に取り組んだ。

創立大会は神戸市山手キリスト教青年会館に全国から六八人の代表者が集まって開かれた。愛媛からは賀川豊彦と親交のあった井谷正吉が参加した。

大会は、綱領と「日本の農民よ団結せよ」と呼びかける創立宣言を採択し、杉山元治郎を委員長に、賀川豊彦、山上武雄ら一〇人の理事を選び、機関紙「土地と自由」を発刊、全国の小作争議を指導した。

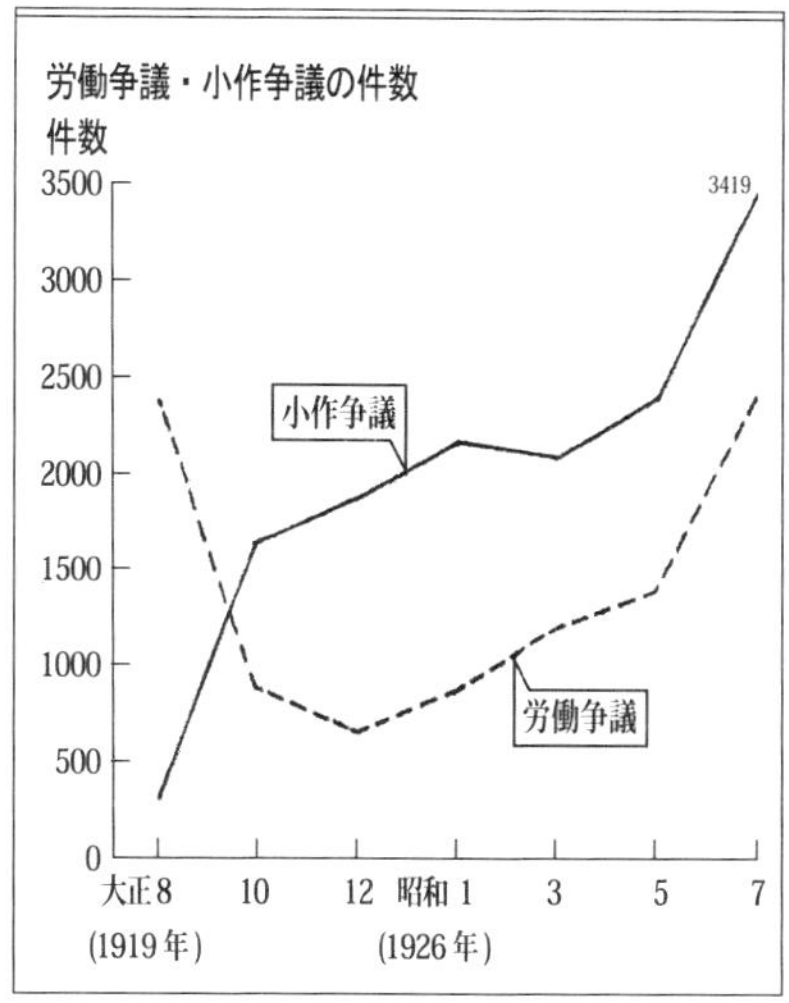

日農は、設立時の加盟支部はわずか一五、組合員二五三人に過ぎなかったが、翌年末には、支部数三〇四、会員二五七一一人、同一四年には支部九五七、会員七二七九四人と、燎原の火の如く全国に組織を拡大した。

労働者も、前年の大正一〇年、友愛会を戦闘的な日本労働総同盟に改称した。

こうして、労働者・小作農民・未解放部落民ら無産階級の人々は、自らの権利獲得の為の全国統一組織を持った。

また、大正一一年七月一五日、日本共産党が結成された。

若い哲雄は、このような民主主義思想と社会運動の高揚期を京都で学び、帰郷し社会運動に取り組み始めた。

三　水平運動

帰郷した哲雄は、はじめ水平運動に取り組んだ。

「全国に散在するわが特殊部落民よ団結せよ」の水平社宣言の呼びかけに応え、愛媛でもいわれなき差別に憤りを持っていた被差別部落民が立ち上がった。

全国水平社が結成された翌年の大正一二年（一九二三）四月一八日、水平運動に取り組む決意をもって、福日日新聞の記者を辞し郷里に帰った松波彦四郎が中心となり、温泉郡拝志村に全国水平社拝志支部を結成。同時

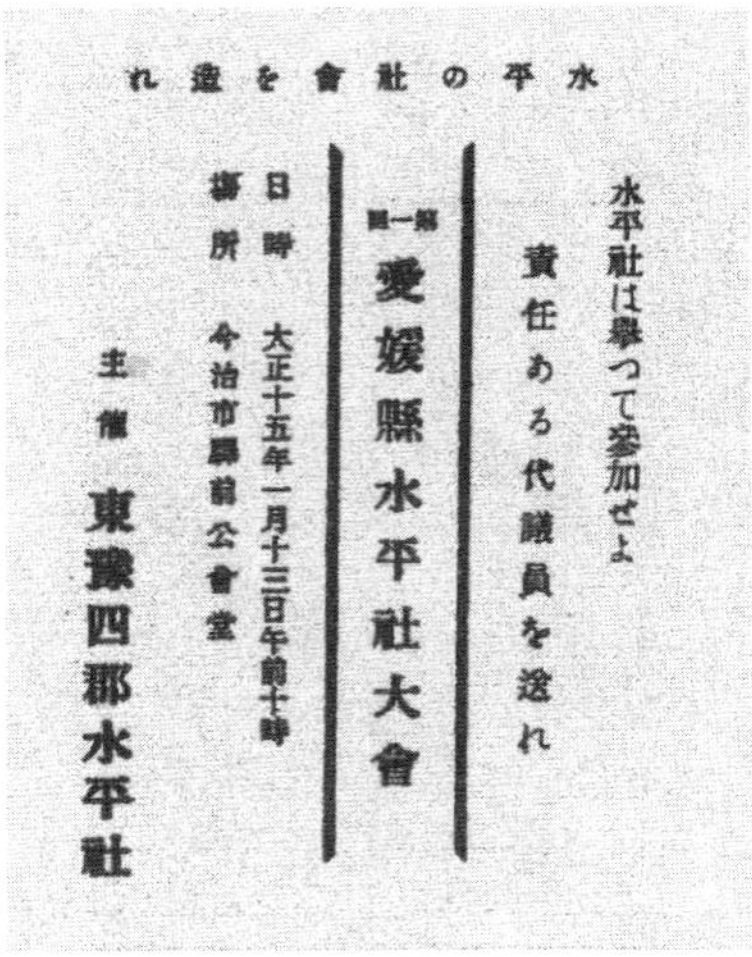

第１回愛媛県水平社大会の
成功を訴えるビラ

に、県本部を併設し運動を広げ中予各地に水平社支部を設置した。

東予でも運動が起こった。同年七月九日、県本部から松波彦四郎、徳永参次らが来て、周桑郡徳田村（現西条市丹原町徳田）で「水平運動宣伝演説会」を開き啓発、矢野一義、玉井直助らが水平社壬生川支部を結成した。

同年一〇月一八日、徳田村専念寺で周桑・新居・宇摩三郡による水平社東予支部発足式が行われ、翌一三年二月二〇日、同じく専念寺で、千名を超える参加者で第一回周桑郡水平社大会が開催されるなど、東予一円にも運動が広がった。

大正一二年一〇月四日、越智郡桜井小学校で差別事件が起こった。校長と訓導が授業中に、全学年の未解放部落の児童だけを集め差別用語を用いて生活面の注意をした。しかし、町長は保護者を戸別訪問し高圧的な態度で説得した。保護者は特別扱いに抗議し町長らに嘆願書を提出した。しかし、町長は保護者を戸別訪問し高圧的な態度で説得した。部落民は憤慨、県水平社本部に連絡し争議となった。

これは県水平社が最初に取り組んだ重大事件であった。哲雄は、県本部執行委員西原佐喜一らと共に県本部から派遣され調査にあたった。

そして、同年一一月二〇日、越智・周桑・新居・宇摩郡から千数百人を集め、桜井座で校長糾弾水平社大演説会を開催し越智郡水平社支部を結成した。

全国水平社は当初、自分たちを差別する者へのはげしい糾弾を運動の中心に据えていた。しかし、この頃から、「部落差別の本質は、封建遺制ばかりではなく、日本資本主義の封建的体質が差別を温存し拡大している」との認識に立ち、社会構造の変革を求める労農大衆と団結して闘わなければ真の解放は実現しないという労農水三角同盟の方針を打ち出していた。

翌一三年八月二〇日、周桑郡壬生川町で、共に小作争議を闘った水平社員と小作農民三〇〇名が参加し農民大会が開催され、哲雄が「農民組合の本質と根本問題」、県水平社執行委員の徳永参次が「農民運動と水平運動の提携について」演説し、共同して農民組合設置に取り組むことを決議した。

つづいて、同月二四日、周桑郡丹原町の丹原劇場で、周桑郡水平社第二回大会が開かれ、労農水三角同盟を進める中央の方針を可決した。

この頃、未解放部落の約七割は農民で、その大部分は小作人であった。未解放部落民にとって、地主制と闘う農民組合との共闘は自らの解放のための闘いでもあった。

四　労働運動との提携

哲雄は水平運動に取り組むと同時に労働運動も支援した。

住友別子鉱山事業所で、第一次大戦後の不況を乗り切るため大量解雇が行われた。解雇者のほとんどが労働災害の怪我人や病人だったので労働者の中に不安や不満が広がった。

大正一三年（一九二四）五月、解雇された労働者が日本労働総同盟大阪連合会に実情を訴えた。連合会は新居浜出身の鈴木悦治郎をオルグに派遣、鈴木は別子鉱山事業所に労働組合を結成しようと計画した。

哲雄はこれを支援した。

同年七月五日、別子鉱山鹿森部落に入り、自ら作成した次のような檄文を配布し労働者に組合加入を呼びかけた。

万国の労働者団結せよ

東平の別子鉱山採鉱事務所跡

労働者諸君兄弟よ。吾らは社会のすべてが生きる為になくてはならぬ衣食住を生産する。我らが働かなかったら世界は闇だ。今日の文明は労働者の汗と油で築き上げげたのだ。（中略）

自覚せる兄弟よ。我らは労働の尊さと我らの使命を知っている。文化の進運を妨げ、人類の九割を奴隷とする資本家の搾取に応戦せねばならぬ。

奪われたる吾らの権利と自由を回復しなければならぬ、我らの唯一の力は「団結」だ。

労働組合を作れ、農民組合を作れ、未来は我らのものだ。

（発行編集人林田、発小松町労働社）

鈴木や哲雄たちの呼びかけに応じ組合加入者が増え、同年一〇月一日、日本労働総同盟大阪連合会別子労働組合の創立大会が開催された。創立時の組合員数は、別子銅山全労働者の約三分の一にあたる一四六四名。更に翌一四年一月、一六五八名に増えた。

危機感を持った会社側は、同年二月から三月にかけて、組合切り崩しを図り、労使協調を掲げた第二組合「改善会」を組織し、加入者を優遇するとともに、争議の中心だった飯尾金次ら組合幹部三名を解雇した。飯尾は後、新居郡農民組合書記になり哲雄に協力した。

会社側の切り崩しが功を奏し、わずか二ヶ月で組合員は二八〇名に激減した。しかし、組合は、同年一一月一日、創立一周年記念大会を開催。会社に十二項目の要求を四四〇名の賛同署名を付けて提出した。会社はこの要求を拒否、組合は一二月、スト宣言を発し別子鉱業所創業以来の大争議となった。

この争議の支援に労働総同盟から麻生久、水谷長三郎、日農顧問弁護士小岩井浄、日農香川県連委員長前川正一らが来た。

哲雄はこれらの人々と共に争議団を応援し、小松町の農民組合員に呼び掛け、白米四俵、野菜二〇俵をカンパし、争議団の周桑での食料買い出しに協力した。

また、同一四年五月一日、因島労働組合今治支部が吹揚公園で挙行した四国最初のメーデー示威行進に参加したり、同年八月六日、今治市旭座での日本労働総同盟と今治労働組合共催の労働問題大演説会で演説するなど、労働者との結びつきを強め、東予での労農水三角同盟構築のため奔走した。

第二章　東予における近代的農民運動のはじまり

一　東予における日農香川県連支部の結成

水平社運動に取り組んでいた哲雄は大正一一年（一九二二）京都で開かれた社会問題講習会に出席し、日農委員長杉山元治郎の講演を聞いたのがきっかけとなり農民運動に取り組み始めた。

その年、さっそく、日農本部から杉山元治郎と仁科雄一を招き小松町ほか数か所で演説会を開催し組合結成を準備した。

この時期、愛媛県内でも小作争議が増加していた。大正九年わずか二件に過ぎなかった争議が、同一〇年以降急増し、同一一年、三四件、同一二年に三九件、同一三年、四二件に上った。小作人組合も大正一〇年以前はわずか四組合だったが、同一三年には四一を数えた。

この頃の争議発生地域は中予地方が中心で、特に温泉郡は大正一三年の発生件数が二二件と県全体の半数を占めていた。小作人組合も同郡に多く作られていた。

しかし、これらの組合は各町村の単独組織で、全県的、全国的なつながりを持つものではなかった。

全国組織につながりを持った近代的農民組合の結成は東予から始まった。大正一三年三月、周桑郡国安村高田で小作争議が発生した。

地主越智は田一反五畝の小作地を自己宅地に変更するため小作人黒瀬に土地の返還を求めた。高田の小作人は地主の一方的な土地取り上げに抗議し争議となった。

哲雄は水平社壬生川支部の矢野一義と共にこの争議を支援した。争議の支援に来た日本農民組合香川県連合会（日農香川県連）の委員長前川正一は、哲雄らに組合結成を勧め、大正一三年九月六日、矢野一義を支部長に日農香川県連壬生川町支部が成立した。これは県内最初の日農支部である。

同年一〇月、周桑郡石根村でも小作争議が起こった。

日農愛媛県連壬生川町支部旗

石根村妙口の小作人二〇名は、大正一三年の旱害による凶作を理由に、小作料を食料として一ケ年間無利子で貸与することなどを、二三名の地主に要求したが受け入れられず争議となった。争議は村長の調停で解決したが、一二名の小作人は裁定案を拒否し、翌一四年三月一五日、瀬川和平を支部長に日農香川県連石根村支部を結成した。

つづいて同年、一〇月二〇日、林田哲雄を支部長に日農香川県連小松町支部が結成された。

新居郡でも、同年二月、氷見町支部、翌一五年一月、橘村支部が、宇摩郡では、同一五年一月一五日、小富士支部と、東予地方にあいついで日農香川県連支部が成立した。

南予地方でも、井谷正吉が、同一三年二月に発生した北宇和郡明治村の小作争議を契機に、同年一一月一五日、日農目黒支部を結成し、更に、同村内に富岡支部、豊岡支部をつくった。

こうして、大正一四年末には、県内各地に日農香川県連の七つの支部が出来た。

二　日農愛媛県連創立大会

愛媛県内の支部は当初香川県連に所属していたが支部の増加を機会に独立し、日本農民組合愛媛県連合会（日農愛媛県連）を結成した。

創立大会は、大正一五年（一九二六）四月二四日、周桑郡小松町の小松座で挙行された。その時の大会の盛会振りを当時の新聞は次のように伝えた。

愛媛県一五万人の無産農民団結せよ

農民組合が連合して県下の連合会を作ろうという本県農民運動にとって画時代的な佳き日は四月二四日であった。本県農民組合連合会発会式は午前一〇時三〇分から周桑郡小松町の小松座で挙行された。（中略）会場の内外が多数警官によって物々しく警戒せられていたことは勿論である。農民組合員の外に、別子、今治、因の島の各労働組合、それに水平社と云った友誼団体の猛者連も来場し、本部から杉山元治郎氏も出席した。（中略）開会前に既に満員となり会場内に入ったもの一千二百名、入場出来ずに帰ったもの五百名の多数に達し、同地としては空前の盛会であった。

（大正一五年五月一日付「大衆時代」）

大会は議長に林田哲雄を選び、矢野一義の提案したメーデー示威運動を挙行する件、労働農民党愛媛県支部設立の件などを決議し、次のような大会宣言を発し、県内の小作農民に団結を呼びかけた。

日本農民組合愛媛県聯合会創立大会宣言

我等無産農民が米を作り過酷な労働をし乍ら益々貧乏になるこの不思議の真相は何か。

一、小作料が不合理に地主に搾取されたことである。
二、小作人が父祖伝来血と涙に依って培い耕した耕作権が横暴にも蹂躙されたことである。（中略）

我が愛媛県は過去に百姓一揆の歴史を持つと雖も最近に於ける日本無産階級運動中重大なる使命を持つ我が農民運動は微々として振るわなかった。然し農村の冬は去って漸く春に廻り合った。隣県香川県聯合会附属団体として今日迄活動してきたが、遂に独立し愛媛県聯合会として日本農民組合の統制の下に各僚友団体と固き提携を誓ひ我らの勝利の日を期するものである。

我が連合会はこれらの現状に鑑み次の如き政策を執るものである。

一、小作料分配の合理化
二、耕作権の確立
三、政治行動を積極的に開始し労働農民党を支持すること（中略）

愛媛県一五万の無産農民団結せよ。
日本の無産農民は日本農民組合旗下に固く団結し組織せよ。日本の無産者団結せよ。

大正一五年四月二十四日
日本農民組合愛媛県聯合会創立大会

（玉井教一編「農民運動史資料」玉井三山氏蔵）

日農愛媛県連農民大会会場風景（小松座）

日農愛媛県連は本部を周桑郡小松町の明勝寺に置き、常任委員に瀬川和平、玉井教一等六名を選出。書記長に林田哲雄、常任書記に愛媛新報社を退職した篠原要を任命した。

一方、南予の各支部は形式的には日農愛媛県連の傘下支部となったが、高知県幡多地方の農民組合と共に、日本農民組合予土連合会を結成し井谷正吉が委員長になり独自の活動を展開した。

三　新宮農民組合・玉井教一

日農小松支部を結成した哲雄は、小松町全域に組合運動を広げようと、町内の各小部落ごとの支部結成に取り組んだ。

新宮部落では、大正一四年（一九二五）一一月一四日、哲雄が部落内の清楽寺で座談会を開き農民組合について説明した。参加者一同組合の必要性を認め、玉井教一、戸田兼助、日野秀吉の三名が発起人となり、連日部落を戸別訪問し組合加入を勧めた。その結果、四〇数戸の内二九戸の戸主が加入し新宮支部が結成された。

つづいて町内の小部落、川原谷、新屋敷、岡村、北川にも支部が出来た。

新宮支部の書記長となった玉井教一は、四年間の支部活動を記録した「小松町新宮農民組合日誌」や、土地貸借関係、不納小作料などの統計資料などを綴った「農民運動資料」「諸記録綴込帳」等の克明な記録を残した。これら諸資料は、教一の長男玉井三山氏（元日本共産党小松町町議）が保管しており、農民組合の具体的な活動を知る貴重な資料となった。

その資料の中に、昭和二年（一九二七）三月一二日、開催された日農愛媛県連第二回大会の状況が次のように書き残されている。

（前略）午前九時、先、右組合員、組合旗を先頭に駅前の広場に集合した。当日は警察部から特高課長の出張あり、壬生川・西条・角野・今治の各警察署非常召集をして物々しい警戒ぶりを見せた。其の中を聯合会長指揮の下に各々会場に入る。各会場共皆満員木戸止であった。（中略）

本日の大会には総本部より前川正一と西光万吉氏来たり、香川県・神戸市・松山・今治其他県下各労働組合、全国友誼団体の代表者の演説及び祝詞祝電等あり。（以下略）

（玉井教一著「新宮農民組合日誌」玉井三山氏蔵）

この時、全県の支部は、結成時の七支部から三六支部に、組合員は、八三九人から二一八四人と増加していた。

（県庁資料、小作争議綴）

玉井教一の残した農民運動関係資料

特に日農県連本部の置かれた周桑郡では、各村に支部結成が相次ぎ、大正一三年九月から昭和二年五月の間に一五の支部が成立し、組合員は六七一人と県全体の約三分の一を占めた。

また、周桑の組合員は県連の中核として活動し、この大会で組織された争議部、組織部、政治部、産業部、青年部、教育部、調査部、財務部などの各専門部に多くの役員を出し県内の農民運動を先導した。

日農愛媛県連の成立後、争議の際の地主との交渉は、あらかじめ選出された争議部の委員があたり、本部から派遣された顧問弁護士（小岩井浄、色川幸太郎）の指導のもとに行動するなど計画的、組織的なものとなり、日農本部と連携し、耕作権確立、小作料減額、土地取り上げ反対の運動に取り組み、メーデーを挙行、労農党・無産青年同盟を結成し選挙運動を展開した。

四　全国一斉、耕作権確立請願運動

日農愛媛県連が最初に取り組んだ統一行動は、大正一五年（一九二六）九月二八日、日本農民組合が計画した全国四十万組合員による耕作権確立請願運動への参加であった。

明治の民法は地主・小作関係を賃貸借と規定し、地主の土地所有権を絶対視し小作人の耕作権は全くこれを認めなかった。したがって、地主は小作人から自由に土地を取り上げることができ、小作人は一方的な小作契約解除を恐れ地主に従わざるを得なかった。

小作農民にとって安心して農業に従事できる耕作権の確立は切実な要求であった。日農は高額小作料の減額とともに耕作権確立、土地取り上げ反対を運動の中心に据え、全国一斉の「耕作権確立請願デモ」を指令した。

政府はこれを「内乱を引き起こさんとする不穏の挙」とし、全国の警察部長に打電し取り締まりを強化した。大阪市では日農中央常任委員はじめ支部の幹部を含む一七〇名が検束された。組合員一万人を擁し日農の牙城と言われた香川では、全幹部を総検挙し、高松市に通じる道路には三間に一人警官を配置し行進を阻止しようとした。しかし、参加した農民は妨害を排除し請願した。

日農愛媛県連も林田哲雄、瀬川和平、青野経太郎の三幹部が検束されたが、新居・周桑郡の組合員等約七六〇名の農民は、立入禁止・立毛差押反対・耕作権確立の請願行動を起こした。

その時の様子を玉井教一は「新宮農民組合日誌」に次のように書き残している。

いよいよ待ちかねた大示威運動挙行。全国四十万の組合員一斉に各裁判所に向ふて立入禁止・立毛差押反対・耕作権の確立の三権請願の為。

愛媛県連合会では当日未明、林田、瀬川、青野の三幹部を検束された。而し手配完備せし故動員計画立て直し、午前六時より動員令を受けるや直に組合員に配布され続々と出動し始めた。

先ず小松橋上に集合し小松駅前にいたり十数支部の集合を待った。その内続々集合した。組合員七百六十名、警官八十三名にて駅の広場を埋めた。時に氷見の愛久沢多蔵氏指揮の下に陣容を建て、午前八時二列にて十五丁に亘る長蛇のごとき大衆は支部旗をひるがえし威風堂々として西条に向ふた。

先、氷見、橘、神戸に至り昼食をすまし、西条三本松の広場に着す。運動に関する演説あって後、五名の代表者を選び請願書を携え裁判所長川崎判事に面会した。暫くして、その面会の顛末を報告し万歳三唱の後散会した。

（玉井教一著「新宮農民組合日誌」玉井三山氏蔵）

代表は次のような請願書を提出し、耕作権はこれを物権とすること、理由の如何を問わず土地返還の場合には地主は相当の賠償を為すこと、立入禁止、立毛差押反対などを請願した。

請願書

（前略）封建時代における土地の所有関係は領主地主小作の三者総存の関係であり現行民法施行前の大審院判例は皆之を参考にして或いは「小作は土地に付随して転々するもの」なるを認め「二十年以上耕作し来れるものは永小作」なりと断じ小作人の有する古き耕作権を確認したるは当局諸公に於いて就知のことたるを疑いません。

然るに地主は此の微妙なる事実を無視して殆ど小作人として安んじて耕作生活を送る能ざる所の賃貸借なりと主張し司法当局また耳を傾けらるるの感なしとしません。（中略）

明治維新の土地改革に依りて殆ど無償を以て取得された土地所有権と幾百年来愛児の如く育て来た肥に基く耕作権といずれを重しとするや。（以下略）

（玉井教一著「諸記録綴込帳」玉井三山氏蔵）

五　小作米不納運動

日農愛媛県連小松町支部は、組合結成後最初の小作米納入の秋を迎え小作料永久三割減要求の運動を始めた。日農成立以前にも小作料をめぐる争議は度々起こっている。

大正一三年（一九二四）、愛媛県内で発生した四二件の争議中、風水害、病虫害による不作を理由に小作料減額を要求したものが二八件、同じく同一五年には、三四件中二一件と争議のほとんどは小作料をめぐってのものだった。（「愛媛県史概説上巻」から）

しかし、これらは不作、凶作を理由に一時的な減額を要求するにとどまっていた。小作農民は、小作料の負担は土地を持たない小作人の宿命と考え、高額小作料を受け入れてきた。

しかし、農民組合への加入は小作農民の意識を大きく変え、不当な半封建的高額小作料の減額を要求し始めた。日農は山上武雄が岡山県の争議でとった、田地一反歩の収支計算書を添え、小作料永久三割減の要求を関係地主に通告し、聞き入れなければ小作米を不納する戦術を機関紙「土地と自由」で紹介した。

小松支部もこれにならい、大正一五年、小作米不納運動に取り組んだ。

同年一二月、小作収支計算書を作成し、田一反歩の収入は米三俵、屑米二斗、藁代等で三九円五〇銭だが、経費は、種代、苗代代、肥料代、害虫駆除費、諸労賃、農具損料等の合計一〇三円八七銭で、差し引き損失六四円三七銭となり、家内労働や自家製肥料で小作経営を維持しているが小作採算の不利は明らかとし、小作収支計算書とともに次のような要求書を地主に提出した。

要求書

當小松町内稲田は、他村に比類無き耕作上不利なる条件の下にあり。同時に、近代社会の経済状態は生産費の昂騰を来し、別紙収支計算表の如く小作採算の不利は農民の生活を壊さんとする悲痛事を来しつつあります。

仍而《よって》、左記要求いたします。
一、新田（耕地整理田）小作料永久四割減額の件
一、古田、小作料永久三割減額の件
地主御中
　日本農民組合小松町支部　組合員一同
　　（玉井教一編「農民運動史資料」玉井三山氏蔵）

地主はこれを認めず、小作はこの年の小作米を不納し共同管理した。

新宮支部では、組合員二四名の全小作米五一四俵が、同年一二月二五日までに集められ、七名の組合員の納屋に保管された。

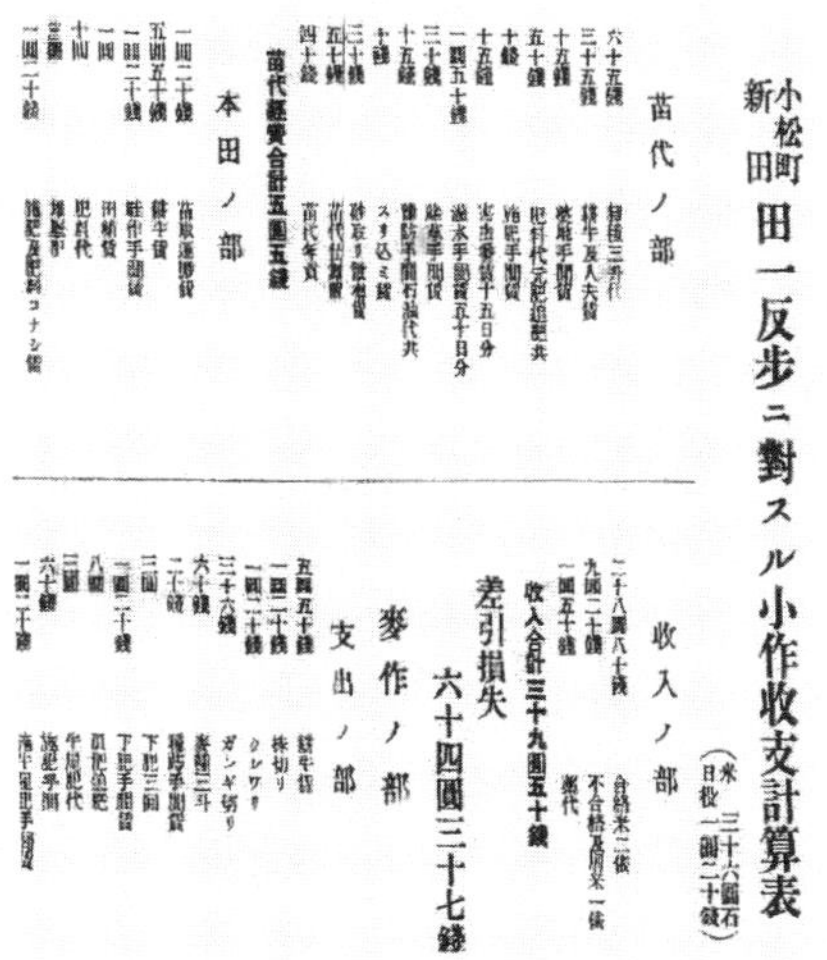
小松町新田 田一反歩ニ對スル小作收支計算表（米 三十六圓石 日役 一圓二十錢）
苗代ノ部
苗代經費合計五圓五錢
本田ノ部
收入ノ部
收入合計三十九圓五十錢
差引損失 六十四圓三十七錢
麥作ノ部
支出ノ部

米は、翌昭和二年二月三〇日に入札し町内の米商人に順次売却され、総代金六七八五円は支部総会で選出された三名の組合員が保管した。

これに対し地主は、同年一月一六日、地主組合の小松昭和会（会長、森田恭平・会員、五〇名）を結成し、同三月二五日、新宮支部の組合員二四名に対し、内容証明付きの催告状を送り小作米納入を催促し、争議は地主組合対農民組合の抗争となった。

六　地主組合の成立

農民組合の結成と小作争議の続発に対して地主もまた組織的に対抗した。

県内の地主組合は大正一一年（一九二二）頃から結成され始めた。

当初の目的は、「地主・小作者間ノ融和親善ヲ図リ小作者ヲ保護、誘導」（大正一三年、湯山地主会会則）するものだったが争議の激化につれて、「小作争議ノ対策トシテ相互ノ連絡ヲ図リ侵害ヲ防止」（昭和二年、小松昭和会会則）と小作組合に対抗するものとなった。

大正一一年から昭和四年までに結成された県内の地主組合は一四あるが、そのうち、周桑郡五、新居郡五、越智郡三と小作争議多発地域に集中している。（県庁資料「小作争議綴」）

小松町でも、小松昭和会を結成した地主は、昭和二年四月一〇日、不納した全小作人に対し次のような小作解除通知書を出し、五月になると土地返還、小作料支払命令の訴訟を始めた。

解除通知書

通知人ハ曩《さき》ニ相當ノ期間ヲ定メテ被通知人ニ対シ土地賃貸借ニヨル賃貸料米督促ヲ為シニ納付セザルヲ以テ通知人・被通知人間ノ土地賃貸借ヲ解ス。

昭和二年四月十日

通知人　棚橋長太郎・森田恭平・小西大吉

代理人弁護士　白石小平

真鍋ワノ様

（玉井教一編「農民運動史資料」玉井三山氏蔵）

前年の小作料を不納された地主は、昭和二年の秋、先手を打って刈取り前の稲を差し押さえる立毛差押を始めた。組合は差押執行前に組合員総出の共同作業で稲刈りをした。

玉井教一の日誌によれば新宮支部の共同稲刈りは、同年一〇月二四日から連続して一〇日間行われている。

新宮部落における籾の競売の様子

十月二四日　稲毛差押へ来る
十月二六日　一昨日差押えありたるにより之に対し常に共同精神修養の為共同作業を貫徹し、組合員の耕作地は誰彼を問わず稲成熟地より共同刈り取りを決行す
十月二七日　共同稲刈。能率増進驚くばかり。

（玉井教一編「新宮農民組合日誌」玉井三山氏蔵）

地主は小作人の米や籾を差押え競売にかけた。新宮支部の玉井教一は米九俵、籾八石五斗、日野秀吉は籾五石八斗、佐伯嘉六は米三十四俵を競売にかけられている（玉井教一編「諸記録綴」より）

競売が始まると小作側は他の日農支部から資金を借り受け、地主より高値を付けて競り落とした。

その様子はつぎのようであった。

十一月二六日
戸田兼助方の籾仮執行の内、一部の生籾約参石を競売にかけた。地主は塩出良助・塩出石之助。午前九時過ぎ競売始まるや、地主連中は石之助方から総出で現場に来たり落札せんと意気込む。組合側としても小松支部はもとより石根支部も応援し本部より篠原要氏来たりて競売に臨むや、地主側は相場をつける、組合側は地主の価格より僅か宛てつけ上り、右参石の籾を参拾五円弐銭で兼助氏に落札す。地主連中はシホシホと引揚げた。

（玉井教一編「新宮農民組合日誌」玉井三山氏蔵）

組合はこの年の小作米も共同管理し不納した。

七　メーデーと農民歌

周桑郡における第1回メーデー

秋の小作米不納運動を闘い、日農愛媛県連第二回大会で組織の拡大、強化を図り意気上がる小松支部の組合員は、創立大会で決議したメーデー示威運動に取り組んだ。

昭和二年（一九二七）四月一三日、新宮部落集会に婦人も多数出席し、これまで四月に行われていた春祭りを延期し、五月一日に春祭りとメーデーを合わせて行うことを決めた。

同年五月一日、周桑郡で初のメーデーが挙行された。

参加者は、小松駅前に集合し、周桑平野を流れる中山川沿岸を上流に向かって行進し、平野の中心で郡役所のある丹原町に出、壬生川に下り小松に帰る、ほぼ周桑平野を一周する大示威行進を敢行した。

そのときの様子を玉井教一は次のように記録している。

愛媛県聯合会に於いて第一回のメーデー示威運動を各郡別に決行す。

組合員小松駅前に午前八時集合、各支部旗先頭に駅前広場を埋めた。各支部一同揃ふや、指揮者石根支部長の瀬川和平、壬生川の矢野一義より道順・心得其他決議挨拶をなし、いよいよ九時半駅前広場を後に示威の途につく。先頭に組合旗を押立て、各五十人を一隊に組織し総数六百名の組合員に警官多数。小松より石根村に至り、曲がりて石鉄橋にて昼食をなし、其より田野村を通り農民歌・メーデー歌を高声に合唱し丹原町に至り県道を壬生川に下る。十町余に至る長蛇の如き群衆実に盛大なり。
新宮支部は全員参加す。

（玉井教一編「新宮農民組合日誌」玉井三山氏蔵）

新聞も村をあげてのメーデーを伝えた。

東予に捲き起こる鬨の声――春風にスローガンの旗閃《ひらめ》く、
東予の各町村別々に行われる春祭りはメーデーに統一され、方向転換第一の朝が明けるとともに村から村は「のぼり」が高く立てられた。「耕作権確立」「立入禁止反対」「議会即解散」等々のスローガンが大書された「のぼり」は各戸に高く春風にひらめく。（以下略）

（昭和二年五月一一日付「大衆時代」）

新居郡でも、氷見町の林昌寺に一五〇〇人が集まり、橘・神戸・大町・西条を示威行進し、三本松で解散した。この時、メーデー歌とともに歌われた「農民歌」は次のようなものであった。

一　農に生まれて農に生き　土に親しみ土に死す　土の香りに抱かれて　汗と膏《あぶら》に生くるなる
　　わが生活の悲惨なれ　我が生命は腕と足
二　わが故郷は秀麗の　春を告げなん時なるに　高き理想を胸に秘め　しばし眺むる桃の丘
　　陽ははや落ちて畑暗く　可憐や迎うる児の笑顔
三　南海遥かに焦したる　陽か余波か知らねども　苦しき真夏のその中を　雄図《ゆうと》は尚も火ともえて
　　努力をつくし草を取る　夢むさぼるは誰が子ぞや
四　あけぼの白く星清く　鍬を片手に畦伝い　今日より寒き秋なるに　ひびしもやけは血走りて

皮相の風は血に狂う　さはあれ休むもままならぬ

（五、六、七、八番　略）

この小作農民の思いのこもる哀調を帯びた歌詞は、大正一一年一一月、日本農民組合が「農民組合歌」を募集した時の入選歌で、岡山県の満友芳太郎の作である。曲は「ああ玉杯に花うけて」のメロディーで全国の農民によって歌われ闘いを鼓舞した。新宮農民組合員もこの歌を高らかに歌い、行進し気勢を挙げたのだろう。

八　共同行動と万歳事件

十月十五日

夜雨天、生魚売捌を行ふ。場所、石井裏の納屋にて。サバ大小二尾五十三銭。ハモ一〆五円。アコ、スズキ、クロクチ一〆六円五十銭

二月二日

昭和二年旧正月元日、前に肥料交渉員より買入れ契約の肥料を総動員して三津屋明比肥料店まで引取りに行く。荷車十四台へ、過燐酸百〇六叺《かます》、硫安二十二叺を運び帰る。肥料は組合員外の者も共同に加入して買入れる。

四月六日

昨日決定したる倉紡応援に対し各戸訪問、野菜を集め荷造りして本部迄運搬した。白米は壱斗七升、川原谷よりは壱斗、合わせて俵にして之を送った。

一月十四日

新宮組合員共同作業を決行す。

無産青年主催の下に、玉井教一及檜垣源次郎の麦の一番中耕を牛馬八頭に組合員殆ど出夫して朝八時頃より麦地六反二畝歩を午前中に終り散会す。
本日の共同作業は、部落組合員の熱心さ団結さを組合外及道行く人までの注目する所となり共同作業の趣旨を徹底せしめた。殆ど全員出役す。

西条刑務所に入る日の林田哲雄（右から３人目）

これらは玉井教一が残した「新宮農民組合日誌」に書かれている共同行動に関するものである。組合員は様々な共同行動で結束を強めた。特に、地主の立毛差押に対抗しての共同稲刈りや、組合活動で農作業の遅れた幹部の田を共同で耕作する作業は組合員の団結の強さを内外に示した。

このような共同行動の中で、昭和二年（一九二七）五月一三日、哲雄が有罪判決を受ける「万歳事件」が起こっている。

地主塩出は自作地を三年契約で尾上に小作させていた。農民運動が盛んになり耕作権を奪われることを心配した地主は小作地返還を申し出た。小作は期限満了までの耕作を主張し譲らず、地主は小作に断りなく田に入り耕転を始め争った。

当時、小作契約は証書によるものは三割程度で、その年初めの小作の作業を地主が黙認することで小作契約が成立していた。

小松支部の組合員は尾上の他の田のレンゲを刈り取り、争っている田に鋤き込む共同作業を計画、翌朝総出で作業を始めた。聞きつけた壬生川署は多数の警官を動員、この行為は無届の野外集会で示威運動であると解散を命じた。

哲雄らは作業を中断し新宮青年会堂に引き揚げ対策を協議して

いた。しかし、遅れて来た他の支部の組合員が一気に作業を完了、新宮の組合員も加わって農民歌を高唱しながら隊伍を組んで町中を行進、地主の門前で万歳三唱し気勢を挙げ、小松橋をはさんで二六名の警官隊と七〇数名の農民がにらみ合う騒動となった。

哲雄は無届の野外集会を計画したとして、他の二名と共に手錠をかけられ壬生川署に連行された。

翌日、一〇〇名を超える組合員が哲雄を奪還する為壬生川署に押しかけた。

哲雄はこの事件で、治安警察法違反と偽証教唆の罪で懲役六か月の刑を課せられ、翌昭和三年三月一六日、西条刑務所に下獄した。

第三章　愛媛における無産政党の結成

一　労農党愛媛県支部連合会

大正一四年（一九二五）五月五日に公布された衆議院議員選挙法で二五歳以上のすべての男子に選挙権が与えられた。

府県会も、翌年六月二四日に出された府県制改正案により、選挙権・被選挙権ともに衆議院選挙と同じとされた。これら一連の改正は小作農民の政治参加への道を開いた。

日農は、大正一四年六月二一日、来るべき総選挙に備え無産政党組織準備委員会を開催し、各労農団体に全国的単一無産政党結成を呼び掛け、同年一二月一日、農民労働党が結成された。しかし、政府は結党三時間後に、「共産主義を実現する目的」をもつ政党であると決めつけ解散を命じた。

日農は直ちに中央委員会をひらき再び政党を組織することを決議、翌大正一五年三月五日、杉山元治郎を委員長に、我が国初の合法的無産政党、労働農民党（労農党）が結成された。

愛媛県でも、県内各地で労農党支部づくりが始まった。

東予では、同年五月一六日、今治市別宮の今治労働組合事務所で労働農民党準備協議会を開催。農民組合から林田哲雄、瀬川和平、周桑郡水平社連合会の矢野一義、別子鉱山労働組合、飯尾金次、今治労働組合、松本森一、政治研究会、高橋、松山合同労働組合、白川晴一等が参加し、労農党支部結成を県内の各団体に呼び掛けることを決めた。

同年六月七日、日農愛媛県連は労農党本部の三輪寿壮書記長を呼び、小松町の小松座で労農党促進演説会を開催、同年八月二〇日、同町の明勝寺で、労農党委員長杉山元治郎を講師に夏季講習会を開き、三日間で延べ六〇人を集めるなど準備を重ね党員を募った結果、日農組合員、水平社員を中心に入党者が相次いだ。

同年、九月七日、新居、周桑郡労農党支部結成式が開催された。このとき党員は、周桑支部五八名、新居支部五七名であった。

一方、南予でも、井谷正吉を中心に支部結成が進んだ。

大正一五年五月一六日、宇和島市朝日町、池下常五郎宅で労働農民党南予支部創立委員会を開催。創立委員長井谷正吉以下一五名が参加し、入党勧誘文の起草、会旗制定、支部区域の分割などを決め、南予各地に支部を結成した。

当時の県警察部が、「愛媛県下に於ける無産政党概況」で「南北相呼応シテ結党ニ向ケテ奔走スルニ至レリ」と報じたように、南予の井谷、東予の林田を中心に県内での支部結成が進み、同年一一月一四日、松山市松前町五丁目、日農愛媛県連松山支部事務所で、日農中央委員前川正一、同顧問弁護士米村正一を迎え、労農党愛媛県支部連合会の発会式が開かれた。周桑支部、林田哲雄　喜多支部、越智清一郎　日吉支部、井谷正吉　松山支部、白川晴一、篠原要、高市盛之助等が参加し規約其の他を決定した。

労農党県支部連合会は本部事務所を松山市松前町五丁目、白川晴一方に置き、南予出張所を北宇和郡日吉村、東予出張所を周桑郡小松町に置いた。

この時県内に結成されていた支部は、日吉、三間、旭、泉、（以上北宇和）、宇和島、東・西宇和、喜多、周桑、新居、松山で、党員は新居五七名、周桑五八名、松山五四名、北宇和四七名だった。

二　無産青年同盟愛媛県連合会

日本農民組合青年部、全国水平社青年同盟、日本労働組合評議会の青年活動家らは、左翼青年運動の全国組織結成を準備し、大正一五年（一九二六）八月一日、大阪中央公会堂で全日本無産青年同盟の創立大会を開催した。「本同盟は労農青年大衆の政治的経済的および社会的利益の獲得に努力しその生活の向上を期する」などの綱領を定め、労働農民党を支持、「兵役短縮」「満期後の就職要求」「満一八歳以上の選挙権被選挙権獲得」などを掲げて活動し、非合法の日本共産青年同盟（共青）と共に組織を広げた。

愛媛県でも、同年一一月二五日、周桑郡小松町で小松無産青年同盟の創立大会が出席者七六名で開催された。この大会の様子を井谷正吉は新聞「平民」で次のように報道した。

小松無産青年同盟　官製青年団も農民組合統制下に

日本農民組合小松支部では、青年部設立を協議、二十五日発会式を行った。名称は「小松無産青年同盟」と決定し活動を開始した。ここに注目すべきことは同地方に於ける官製青年団の態度である。小松町の官製青年団新屋敷支部は二十名を以って組織しているが、そのうち十七名迄が無産青年同盟に加入した結果、今日この官製青年団も農民組合の統制の下に動くこととなった。

（大正一五年一二月八日付「平民」）

小松無産青年同盟委員長
玉井教一

官製青年団は、日露戦争後、国や郷土を守る青年の役割が重視され、在郷軍人会、愛国婦人会と共に、内務省、文部省の指導で町村単位に組織されたもので、大正末に、明治天皇を祭神とする明治神宮の建設に全国の青年が動員されたのを機に、大日本連合青年団が結成され、昭和に入って国策に利用された。

小松町の多くの青年は官製青年団を脱退し無産青年同盟に加入した。

同年一二月一〇日、小松無産青年同盟は第一回執行委員会を開催。委員長に玉井教一を選出、町内五部落ごとに三名、計一五名の執行委員を決め、町ぐるみで無産青年運動に取り組む体制を整え、次のような綱領を掲げて活動を始めた。

小松無産青年同盟綱領

・青年及在郷軍人会ノ自由化
・十七歳以上男女ノ選挙権及被選挙権獲得
・十七歳以上の男女ノ集会・結社・出版・其ノ他政治上ノ自由ノ獲得
・満十七歳以上男女の結婚ノ自由
・兵役ニ原因スル疾病廃疾ノ無料診養及生活費ノ国家負担
・青年男女ノ人身売買ノ禁止
・軍隊内に於ける兵卒ノ人格権ノ尊重
・補習教育ノ無産階級化
・町村無料図書館ノ設置
・義務教育必需品ト午食ノ給与
・農村公会堂ノ公費ニヨル設置及ヒ其ノ無料解放

（玉井教一編「農民運動史資料」、玉井三山氏蔵）

つづいて、翌昭和二年四月二二日、無産青年同盟愛媛県連合会創立大会が小松町常盤館で開かれた。当時の新聞は大会の様子を次のように伝えた。

農村における被抑圧青年の政治的自由獲得のために果敢なる闘争を遂行している日本農民組合愛媛県連合会

青年部では、去る十日県本部で開いた会議に於いて無産青年同盟愛媛県連合会を組織することになり、二十二日午前十時から小松町トキワ館で開会式を挙行することに決定、農村に於ける三十歳以下の凡ゆる被抑圧青年を総動員して強力なる組織を結成し、政治的自由獲得の為の大衆闘争に進展せしめて、我ら自らの解放を戦い勝ち取ることになった。

（昭和二年五月一日付「大衆時代」）

三　労農党・日農の分裂

我が国初の普通選挙を前に、無産政党、農民組合が分裂した。

大正一五年（一九二六）三月、左翼四団体（日本労働組合評議会・無産青年同盟・水平社無産者同盟・政治研究会）を排除して結成された労農党は、発足以来これら左翼団体に対する門戸開放をめぐって激しい党内対立が生じわずか六ヶ月後の一〇月分裂した。

脱退した右派は、同年一二月五日、安倍磯雄、片山哲らが社会民衆党を、中間派は、同年一二月九日、三輪寿壮、浅沼稲次郎、杉山元治郎らが日本労農党を結成し、先に成立していた日本農民党と併せて全国的無産政党は四党並立となった。

政党の分裂は、日農内での政党支持をめぐって、労農党を支持する貧農、小作農民、青年を中心とする闘う左派勢力と改良主義的な右派勢力の対立を表面化させ、大正一五年三月、第五回大会で第一次分裂が起こり、平野力三、岡部完介等が脱退、全日本農民組合同盟を結成。翌昭和二年二月二〇日から三日間、大阪天王寺公会堂で開催された第六回大会で杉山元治郎が委員長を辞任、賀川豊彦、浅沼稲次郎らと共に全日本農民組合（全日農）を結成した。（第二次分裂）。

政党の分裂につづき、農民組合も、日農、全日農、全日本農民組合同盟に分かれた。

井谷正吉　杉山元治郎　林田哲雄

中央の分裂は愛媛にも波及した。

労農党南予支部評議会は、杉山・賀川の労農党離党の報を受け実状調査のため井谷正吉を上京させた。

翌昭和二年一月一六日、幹事会を開き井谷の報告を受け「分裂は不可解、我々は中央の石合戦に与せず」と地方的無産政党樹立を決議し、労農党南予支部評議会を解散し、井谷を委員長に南予平民党を結成、日本労農党支持を表明した。

同時に日本農民組合予土協議会に加入する南予四郡の組合は、井谷の呼びかけで日農を離脱、全日農愛媛県連合会を結成し本部を日吉村に置いた。

大阪の日農第六回大会に参加していた哲雄は、帰るとすぐ分裂を防ぐため南予に出向き、三月九日、明星が丘で井谷と会談した。しかし、話し合いは決裂、南予は全日農加盟（六支部、二九〇名）・日本労農党支持、東予は日農加盟（三五支部、一三二〇名）労農党帰属となった。

南予の各支部は労農党、日農から脱退したが、哲雄は組織内部の結束強化と拡大に取り組んだ。

昭和二年三月一三日、東予無産者団体協議会を設立し、同年四月二二日には、小松町の常盤館で、無産青年同盟愛媛県連合会発会式を行い、同年六月一九日、東・西宇和、喜多、松山、越智、今治、周桑、新居の各支部から代議員五一名を今治市に集め、労農党愛媛県支部連合会を再発足させ、井谷を除名し、南予平民党排撃の遊説隊を派遣する計画を立てた。

四　県議会議員選挙

昭和二年（一九二七）九月、普通選挙法の下で初めての府県会議員選挙が行われた。無産政党四党は、全国で二〇四名を立候補させた。そのうち農民組合からは一一四名が立った。分裂していた農民組合は、日本農民組合（日農）は労働農民党を、全日本農民組合（全日農）は日本労農党を、全日本農民組合同盟は日本農民党を、日本農民組合総同盟は社会民衆党を支持し、候補者を立て選挙戦を戦った。愛媛県では、定員三七名に五七名が立候補したが、そのほとんどは保守政党の政友会、民政党の候補者だった。無産政党からは、労働農民党三名（新居郡・後藤茂、周桑郡・瀬川和平、越智郡・野村輔太郎）日本労農党一名（北宇和郡・新城誠明）の四名が立候補した。

労農党愛媛県連周桑支部は、獄中の林田哲雄を推薦したが哲雄が辞退したため、日農石根村支部長瀬川和平を立候補させ、選挙事務長に垂水紋次を、事務局員に玉井教一等一四名を選出、郡内一五ヶ村の日農支部を拠点に二三回の演説会を開き、延三五〇〇人の聴衆に次のような政策を訴えた。

我らの叫び

労働農民党愛媛県支部聯合会

税金は資本と財産から取るのが正当だ
家屋税といふ悪税を廃止すべし
労働収入から税金をとることをやめろ
知事を県民の選挙で出し県の自治を獲得せよ
県会を無産者の手に
青年団、青年訓練所、在郷軍人会及び処女

会に県が干渉するな
義務教育の費用は全部県が出せ
産米検査を廃止せよ
労働争議小作争議に警察は干渉するな
高等警察政策を廃せ
煙害賠償金を被害者に返せ
漁業煙害を保障せよ

（玉井教一編「諸記録綴込帳」玉井三山氏蔵）

警察は、普選に備え選挙運動の取り締まりを強化。戸別訪問を禁止し、ポスターを貼った家にいちいちその諸否を問い、承認した者には始末書を書かせ、ビラ、推薦状の配布を妨害、「労農党は悪党の集まりだ」と触れて回るなど露骨な選挙妨害を行った。

瀬川和平は一二・二％にあたる一一〇五票を獲得したが落選した。

この時政友会から立候補した青野岩平、越智茂登太は、共に村長、県会議員を歴任し、産業組合長や銀行役員を務める地方行政の重鎮であり、民政党の黒河順三郎も多賀村助役から県会議員となり、後、壬生川町長となるなど、いずれも錚々たる実績を持つ候補者だった。

その中で瀬川はよく健闘し、農民組合の強い小松町・石根村、周布村では第二位の得票を得るなど、周桑での労農党の支持の広がりを示した。

選挙結果は次の通りである。

黒河順三郎　民政党　三一六二票
越智茂登太　政友会　三〇五二票

青野岩平　政友会　一七四五票
瀬川和平　労農党　一一〇五票

新居郡の後藤茂も一七三四票を獲得した。

県警察部は「周桑・新居ノ両郡ニ於ケル其勢力将来軽視し難キ状況アルヲ看取セラレタリ」と無産勢力の台頭を警戒した。

五　衆議院議員選挙

昭和三年（一九二八）二月二〇日、全ての小作農民に選挙権が与えられた衆議院議員選挙が行われた。定員四六六名の選挙に無産政党は八二名の候補者を立てた。なかでも政府に対して最も激しく対立していた労農党は四〇名を擁立した。その中には徳田球一ら一〇名の共産党員が労農党の名を借りて立候補していた。長い間ほとんど保守政党に独占されていた国会に、無産政党と言われる社会主義的政党が何名の議員を送れるかが注目される選挙だった。

特に注目された選挙区は香川と愛媛だった。

組合員一万二〇〇〇人を擁し、農民運動史に残る吹石事件・金蔵寺事件などの大争議を闘い、前年の県議選で四名の当選者を出した日農香川県連は、労農党本部の上村進を一区に、二区は、ときの大蔵大臣で地主の政友会三上忠造に対抗し、労農党委員長大山郁夫を立て、「地主の三上か農民の大山か」をスローガンに必勝を期した。

愛媛二区（越智、周桑、新居、宇摩郡）では日農顧問弁護士小岩井浄が立候補した。

信州松本の農家に生まれた小岩井は、東京帝国大学法学部を卒業し弁護士となり、日農愛媛県連の顧問弁護士として度々来県、別子鉱山の争議を支援するなど、東予の労働者、小作農民から信頼されていた。

小岩井はじめ大阪からの立候補を予定していたが県連の要請を受け愛媛二区から出馬した。

南予の三区からは井谷正吉が立候補を表明した。林田哲雄ら労農党愛媛県連は井谷を無産政党の統一候補と認め支援を約束した。しかし、井谷は選挙保証金の準備が出来ず立候補を断念した。

労農党愛媛県連は本部を松山から小松町明勝寺に移し、元海軍大佐水野広徳、大原社研所長細川嘉六、高津正道ら二〇数名の応援弁士を呼び、日農組合員、水平社員など八〇名で各郡に選対本部を組織して戦った。

選挙戦の中で注目すべきは行商隊と糺察隊を置いたことである。行商隊は農民組合のマークと「煙害金を百姓に渡せ」「労農党の旗のもとに」の文字を染めたタオルを販売し、宣伝と選挙資金獲得を目指した。糺察隊は演説に対する聴衆の態度や反応、ビラに対する評価、他党の候補者の動きや有権者の反応などを観察し選対本部に連絡した。

小岩井浄は落選したが投票総数の一四%にあたる八、四六八票を獲得した。

無産政党は警察の激しい選挙干渉や妨害を受けながら、全国で四六二、二八八票を獲得し、八名を当選させた。そのうち労農党は一八七、〇〇〇票を得、京都から水谷長三郎と山本宣治を国会に送り無産政党第一党の力を示した。

衆議院議員選挙
愛媛二区得票
昭和３年２月　定員３名

候補者名	得票
河上哲太	14,434
升内鳳吉	12,492
小野寅吉	12,357
村上紋四郎	12,039
小岩井　浄	8,468

（玉井教一編 日本農民組合愛媛県連合会「農民運動史資料」、玉井三山所蔵）

小岩井浄の選挙ポスター

第四章　無産運動への弾圧

一　三・一五事件、四・一〇共産党関連三団体解散令

総選挙の前年、山東出兵を強行し、大陸への侵略を始めた政友会田中義一内閣は、総選挙に示された無産階級の台頭に強い危機感を持った。

とくに、労農党と提携した共産党の、君主制廃止、侵略戦争反対の訴えが国民の中に広がることを恐れた。

政府は、昭和三年（一九二八年）三月一五日、「日本共産党の主義行動は根本的にわが国体を破壊せん」として治安維持法違反の名目で共産党を弾圧、日本共産党員、日本共産青年同盟員の大検挙を行い、一道三府二七県で千六百名近くを検挙、四八四人を起訴した。（三・一五事件）

愛媛県では、同日早朝、壬生川署の一〇数名の警官が、周桑郡小松町の日農県連本部に踏み込み病気で寝ていた常任書記篠原要を検束した。（哲雄は、日農中央委員会出席のため不在）今治署では、警官一〇数名が労農党県連事務所で書記長中川哲秋、書記白田一郎を検束、松山署は「大衆時代」主幹高市盛之助を拘束した。

つづいて、同年四月一〇日、政府は、労農党、日本労働組合評議会、無産青年同盟に、共産党とのつながりが強いことを理由に解散を命じた。（四・一〇共産党関連三団体解散令）

同日、愛媛県警察部は、労農党支部連絡会及び県内各支部、松山合同労働組合、今治一般労働組合、全日本無産青年同盟県連絡会に解散命令を出した。

同時に、労農党を支持し中心となって選挙戦を戦った日本農民組合の弾圧に乗り出した。

最も激しい弾圧を受けたのが日農香川県連だった。香川県警は、農民組合幹部を多数逮捕すると、警察側の作成した脱退声明書に捺印させ、連日地方新聞に掲載しこれを宣伝、一方国粋会等の右翼の大物の講演会を開き、農民運動はアカの指導などと宣伝した。こうした厳しい弾圧で組合員一万人を擁し、日農の牙城といわれた香川県連は、一つの支部、一人の組合員も残さず壊滅した。

愛媛県連も香川県連同様の弾圧を受けた。

日農県本部がおかれた明勝寺

日農県連の計画した周桑での第二回メーデーは、前日に玉井教一、戸田兼助ら幹部二一名が壬生川署に検束され中止となった。同日開催の日農愛媛県連第三回大会は、小岩井浄と前川正一が小松駅で検束され県外追放の処分をうけ、多くの代議員も逮捕されたため参加者は五〇〇名に減った。

その後、日農県連本部の明勝寺は連日一〇数名の警官に包囲され外部との連絡を絶たれた。

同年五月一四日から、壬生川署は三日間で小松支部の組合員三二名を拘引し、不納した小作米の売却金の使途や組合財政に不正が無いか、労農党への寄付金の有無などについて調べ、玉井教一ら三名を積立金横領背任の疑いで検事局に送検した。

警察は幹部を逮捕する一方、組合員宅を戸別訪問し脱退届に署名させた。当局の厳しい弾圧を受けて周桑郡内に組織されていた一五の日農愛媛県連支部は、昭和三年五月末までにすべて解散した。

弾圧は新居郡、越智郡にも及び東予の日農県連組織はほぼ壊滅し、支部は温泉、松山を残すのみとなった。

二　争議解決と協調組合

警察は農民組合に弾圧を加える一方小作争議の解決に乗り出した。

昭和三年（一九二八）年五月一七日、壬生川警察署安藤署長は日農小松支部の幹部を新屋敷の集会場に集め、農民組合を解散し小作米不納運動等の争議を中止すれば、地主には小松昭和会を解散させ訴訟を取り下げさせ、その後は調停委員を決め争議の解決を図らせる旨を伝えた。それを受けて、新宮、新屋敷、川原谷の各支部組合員は会合を開き署長の提案を受け入れることとし、交渉委員を選出した。

香園寺

第一回の調停会は同年六月九日に開かれた。調停員は新名鍋吉町長等三名が選ばれ、安藤署長や西岡警部補が中心となり地主・小作双方の意見を聞き調整を図る形で進められ、害虫駆除費の交付、不納小作米納入の方法、凶作の際の小作料減額、奨励米の支給などについて話し合われた。

調停のための会合は三〇数回に及び、七月八日、調停案が出されたが、不納小作米の納入方法や害虫駆除費支給年などで意見が合わず組合側は拒否、八月四日、新名町長は委員を辞任、八月一八日、警察も解決の見込み薄いとして小松駐在所の調停出張所を引き上げた。

町議会も事態を重視、臨時町議会を開き対策を協議、地主以外の議員を調停委員に任命した。

同年一〇月一九日、小松町の香園寺（四国霊場第六一番札所）住職山岡瑞円師が調停に乗り出し、一〇月二四日、地主・小作代表が香園寺に集まり、次のような協約書を交わし争議は終結した。

協約書

第一条　地主小作人間ノ融和親善ヲ期シ、農事ノ発展振興ヲ図ル為メ、地主・小作人ヲ組合員トスル協調組合ヲ組織スル事。

但シ其内容ハ地主小作人各々同数ノ委員ヨリ成ル委員会制度トスル事。

第三条　昭和三年度ヨリ凶作其他ニ依リ、小作料減額ヲ要スル時ハ、小作人ハ稲刈取前地主ニ申出テ検見ヲ受ケ免引額ノ協定ヲナス事。

第六条　大正一五年度稲作ニ限リ、地主ハ害虫駆除費補助トシテ壱反歩ニ付金弐円ヲ小作人ニ交付スル事。

第九条　本争議ニ関スル滞納小作米ハ、昭和三年拾壱月弐拾参日マデニ納付スル事。

第十条　前項小作米ハ金納スルモノトシ、換価金ヲ、壱石弐拾八円五拾銭ト定ム。

第一一条　第九項滞納小作米ハ利子ヲ免除スル事。（他条文略）

（玉井教一編「地主小作決算協約書」玉井三山氏蔵）

調停成立後、全農小松支部（昭和三年七月二九日結成）と小松昭和会は解散し、昭和四年一月二八日、町長を組合長に協調組合の小松町新屋敷農事改良組合が、地主三五名、小作五二名参加で結成された。

協調組合は、総会で地主・小作同数の委員を選出し、小作料改定の協定、凶作時の小作料減免協定、小作契約解除に関する紛議の調停、農具の共同利用等に取り組むことを決め、地主・小作間の紛争の防止を図った。

昭和四年末までに県内では四七の協調組合が結成されている。周桑郡内には昭和三年から四年にかけ、石根村親農会、壬生川農事協調会、など各村ごとに九の協調組合が成立した。

三　組合再建運動と四・一六事件

小松町で争議の調停が続けられていたころ、哲雄は組合再建と新党結成の準備に奔走していた。日農は総選挙後「戦線の分裂がいかに無産階級の闘争力を弱めるかが痛切に感じられ、全国農民団体の即時合同は目下の最緊急事である」と全農民組合に訴え、昭和三年（一九二八）三月一六日、全国農民団体合同懇談会を開催した。

同年四月二〇日、愛媛県連から二〇余名が参加し、副議長を哲雄が担当した日農第七回大会で農民組合の合同が決議され、同年五月二七日、日本農民組合と全日本農民組合が合同、全国農民組合（全農・委員長杉山元治郎）を結成した。

愛媛でも、同年七月二七日、哲雄が宇和島に行き井谷と会談、分裂していた二つの組織が再び合同、全国農民組合愛媛県連合会（全農愛媛県連）を結成、本部を小松町に置き、哲雄が会長となり、東・中・南予に協議会を設けた。

哲雄は組合再建と同時に新党結成を目指し、全農総本部に度々弁士派遣を要請、県内各地で演説会を開いた。

同年六月一七日、今治市公会堂で田中内閣打倒演説会開催、弁士山本宣治、小岩井浄。八月二四日、松山で全農委員長杉山元治郎、総本部浅沼稲次郎、辻本菊次郎、代議士水谷長三郎を弁士に、全国農民組合合同記念演説会。八月二五日から四日間、杉山元治郎を小松町に招き農村問題演説会を聴衆五〇〇人で開催など。

各地の演説会を成功させた哲雄は同年一〇月二日、新労農党準備会愛媛県連の支部代表者会を松山で開いたが、松山署に解散を命ぜられ代表者は全員検束された。しかし、留置所内で代表者会を開き執行委員長に任命された。

共産党事件の被告

新労働者農民党は創立大会を一二月二二日、東京で開くも政府に禁止され新党結成は実現しなかった。

周桑各地に協調組合が結成された昭和四年三月、大阪での全農第二回大会で中央委員に任命された哲雄は、組合再建に取り組んでいたが、同年四月一六日、第二次共産党弾圧事件（四・一六事件）に関連して、全農県連書記小川重朋、常任委員矢野一義とともに検挙された。

昭和五年一月二七日、松山地方裁判所で公判が開かれた。愛媛県初の治安維持法違反の裁判として注目され、県特高課員や松山合同労働組合員ら多数が傍聴した。

林田の妻が傍聴席に淋しく控う、百枚の傍聴券忽ち満員

日本共産党事件四・一六事件で検挙された林田哲雄（三三）小川重明《ママ》（二八）矢野一義（四〇）の三名にかかる治安維持法違反の公判は二七日松山地方裁判所で開廷された。事件が事件だけに傍聴者が多く、百枚の傍聴券を発行して傍聴者の整理を行いひ、昭和五年度最初の大公判として松山裁判所としては極度に緊張し、林田の妻の姿は唯一人の婦人傍聴者として傍聴席の中央部に淋しく席を取っているのが人目を引く。

（愛媛新報　昭和五・二・二八日付）

裁判では、共産党とのつながり、君主制・私有財産制廃止に対する意見、赤旗を読み他人に勧めたか、などの訊問を受け、日本共産党の主義を宣伝したとして、林田、懲役三年、小川・矢野、同二年を求刑された。

同年二月七日、判決が下り、哲雄、小川は無罪、矢野は懲役二年、執行猶予四年となり、二月一五日、三名とも帰宅した。

四　哲雄の伴侶、林田末子

昭和四年（一九二九年）四月、哲雄が四・一六事件で投獄されている間、明勝寺の全農県連本部は妻末子が留守を守り、総本部や組合員との連絡に当たった。

末子は、大正一二年頃、今治で哲雄の演説を聞き意気投合、翌一三年結婚した。結核を患い病弱だった末子は、大正一五年、長女出産後病状が悪化し、越智郡の桜井海岸で約二年間療養しなくてはならなかった。しかし、哲雄の活動をよく助け、共に大会に参加したり、たびたび逮捕・入獄を繰り返す哲雄にかわって組合の仕事を分担した。

昭和四年、末子が全農総本部に送った書簡数通が法政大学大原社会問題研究所に残されている。次の書簡は前川正一に宛てたものである。

（前略）今年はお天気が悪いため大変百姓仕事が遅れています。まだ仕事の方がかたがつかないので役員会でも開くか、村々の座談会でも開きたいと皆言いながらそのときが来ません。取入れがすみ、年貢を持ってゆく頃になれば、少しはみんなも考えさせられるようになるでしょう。組合の再建についても皆いろいろ言っております。出来るだけ働きかけたいと思っています。旧組合員の内でしっかりした人を今動かしています。（以下略）

（法政大学大原社会問題研究所蔵「昭和初期農民運動関係資料」）

と組合再建の取り組みを報告し、オルグ派遣を要請している。

また同じ手紙で、東予各地の町村議会選挙に立候補する旧組合員の人数や氏名を知らせ、選挙情勢や地主側の動きを報告している。

全農は当時、「町村議会闘争をもって小作争議を有利に」の方針を出し、小作人代表として組合員を町村議会に送る戦術をとっていた。

弾圧により組合を解散させられた周桑・新居郡の旧組合員は各地で立候補した。小松町では、玉井教一ら三名が出馬。定員一二名の中で、玉井二位。高橋喜右衛門三位、高井喜市中位と高位当選した。

昭和五年二月一五日、無罪となり小松に帰った哲雄は、組合再建に取り組んでいたが、同年八月一四日、「八・一四事件」に関連し、三〇名の「赤化運動者」と共に壬生川署に検挙され、官製青年団排撃のビラに不敬なことがあったとして、岸田英一郎（小川重朋・全農県連書記）、高井鹿一（小松無産青年同盟）と共に、不敬罪並びに治安維持法違反で起訴され、昭和六年九月二八日、松山地方裁判所で有罪判決をうけ抗告、翌年二月九日、広島控訴院で三年六ヶ月の懲役刑が確定し松山刑務所に服役した。

明勝寺の庭で、哲雄と末子

末子は生計を助けるため大阪に行き、三島郡吹田町の三島無産者診療所で助産婦として働いていたが、昭和七年、愛媛県内で一五〇名が検挙された一〇・一〇事件で、日本労働組合全国協議会（全協）の再組織を図ったとの疑いで拘束、小松に帰され壬生川署で取り調べを受けた。

昭和八年、転向と引き換えに哲雄が出所。長男も誕生した末子一家が平穏な家族生活を送ることが出来たのは、哲雄が小松町町会議員に当選した昭和一一年から太平洋戦争の始まる頃までであった。

末子は結核が悪化、温泉郡見奈良の結核療養所に入院、昭和二〇年三月二七日、終戦を待たず死亡し、哲雄の衆議院議員当選を二人で祝うことが出来なかった。

五　農民運動の終焉

昭和四年（一九二九年）のアメリカで起こった世界大恐慌は日本の農村に深刻な影響を与えた。都会から帰った失業者で農村人口は増加する一方、農産物価格は暴落、小作農民の生活は困窮、東北の村の役場に娘身売りの斡旋をする看板が出るほど農村は疲弊した。

くわえて、昭和六年、「満州事変」から中国侵略戦争が本格化し、国民の負担は増加、労働者、農民の闘いは高揚、労働者の組織率は戦前では過去最高の七・九％に達し、小作争議の発生件数も過去最大となり暴動化の様相を帯びて来た。

このような情勢のもと全農が分裂した。昭和六年三月七日、大阪天王寺公会堂で開かれた第四回大会で闘争方針や政党支持で左右が激しく対立、右派は暴力団を会場に入れ発言する左派代議員に暴行を加えた。

全農は結成当初から政党支持問題で内部対立が起こっていた。戦争容認に傾いてゆく合法的社会民主主義政党の支持を強制する右派の総本部に対し、左派は、青年部を中心に政党支持の自由を主張、「全農改革政党支持強制反対全国会議」（全農全会派）を結成、全農内改革的反対派として貧農中心の左翼的農民組合を目指し、（全農総本部派）に対抗した。

各県連は両派に分かれ争った。

愛媛では、全会派を支持する東予の支部は激しい弾圧をうけほぼ壊滅し、哲雄が、八・一四事件で有罪判決を受け入獄したため、県連本部を小松町明勝寺から周桑郡石根村瀬川和平宅に移し、瀬川が県連委員長となり、小松無産青年同盟の岡本義雄、河渕秀夫らと活動を続けた。

中予では、全農総本部からオルグとして派遣された渡辺国一が全農中予協議会を結成（委員長上田時次郎、書記長渡辺国一）、松山・温泉などに支部をつくった。

しかし、東予の全農県連はこれを認めず、渡辺国一を「当連合会には関係なきもの」「資本家・地主の手先」と厳しく批判、全農総本部に中予協議会の解体、渡辺の県連中傷のデマを禁じるよう要請した。

弾圧を免れた南予の井谷は総本部派を支持し、昭和五年、全農予土協議会（一七支部組合員四七六名）を結成した。しかし、翌年、全農全会派を支持する松浦倹一、山本経勝ら青年部と対立、全農予土協議会は分裂し、井谷は農民運動休止宣言を出した。

昭和七年、一〇・一〇事件で、全農愛媛県連の篠原要、岡本義雄、河渕秀夫、真鍋光明らが逮捕された。相次ぐ弾圧と内部分裂で、東予の哲雄は投獄、南予の井谷は運動から撤退、指導者を失った愛媛の農民運動は停滞した。

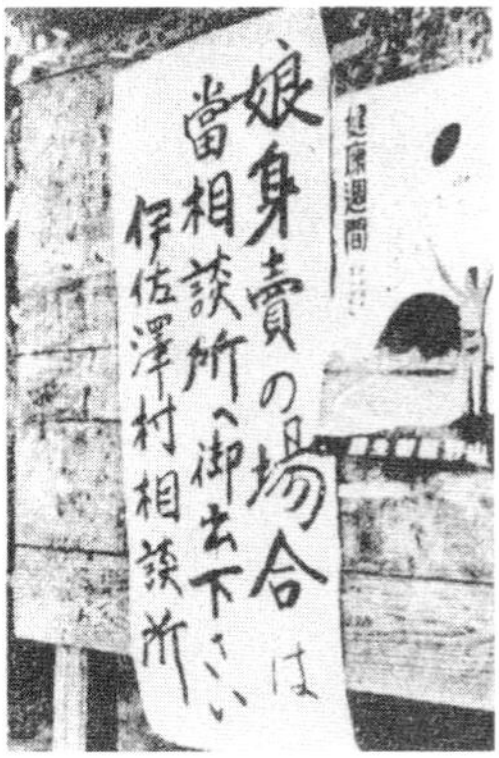

全国的にも、挙国一致の戦時体制が進むなか、農民運動も困難となり、昭和九年三月一一日、東京で開かれた全農第七回大会が最後の合法的な大会となった。

昭和一三年、翼賛的な大日本農民組合が結成されたが、昭和一五年、全ての大衆組織が解散を命じられ農民運動は終焉した。

補　論

一　四阪島煙害闘争

東予の小作農民は明治末の四阪島煙害闘争、大正期の米穀検査反対闘争を経験している。昭和初期の運動に繋がるこれらの出来事について簡単に述べておこうと思う。

【別子銅山製錬所の四阪島移転と東予一円の煙害】

江戸期から別子銅山を経営していた住友は、明治に入り近代化に取り組み、明治一七年（一八八四年）新居郡金子村惣開に洋式の銅精錬所を造った。その精錬量が増加すると農産物に被害が顕れ関係農民は立ち退きを求めた。住友は地元での争いを避けるため、沖合二〇キロにある燧灘の孤島四阪島を買収し、同三〇年に精錬所を移した。煙突を高くし排煙を拡散すれば煙害は起こらないだろうと考えていた。

しかし、本格的な操業を始めた明治三八年七月、はやくも、東風に乗った煙が対岸の周桑・越智郡に流れ、稲や道端の草などが灰緑色になり葉先からちぢれ、枯れはじめる被害が出た。これらは、当初原因がわからず新しい病虫害と思われていた。

周桑郡壬生川町長一色耕平は県に調査技師の派遣を要請し、越智郡農会も県農会技師岡田温に調査を依頼した。岡田は現地を調べ「煙害調査書」を提出。稲作被害の原因は、四阪島の排煙に含まれる亜硫酸ガスであると断定した。

明治三九年一一月一七日、被害を受けた周桑郡の八ヵ町村長は壬生川公会堂に集まり、煙害対策について協議、大阪鉱山監督署長中村清彦に対し、次のような陳情書を提出した。

（前略）本年七月二一日、周越両郡一帯ノ沿岸朦朧トシテ鉱煙ヲ降下シ農作物ニ飛散ノ害ヲ受ケ植物ノ緑葉為ニ褐色又ハ漂白シ枯死ニ瀕スルニ至リ茲ニ至リ昨年来農作物ノ異常ハ煙害ニ経験ナキ農民モ始メテ煙害タル事ヲ衆ノ確認スルニ至リ候（中略）一日モ早ク之カ害毒ノ防除ノ解決ヲヨウスル（以下略）

（一色耕平編「愛媛県東予煙害史」）

四阪島煙害地域図

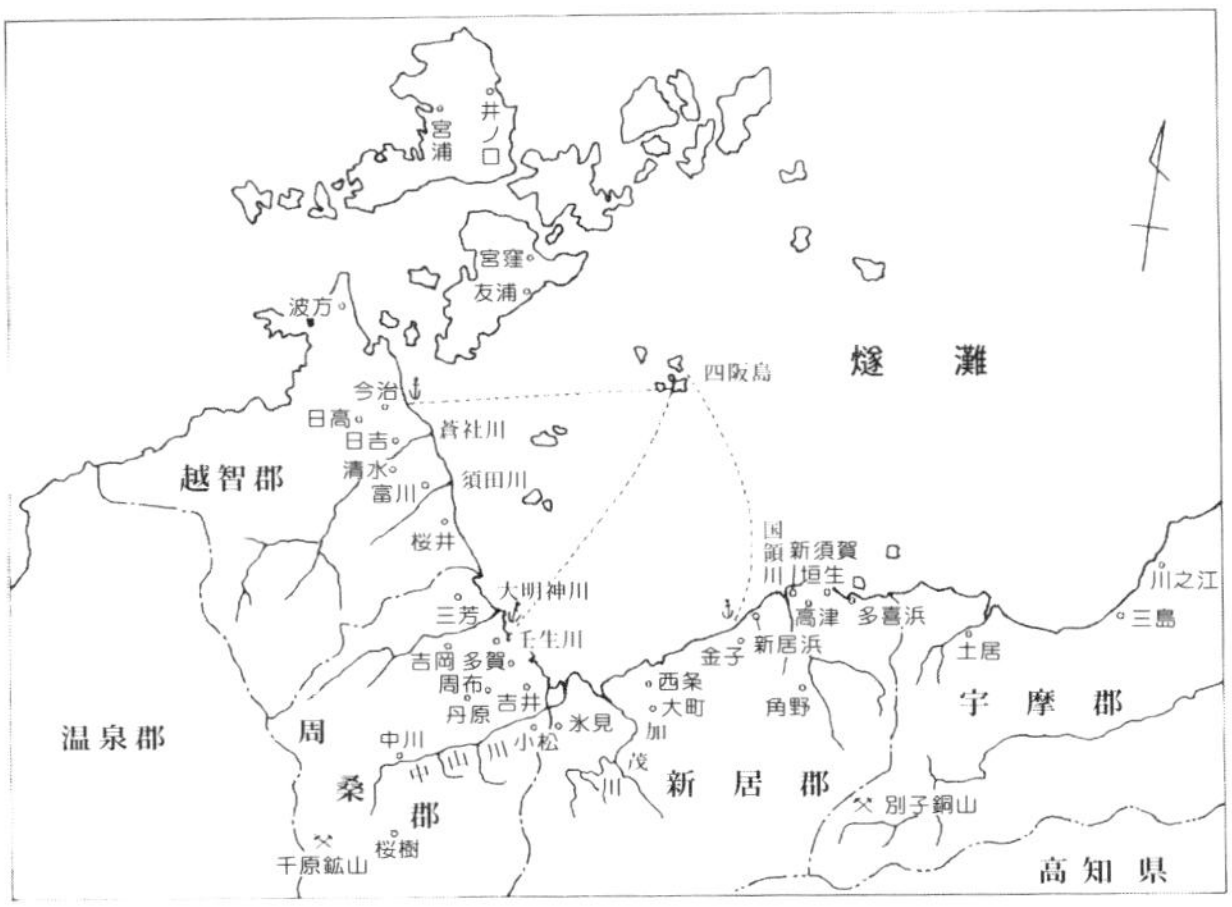

（愛媛県史『近代上』より）

また、鉱主、住友吉左衛門に対し、農民が騒動を起こす前に煙害をなくすよう申し込んだ。

しかし、住友は対策を取らず、燧灘一円に被害が拡大した。被害農民の直接行動は、明治四一年四月一九日、周桑郡三芳村（現西条市三芳）で起こった。

その時の様子を新聞は次のように伝えている。

（前略）三芳村の被害は最も激甚を極めたるを以って同村農民百五十名は速やかにこの問題を解決すべく村役場へ押し掛け談判を試み罷り間違えば竹槍筵旗の暴挙にも及ばん剣幕なりしも村会議員等の取扱いにて僅かに事なきを得たり。三芳村の村会議員は宙を飛んで郡役所に抵《あた》りしが郡吏は調査の成り行きなどを話し兎に角沈静するようにと言うのみ何ら価値ある言葉を吐き得ず。依って新手の農民百余名郡役所に押し寄せ一大騒擾をきたした。（以下略）

（明治四一年四月二八日付「愛媛新報」）

これをうけて、町村長は再び会合し被害農民大会の開催を決めた。

大会は、四月二六日、天井川で有名な大明神川の河川敷を会場に、周桑郡内二町一二村から二千余名が参加して開かれ、住友と交渉するため各町村五名、知事に陳情するため十名の代表を出すことを決め、今後のことを一色耕平に一任した。

代表は同年五月一九日、県庁に行き安藤謙介知事に煙害問題への取り組みを要請したが、知事は「西園寺首相は住友の兄弟である。知事の職をかけてまで煙害に取り組むつもりはない」（東予煙害史）と答えた。


【「周桑郡煙害調査会」の結成と住友との交渉】


明治四一年（一九〇八年）六月一二日、「周桑郡煙害調査会」が結成された。委員は郡内一四町村長がなり、専門委員として、森田恭平、黒田広治、日野松太郎など郡内有数の地主を含む一三名が選出された。

同年八月八日、周桑郡煙害調査会会長一色耕平・中川村村長越智茂登太は、越智郡被害農民代表二名と共に住友側と交渉した。この席で、住友鉱業所支配人久保無二雄は「試験の結果煙害を認めざるを得ない」と答弁した。ようやく煙害を認めた住友に安藤知事は視察員の派遣を要請した。

八月二三日、住友本店理事中田錦吉、住友鉱業所支配人久保無二雄は、越智郡富田村を視察し、頓田川原に集まった千三百人の農民と話し合った。農民は稲の開花期の精錬中止を要請し即答を迫った。

翌日、同郡日吉村南光坊（四国霊場五五番札所）に集まった農民は、前日の回答と煙害除去の対策を求めたが、中田の「まだ調査中」の答弁に昂奮した農民たちが会社の不誠実を叫び会場は騒然となった。警備に当たっていた今治警察署長吉田重雄は、警察官に抜刀を命じ農民を威嚇、二人を宿舎に護送した。

その夜、周桑の農民も加わった五千人が宿舎を取り巻き交渉を迫った。しかし、翌朝未明、重役二人は女物の着物を被り宿を脱出して松山に帰った。

八月二六日、周桑郡被害農民二千五百人は、再び大明神河原で集会を開いた。

農民大会が開かれた大明神川（昭和 54 年撮影）

度重なる交渉にもかかわらず一向に解決の兆しが見えず、周桑での視察が中止となったため農民の怒りは爆発。大会日程終了後も解散せず、参加者の中から、直接住友と交渉しようとの声があがり、いったん帰村。村ごとに、長期戦に備え、米、味噌、薪、鍋、釜、布団などを大八車に積み午後四時頃出発した。

途中で行進に加わる者もあり、約四千人の農民が、日清、日露の退役軍人などに指揮され、住友別子鉱業所に押し寄せた。

住友側は守衛、消防夫を非常招集し門を閉ざして交渉を拒否した。農民達は近くの小学校運動場、河川敷で夜を明かし、翌日、一色耕平以下代表四三名は、県警察部長・周桑郡長立ち合いのもと、久保鉱業所支配人と会談、煙害の賠償を迫り、回答次第では新居浜から引き上げないと強い態度を示した。支配人は直ちに大阪本店に行き重役会に諮ることを約束、農民側はこれを認めて引き上げた。

同年一二月、愛媛県議会は四阪島煙害救済の意見書を内務大臣に提出し、知事に煙害解決を建議した。

また、農商務省、大阪鉱山監督署などの被害地視察が相次いだ。

翌、明治四二年二月、衆議院鉱毒問題特別委員会で足尾、小坂と共に四阪島煙害問題が取り上げられ、ようやく、被害農民救済の気運が高まり、同年四月二〇日、尾道で住友と被害農民代表の初めての会談が持たれたが賠償金の支払いをめぐり意見が対立決裂した。

【被害者を無視した煙害賠償金の使途】

「尾道会談」決裂の後、愛媛県知事伊沢多喜男が調停に乗り出し、明治四三年（一九一〇年）一〇月二五日、東京の農務省大臣官邸で第一回賠償契約妥協会が開かれた。

東予四郡被害農民代表として、一色耕平・青野岩平等七名、住友側代表は大阪本店鈴木馬左也総理事らが参加し、年間焼鉱量、契約期間、賠償金の支払いなどを契約した。

賠償金は、賠償の名を避けたい住友の意向で農林奨励寄付金の名目で各町村に配分された。各町村は、被害農民には直接渡さず、農林業改良奨励基金条例を作り特別会計を設け、水利組合、耕地整理組合、産業組合などに利子付きで貸し与えた。

その後も発生源の処理を欠いていたため煙害は収まらず、契約期間が切れる度に更改交渉が行われた。

第二回煙害賠償契約（『東予煙害史』所収）
前列左より青野岩平　一色耕平　久保無二雄（住友別子鉱業所支配人）　深町錬太郎（愛媛県知事）。後列左より３番目　柳生宗茂（周桑郡長）　同右端渡部静一郎

契約交渉の会は毎回松山で持たれた。被害農民代表は宿に一週間ほど泊まり込み、県庁で知事立ち合いのもと、住友側と賠償金額や焼鉱量などを交渉した。会は四阪島精錬所に中和工場が完成し煙害がなくなる昭和一四年までに一一回行われている。

明治の末、我が国初の企業公害として国会で取り上げられ、「西の住友東の足尾」と言われたが、足尾鉱毒事件が被害農村廃村、住民離散の悲劇で終わったのに対し、一応企業に公害を認めさせ賠償金を支払わせた東予の農民の闘いは一定の成果を挙げたともいえる。

しかし、集団の力で住友を追いつめ、賠償金を引き出した農民は解決に納得はしていなかった。

住友と交渉する被害農民代表は町村長や有力地主で構成する煙害調査会員の互選で、小作農民には立候補はおろか選挙権もなかった。

町村に配分された賠償金は、農林業振興や越智中学校（現今治南高）建設、周桑高女（現丹原高校）へのピアノ寄贈など、教育振興にも使われたが、小作人は直接的な恩恵を受けなかった。逆に、農民運動、水平運動が盛んになると「思想善導」に使われた。

しかし、組織を持たない小作農民は声をあげることが出来なかった。

大正一五年、結成された日農愛媛県連は農民の要求を代弁し煙害問題に取り組んだ。

機関紙「愛媛農民新聞」（昭和三年一月一日創刊号）で、「煙害被害者同盟を作れ」「煙害代表者を被害者から出せ」「煙害金を被害者に渡せ」「周桑中学の設立に反対せよ」などを主張、同年一月二五日、石根村大頭青年会堂で、同二九日、小松町常盤館で煙害問題住民大会を開き、「被害者同盟」の結成、煙害調査員の公選、賠償金の個人配分などに取り組むことを決議した。

同年二月の衆議院選挙では、「煙害金を百姓に渡せ」と染めたタオルを販売、煙害問題を重要な政策とした。

同年九月一〇日、第七回契約更改会議が松山で開かれた。同日、日農県連の、林田哲雄、玉井教一、瀬川和平等五名は松山に行き、一色耕平や県勧業課長に会い、被害者から代表を出すこと、会議を公開することを要請したが拒否されている。

二　米穀検査反対闘争

【米穀検査実施姿勢と小作農民の反対】

大正三年（一九一四年）煙害被害を受ける東予の小作農民に県は米穀検査実施を通告した。

米の品質管理は藩政時代には各藩で厳重に行われていた。

西条藩でも毎年一〇月頃より月に数回の年貢納入日を定め、村役人・組頭等立ち合い、一人一日の納米を五俵以内に制限し、調整、俵装等を厳重に検査し、不良となれば直ちに再調整を命じ、屑米、籾米、土砂の混入を厳

大正期の米の生産高と県外移出高（周桑郡）

	生産高	移出高	移出率
大正５～７年	89,697俵	29,660俵	33.1%
８～10年	33,911	33,911	33.2
11～13年	30,253	30,253	31.4

注『愛媛県農界時報』

しく取り締まり米の品質保持がなされていた。

明治に入ると地租が金納になったことで産米の管理は地主・小作間の問題となり品質は低下した。

各府県は米の品質管理を強化する為県営の米穀検査を実施し、明治四〇年代には、香川・徳島など二十七府県になっていた。

他府県に比べ検査実施が遅れていた愛媛県の産米は、品質不良・乾燥不備・俵装粗悪で漏米多く市場における信用を落とし、安値で取引され、米の販売者である地主に大きな損失をもたらしていた。

当時、県議会で多数を占めていた地主出身議員はこれを厳格な米穀検査によって解決しようと図り、明治三八年（一九〇五年）周桑郡選出の県議黒田広治が岡山・三重両県を調査、同四〇年の県会に於いて検査実施を建議し、大正二年には農事大会の建議と県会の決議が行われた。

これを受けて、深町錬太郎知事は、同三年の施政方針演説で大正四年度よりの検査実施を表明した。

当時、愛媛県は米の移出県で、産米検査県告諭で「米ハ縣下ノ生産物ノ大宗ニシテ、年産額百万石ニ達シ其ノ盛衰ハ当事者ノ損益ニ影響スルノミナラス、実ニ本縣経済ノ消長ニ至大ノ関係ヲ有ス」と述べているように、米は県の主要生産物であり重要な移出商品で、県としても愛媛県産米の評価をあげるために米穀検査は必要だった。

しかし、小作農民は検査が実施されると従来以上の労力と負担が増加するとして反対した。

反対運動は当時県内有数の米の移出地域だった周桑郡から始まった。

米穀検査を翌年にひかえた大正三年九月、周桑郡多賀村三津屋、北条部落の農民はたびたび会合を開き代表委員を選出、郡内他町村に反対運動を呼びかけた。

同年一〇月七日、周桑郡内一五ヶ町村から一六三名の農民が、周布村の密乗院に集まり集会を開き、つづいて、同月一五日、同場所で各町村代表委員七五名が集合、検査反対の意見を町村長会の名で知事に陳情することを決めた。

周桑郡吉井村三〇七名の小作人は、連署して知事あてに次のような陳情書を提出した。

陳情書

（上略）此ノ制ハ小作ヲ主トスル多数農民ニトリ利害ノ及ブ処極メテ重大ニシテ殆ド死活問題タルヤノ感アリ（中略）産米検査実施ノ結果ハ徒ラニ少数地主ノ懐ヲ温ムルニ過ギズシテ多数小作人は却テ之ガ犠牲トナルル不利益ヲ見ルニ至ルモノト信ズ（中略）下級農民ノ心情ヲ洞察セラレンコトヲ懇願スル次第ナリ（以下略）」

（大正三年吉井村「農工商関係書類綴」）

周桑郡の各町村は相次いで同様の陳情書を提出した。

【県当局の高圧的米穀検査実施姿勢と小作農民の大反対】

相次ぐ陳情に対し県は米穀検査の目的を記した啓蒙的な文書や注意書を各町村長に通達し、「本県ノ上米ガ検査施行地タル香川県ノ三等米ト同格ナルヲ見ルニ於テハ米穀検査ノ一日モ忽ニスベカザル所以ナリ」と検査の必要性を説き、同時に農会技師を東予各地に派遣し説明会を開いた。

しかし、大正三年（一九一四年）一〇月一五日の周布村密乗院での説明会で、県の係官の村岡技師は「検査ハ本官ガ三百余人ノ部下ヲ率イテ実施スル以上ハ殺生与奪ノ権ハ本官ノ手中ニアリ」「生産検査ヲ受ケザル米ヲ売買シタトキニハ売タ百姓ノ奴ハ拘留シテ監獄ニ入レ、相当ノ過料ヲトル」（新居郡産米検査の沿革より）と高圧的な態度で農民を恫喝した。

この発言は農民の不安と不満に拍車をかけ、郡内各町村から検査延期の陳情書が出された。

反対運動は新居郡にも広がった。周桑郡の農民は、代表を新居郡西条町に派遣し反対を呼びかけた。これを受けて、新居・宇摩郡の農民は、同年一一月、検査実施県の香川に代表を送り、合格米に仕立てるための乾燥・俵装等に要する費用を調査し、具体的な数字をあげ、検査実施による小作農民の不利益を述べ延期の嘆願書を提出した。

一一月に入ると、一〇日、周桑代表一〇名、一二日、新居郡金子村代表、一三日、周桑代表一〇余名、一六日、新居・周桑代表一六名、一二月二日、新居代表二二名、など、一一月から一二月にかけて周桑・新居郡の農民代表は連日上松、知事や県議に検査延期を繰り返し陳情した。

しかし、知事は「検査は県会の決議を重んじて、県の米質の改良を図って本県産米の声価をあげるもの、農民全体の利益になる」と主張を変えなかった。

大正四年一月一九日、県当局は小作農民の反対を押し切り、「米穀検査規則」と「愛媛県告諭」を公布し、同年一〇月一日からの検査実施に踏み切った。

農民三千郡衙に詰かく

不合格米輸出禁止に就て

周桑郡は元来人口に比較して米産額の多きと同時に産米検査の如き手数を要するものは多数極主義と矛盾するものとして反対せし所なりしが過般發布せられたる縣令は當然生ず可き不合格米の縣外輸出を禁ずるを以て肥料代を始め萬般の經費の財源たる不合格米を限りある縣内の需要に供

よりて松山地方裁判所へ押送せられ利害のみは一時放還せられ居たりしが去る二日同署は豫審判事の令状により利害に對し拘引狀を執行し同日同裁判所へ傳送押送を爲したり

延命寺住職調らる

寄附金募集に就て

周桑郡庄内村に残されていた大正四年の「県通達綴」によれば、検査地域は東予四郡（宇摩・新居・周桑・越智）・温泉郡・伊予郡・松山市で、検査は生産検査と輸出検査の二種類があり、生産検査は検査の合否を判定、不合格米は小作米として納入できず売買も禁じる。輸出検査は、合格米を品質に応じ一等、二等、三等、等外と等級格付をつけ良質の米を県外移出とする。

その他にも、乾燥を十分にし、一俵は四斗とし、俵装の立縄、横縄の本数までも指示する細かな規則が通達されている。

同年一一月四日、周桑郡の農民は、「大正四年は暴風雨による被害が大きく厳格な検査が実施されたら多くの不合格米が出る」と、検査延期と不合格米移出禁止に抗議するため、約三千人の農民が丹原町の郡役所に押しかけ郡長と交渉しさらに県知事へ直訴のため松山に向かおうとした。売買禁止を理由に買いたたかれる不合格米しか手元に残らないことは小作人にとっては死活問題だった。

宇摩郡でも、同年一二月、五千人の農民が郡役所に押しかけている。

【口米廃止と奨励米支給をめぐる小作と地主の争い】

延期嘆願が入れられなかった小作農民は、従来慣行とされていた口米の廃止と合格米に対する奨励米の支給を地主に対して要求した。

口米とは、地域によって込米、さし米とも言われ、藩政時代に年貢納入の際の運搬中の減量や、年貢取り立ての経費として、一俵につき二升―五升の米を余分に納入したもので、明治になってもこれが慣行として残り地主の取り分となっていた。

小作農民は、米穀検査通達の中の「一俵ヲ四斗トス」を理由に、口米を廃止し、更に合格米奨励として一石につき五升から一斗の支給を要求した。

地主は、農事奨励会と言う地主会を今治で開き、奨励米は一石につき二升から五升と決め対抗した。

口米廃止と奨励米支給をめぐっての地主・小作間の紛争は東予各地で起こった。

新居郡西条町では、奨励米一斗の要求が聞き入れられなかった小作人六十名が小作地を返還福岡県戸畑町に出稼ぎに行った。同郡大町村、神戸村、玉津村では不耕作同盟が結成され三百六十町の田に稲が植えられなかった。同郡船木村では二百数十名の小作が大正四年の小作米を不納し地主は訴訟を起こした。

などの争いが続いた。

大正七年五月一六日、新居郡で、郡長、警察署長の調停で、次のような「郡長裁定」が出され、地主、小作双方が合意し争議は終了した。

・一〇五升を一石とする慣行を改め正一〇〇升を一石とし、五升は産米改良の労賃として小作人に支払う。
・害虫駆除費として毎年田地一反歩につき玄米一升五合を支給す。
・米穀検査合格米のうち一等米には三升、二等米には二升、三等米には一升の賞与を支給する。　（新居郡誌）

大正三年から七年にかけて争われた本県の米穀検査反対の争議は、当初、検査実施の中止または延期を県当局に求める運動で、自作農は勿論、中小地主も加わっていたが、検査が強行されると、口米廃止、奨励米支給をめぐって、小作と地主の争いとなり双方の組織化が進んだ。

愛媛県当局が産米検査による地主・小作の紛争に備え組織させた農事奨励会は、会員は地価三百円以上の農地を持ち、小作地を持っている地主で、郡会長は郡長、支会長は町村長が就く官民一体の地主団体であった。争議が始まると、奨励米の額を決めたり、返還された小作地を共同で管理したり、訴訟費用を分担し地主の結びつきを強めた。

いっぽう小作人は、農事奨励会に対抗し、各郡に小作人会をつくり、代表委員を決め、小作地返還、小作米不納などに取り組んだ。

大正五年一月一二日、宇摩郡小作連合会各町村部落代表者は、周桑郡小作者連合会代表者と会合、温泉郡小作連合会に連絡し、愛媛県農民連合会の組織化を計画したが実現しなかった。

米穀検査反対の運動は全国各地で起こったが、特に激しかったのは新潟・岐阜・愛媛の三県と言われている。（農民組合史刊行会、「農民組合運動史」より）隣県香川でも込米撤廃闘争が起こっているが、山本繁は、著書「香川の農民運動」で、香川の運動は「岐阜、愛媛の如きすさまじい闘いとならなかった」と述べている。

農民運動史に残る激しい闘いを経験した東予の小作農民は、日本農民組合を組織し近代的農民運動に取り組んだ。

三　東予の地主・小作関係

【東予における地主・小作関係の特徴】

東予の小作農民は明治の末に四阪島煙害闘争、大正期に米穀検査反対闘争に取り組み、集団の力で住友に賠償金を支払わせ、地主に、口米廃止と奨励米・害虫駆除費を支給させた。

しかし、賠償交渉は開始されたが煙害は解決せず、昭和になっても被害は無くならず、毎年坪刈りをして被害状況を調査し賠償請求金額を決めていた。

被害は、昭和四年（一九二九年）ペテルゼン式硫酸製造装置の導入で、排煙から二五％の亜硫酸ガスを取り除くことが出来るようになり多少緩和されたが、最終的な解決は、昭和一四年、硫黄酸化物をアンモニアで中和し完全に煙害の発生が抑えられるまでかかった。

この間、小作農民は被害に悩まされ、賠償金の個人配分、煙害調査会員の公選、契約更改会議の公開、町村単位に配分された賠償金の使途の公表などを求め、漁業被害への補償を要求している。

米穀検査への不満も大きかった。産米検査反対運動が激しかった周桑郡吉井村での大正四年の第一回生産検査では、受検総数約一万七千俵のうち二二％にあたる三千八百俵が不合格にされている。

生産検査は、その後、大正八年・昭和四年に改正され多少緩やかにはなったが、良質の合格米を小作料として受け取る地主に対し、販売を禁じられた不合格米しか手元に残らない小作人の不満は大きく、奨励米支給をめぐっての対立は続いている。

これらの闘いの経験と解決への不満が、全国の運動と連携した近代的農民運動が、県都松山のある中予ではなく東予を中心に起こった一つの要因と考えられる。

その他にも、農民運動が盛んとなった要因として、この地方特有の地主・小作関係がある。

我が国の地主制は明治中期に確立したといわれている。

自作・自小作・小作別農家戸数の変遷

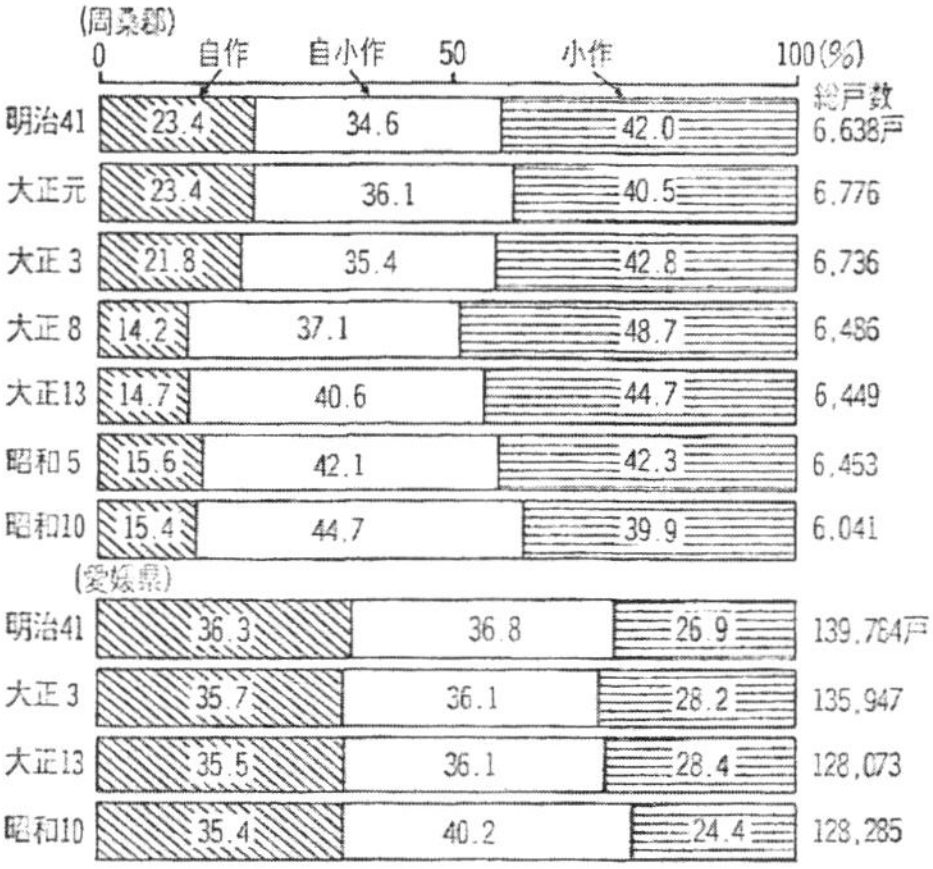

（『愛媛県農事統計學（覧）要』より作成）

明治六年（一八七三）の地租改正により農民は土地の所有を認められたが地価の三%を地租として金納しなくてはならず、収入の三分の一相当の地租は大きな負担となり、質入れ、借金の抵当流れで土地を失う農民が増加、明治一三年から同二三年の間に三六万七千人もの農民が土地を失い、地主制が進展した。

周桑郡の地主制は他地域より早く、明治一七年の愛媛県農事統計によると、田地の小作率は、県全体の四七%に対し六四%と高く、農家も自小作農・小作農併せて八一%となっている。

大正に入り周桑郡の地主制は更に進み、大正八年には自作農は全農家六四八六戸のうちわずか一四%の九一八戸に過ぎず、農地も大正末には約七〇%が小作地となり県全体の五七%を大きく上回っている。

日農愛媛県連が結成されたころ、周桑では八割を超える農家が小作人となっている。

【東予における小作権（間免《あいめん》）】

地主・小作関係は農地の貸借関係で、小作農は地主に無断で小作地を売買・転貸することは許されていなかった。しかし、宇摩、新居、周桑郡を中心とする東予地方では、慣習的に小作権を売買したり賃貸することが行われていた。これを慣行小作権と言い、当地方では俗に「間免」または余米、式金と呼ばれていた。

最も古い「間免」に関する記述は、明治三六年（一九〇三）周桑郡壬生川町の農会が実施した「町是調査」で町長一色耕平は「小作人は地主に関せず小作権を売買し、事後買主より地主に承諾を求める弊習行われ」と述べている。

また、周桑郡小松町で明治四〇年頃、次のような「部落規約」が作成されている。

當今ノ小作人ハ各自宛リ受ケノ地所ニ就イテハ豫米及ビ式金ト称シテ多大ノ金石ヲ前作人ニ提供シ譲リ受ケタルモノ故ヘ其豫米及式金ナル物ハ即チ小作人ノ財産タル論ヲ俟タズ

地主ニシテ地所売却スル際ハ小作付廻リハ勿論止ムヲ得ザルトキハ豫米及ビ式金返戻スルノ義務有ルモノトシ相当ノ時価ニテ買ヒ揚ゲヲ乞フ事

（玉井教一編「永世書類綴込帳」玉井三山氏蔵）

小松町新宮部落では、明治四〇年一月一四日「新宮部落申合誓約」を作成し五十三名が署名捺印し、地主が小作地を売買する場合、小作人に其の地所に相当する式金を返すことを協定している。

昭和六年作成の小松町内の地主・小作間の小作契約書にも、小作人が自由に「小作権ヲ他ニ譲リ渡ス事ヲ得」地主が小作契約を解除し小作地を引き上げる際には、小作人が「小作権ヲ有スルトキハ其ノ料金ニ付キ協定シ支払フベキモノ」と定めている。

このように当地方では小作権は永小作権に等しい財産権とみなされていた。この風習は、地主・小作関係の契約は、小作人の地主に対する権利の買いとりとなり、地主に対する隷属感を希薄にし、当地方の小作争議多発の一要因となったものと考えられる。

では何故、新居・周桑郡に小作権売買の風習が起こったのか。東予地方は藩政時代から遠浅の海を干拓する新田開発が盛んで、その開発に労務あるいは経費を提供した者に代償として新田の永代小作

小作権価格の事例　　単位：円

	中田	中畑
周　布	800	200
吉　井	800	500
多　賀	700	—
壬生川	450	—
国　安	400	250
三　芳	250	100
楠　河	100	100
小　松	350	100

注 1）昭和 14、15 年頃の売買事例。
2）『愛媛県農地改革概要』より引用

等の特例が認められたのが始まりで、その後人口増加に伴う耕作地需要の増加から小作権の売買が行われたようである。

しかし、明治の民法では、地主の土地所有権のみを認め、小作権に法的保護は無く、耕作権は地主と小作の力関係の中で集団的に保持されたものである。

東予地域では日農支部結成前後、各地で間免・小作権をめぐる争いが起こっている。周桑郡各地の小作権価格は右のとおりである。

【間免による小作農の自立性】

東予地域に、全国的にも稀な小作人による小作地の自由な売買・転貸が認められていた慣習は、この地の地主・小作関係に大きな影響を与えた。

日農新宮支部書記の玉井教一が残した支部組合員三〇名と関係地主六〇名の土地貸借関係表によれば、玉井教一は八人の地主から八反三畝《せ》の土地を借り、日野秀吉も九人の地主から一町五反六畝、堀江幸作も九人から一町二反六畝を借りるなど、小作権の売買が容易に行われたことから、小作は複数の地主から土地を借り、地主も新宮部落内に数名の小作を持つなど錯綜していた。したがって小作は一人の地主に経済的にも人格的にも隷属することは無かった。

しかも、小作権は財産権とみなされており小作の地主に対する立場を強くしていた。

日農新宮支部が小作米不納運動に取り組んだ時、全組合員の小作料五一四俵が七人の納屋に保管された。彼らは八〇俵近い米を収納できる納屋を持ち、一町歩を越える農地を耕作する中農であった。

一方、地主はどうか。早くから地主制の進展した周桑には県内有数の大地主が存在した。

明治一六年、一〇〇町歩以上の小作地を所有する大地主は郡内に四人、大正一三年の農務省の調査では、五〇町歩以上は、小松町森田恭一、吉井村日野松太郎、多賀村黒田広治、吉井村越智和太郎、丹原町安岡喜久五郎など七名となっている。

しかし、大地主は極わずかで多数の中小地主が混在した。

昭和二年、農民組合に対抗して組織された地主組合・小松昭和会に加入した六三名中、小作料のみで生活できるのは六、七名で、六六%にあたる四二名は小作地三反以下、小作人三人以下の小零細地主である。彼らの多くは、地主と言えども、手元に残した農地を耕作し、小作とさほど変わらぬ経営規模の自作農だった。

新宮支部の組合役員は、争議中これら零細地主を戸別訪問し、政治的立場はむしろ小作側と共通するとして地主会からの脱退を勧めている。

これらの地主を相手に組合は「間免」を楯に耕作権擁護を主張した。この運動は、戦後、小松町の農民に大きな恩恵をもたらした。

戦後の農地改革は、不在地主の全て、在村地主の一町歩を越える小作地を国が管理、小作料を基準に町村ごとの公定価格を決め、その土地の耕作者に優先的に売り渡し地主制の解消をはかったもので、小作が地主に払う買取り代金は、町村ごとに、所有権と小作権の比率を定め、公定価格から小作権の割合分を差し引いたものとした。

農民運動の盛んだった小松町や周布村と吉井村は小作権の比率が高く、小作農民は安く土地を手に入れることが出来た。


周桑郡における所有権・小作権の配分比率（%）

	所有権	小作権
小　松	50	50
石　根	60	40
壬生川	85	15
周　布	55	45
吉　井	55	45
国　安	75	25
庄　内	100	0
丹　原	70	30
田　野	70	30

注　『愛媛県農地改革概要』より。

終　章

一　弾圧と転向

明治の末、四阪島煙害闘争、大正時代、米穀検査反対闘争と、大きな闘いを経験した東予の小作農民は、昭和に入り、日本農民組合愛媛県連合会を結成し全国の農民と連携し運動に取り組んだ。

しかし、政府の共産党弾圧に関連して農民運動も厳しい弾圧を受けた。

哲雄は、昭和四年（一九二九）の四・一六事件で起訴されるも無罪となったが、翌年、八・一四事件で、全農県連書記小川重朋、小松無産青年同盟高井鹿一と共に治安維持法違反で逮捕され有罪の判決を受けた。

残された裁判記録によれば、哲雄らの罪状は、発売禁止の「戦旗」五五部を取り寄せ、小松・石根・氷見に頒布し、今治に広げたこと。「社会科学研究会」をつくり、哲雄や小川が講師となり、ブハーリンやレーニンの著書を学習したこと。小林多喜二の「一九二八年三月一五日」を読み合わせたことなどで、青年の真面目な活動が罪とされている。

全国的にも、この頃、昭和恐慌の暗い世相を反映し共産主義・社会主義の思想が受け入れられ共産党への支持が高まっていた。

度々の全国一斉検挙にもかかわらず昭和六年から七年にかけて、共産党は党員・「赤旗」読者を増やし、多くのシンパを集め、河上肇、菊池寛、林芙美子、太宰治ら著名な学者・文化人から資金カンパを受け、戦前最大の勢力となっていた。

しかし、昭和七年一〇月六日、東京で「大森銀行ギャング事件」が起こった。これは、共産党中央部に送りこまれた「スパイM」と特高の仕組んだもので、当局はこの事件を利用、共産党に「赤色ギャング団」の汚名を着せ、一〇月一〇日、最後の全国一斉検挙を行い、千五百余名の共産主義者を逮捕、盛り返してきた共産党に壊滅的な打撃を与えた。

特に、銀行強盗事件に多くの関係者を出した愛媛には、わざわざ警視庁から特高課員が来県、県警察部長、特高課長と綿密な計画を立て、一五〇余名を検束し、七名を起訴し有罪とした。

東予では、哲雄投獄の後、全農の活動を継いでいた河渕秀夫・岡本義雄・真鍋光明が逮捕され、林田末子も大阪で拘束され、東予の農民運動は消滅した。

特高はその後一斉検挙をのがれ地下活動を続ける岩田義道、小林多喜二、野呂栄太郎等をスパイの手引きで逮捕、厳しい拷問を加え虐殺した。

このようなかで、昭和八年、共産党の最高指導部にいた佐野学、鍋山貞親は相次ぐ厳しい弾圧に動揺、獄中で転向を表明し、天皇制を美化し、中国侵略戦争を肯定する「転向声明書」を発表した。司法当局は「思想教化の好材料」として全国の刑務所に配布、獄中の治安維持法違反者の四〇％近くを転向させた。松山刑務所でも、服役中の未決八名、既決一四名中一三名が転向を表明している。哲雄も転向を条件に出所した。

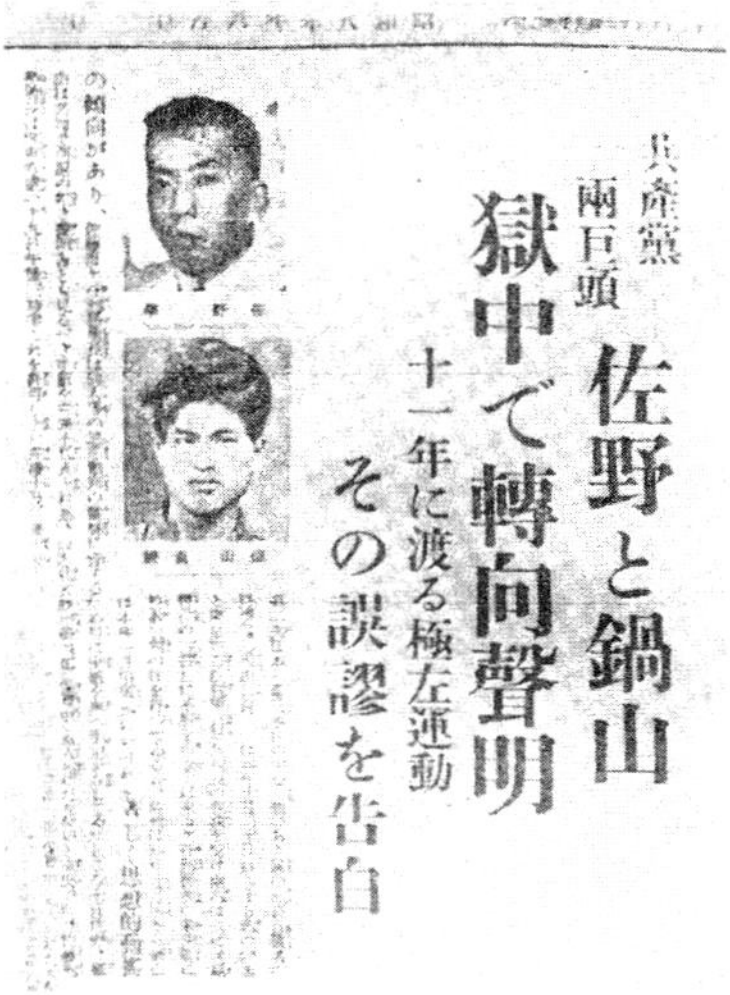
共産黨兩巨頭
佐野と鍋山
獄中で轉向聲明
十一年に渡る極左運動
その誤謬を告白

佐野・鍋山の転向を伝える朝日新聞

投獄・虐殺・転向と、共産主義者、社会主義者を一掃した政府は、昭和一五年、全ての政党・団体を解散させ、大政翼賛会をつくり、挙国一致のもと国民を無謀な戦争に駆り立てた。

二　林田哲雄顕彰碑

戦争が終わり、昭和二〇年（一九四五）一一月、片山哲、浅沼稲次郎らが日本社会党を結成した。それより先、哲雄は在県旧無産政党役員二〇名に呼び掛け、社会党愛媛県支部連合会を組織し初代会長になっている。

昭和二一年四月一〇日、二〇歳以上の全ての男女が選挙権を獲得した第二二回衆議院議員選挙が行われた。全国を五四の選挙区とする大選挙区制で、愛媛県は全県一区、定数九名だった。

社会党は林田哲雄・安平鹿一の二名を立候補させ両名とも当選し哲雄は念願の国会議員になった。

翌年四月二五日、新憲法下で最初の総選挙が行われた。選挙制度は中選挙区制となり、愛媛は三区に分かれた。社会党は、定員三名の二区に、安平、林田を立てた。哲雄は次点となり落選、国会議員の活動は一年で終わった。三区で井谷正吉が当選した。

他の人たちもそれぞれの場で活動を再開した。

昭和二二年五月、小松町議会議員選挙で玉井教一、河渕秀夫、戸田唯春が当選、教一はその後二期八年、議員として町政民主化に尽力した。小川重朋は郷里島根の浜田市に帰り市議に、岡本義雄は芦屋市に移り住み共産党市議として活動した。

その後、哲雄は、日本農民組合の組織づくりに取り組んでいたが、昭和三三年二月一四日、享年五九歳の若さで病没した。

哲雄の死後、小松の住民は、玉井教一、林田進、矢野一義を発起人に、国道一一号線の側に顕彰碑を建て哲雄の功績を讃えている。

碑文

　林田哲雄君、一八九九年一〇月六日、小松町明勝寺住職孝純師の次男に生る。小松小学校、西条中学を経て京都大谷大学に学ぶ。君は進取の気概に富み社会改革を志し学業半ばにして社会主義運動に入る。一九二七年、日本農民組合中央執行委員、同愛媛連合会会長、労働農民党中央委員となる。末子夫人と共に労働者、農民、部落解放の諸運動に献身の努力を尽す。為に検挙さるる事七十余回、獄に繋がるる事五年二ヶ月に及ぶ。然し君苦難に会ひて志操愈々堅く大衆の絶大なる信頼を得たり。推されて小松町会議員を務め、一九四六年、衆議院議員となる。爾来太平洋戦争後に於ける農民運動の再組織に懸命の努力中不幸病魔の冒すところとなり、一九五八年二月一四日、遂に倒る。享年六〇歳。

　先駆者たる君が功績は石鎚の峰の如く不滅の光芒を放つ。茲に当時の同志後輩其の偉業を顕彰し、末子夫人をも偲び碑を建立す。

莞爾たれ林田哲雄君万歳

一九六六年十二月

闘友井谷正吉誌

第二部　研究論稿

第一章　周桑における地主小作関係と小作争議、農民運動

一　大正期の地主小作関係

土地所有の状況　明治期に確立した周桑郡の地主制は、大正期になってさらに進展した。大正元年（一九一二）から同八年まで郡内の自作農は一五八四戸（全農家戸数の二三・四パーセント）から九一八戸（同一四・二パーセント）へと大幅に減少し、約半数の自作農が離農または小作農化している。一方、小作農は二七四四戸から三一五五戸へと四一一戸増加している。したがって大正八年には、郡内全農家の八五・八パーセントが自小作農・小作農となり、耕地も六七・八パーセントが小作地化している（図1・2）。当時の愛媛県全体の耕地の小作地率は約五六パーセントで、自小作農・小作農の割合は約六四パーセントだったことから、周桑郡は県内で宇摩・新居郡とともに小作化率の高い地域となっていた。

郡内の自作農が減少し小作化が進んだ理由の一つとして、自作農の経営規模が小さく、自作地のみでは生活出来ず小作地を入手し自小作農化したことが考えられる。郡内の大正七年の自作農家一一九三戸のうち三八・七パーセントにあたる四六二戸が耕地面積五反未満と零細で、一町以上の耕地を持つ農家は約三〇パーセントにすぎない。一町から三町の耕地を持つ比較的安定した経営規模の農家は、自作農より自小作農に多い。同様の傾向は、大正三年の吉井村における調査結果にもみられる。同年の吉井村の農家総数は三二三戸であったが、自作農はわずか一七戸にすぎず、しかも、そのうちの一二戸は五反未満の零細農家である。小作農も一二五戸のうち約半分の六二戸が五

反未満となっている。自小作農は比較的経営規模が大きく、一町から三町の耕地を所有する農家はほとんどが自小作農である。

また、当地域で行われていた小作権の売買も小作地の入手を容易にし、この地域の小作化率を高めた理由と考えられる。この件に関して壬生川町長一色耕平は、明治三六年の『町是調査』の中で「小作人は地主に関せず小作権を売買し、事後買い手より地主に承諾を求める弊習が行われ（中略）逐年人口の増加に伴随して田畑の不足により、免れざる趨勢なり」と述べている。その後、明治末期から大正末期にかけて、米の反収増加（表4）と人口増加から小作希望者が増え、また、地主の土地も数か町村に散在し多くの小作人を持っており、小作人も複数の地主から土地を借りるという地主小作関係の錯綜した地域であった。そのため小作権の売買が容易となり、小作相互間で広く行われ

図1　自作・自小作・小作別農家戸数の変遷

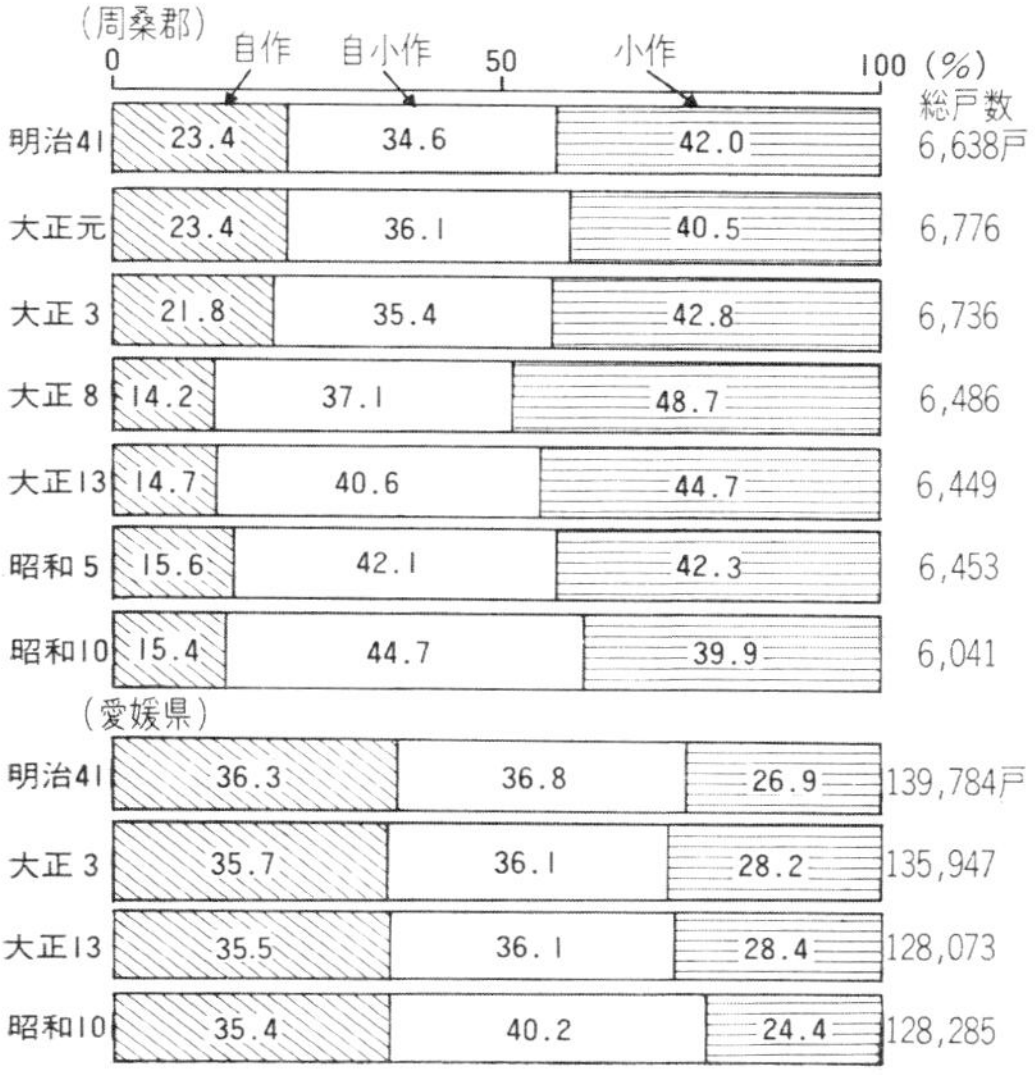

（『愛媛県農事統計䂓（覧）要』より作成）

図2　自作地・小作地別田反別面積

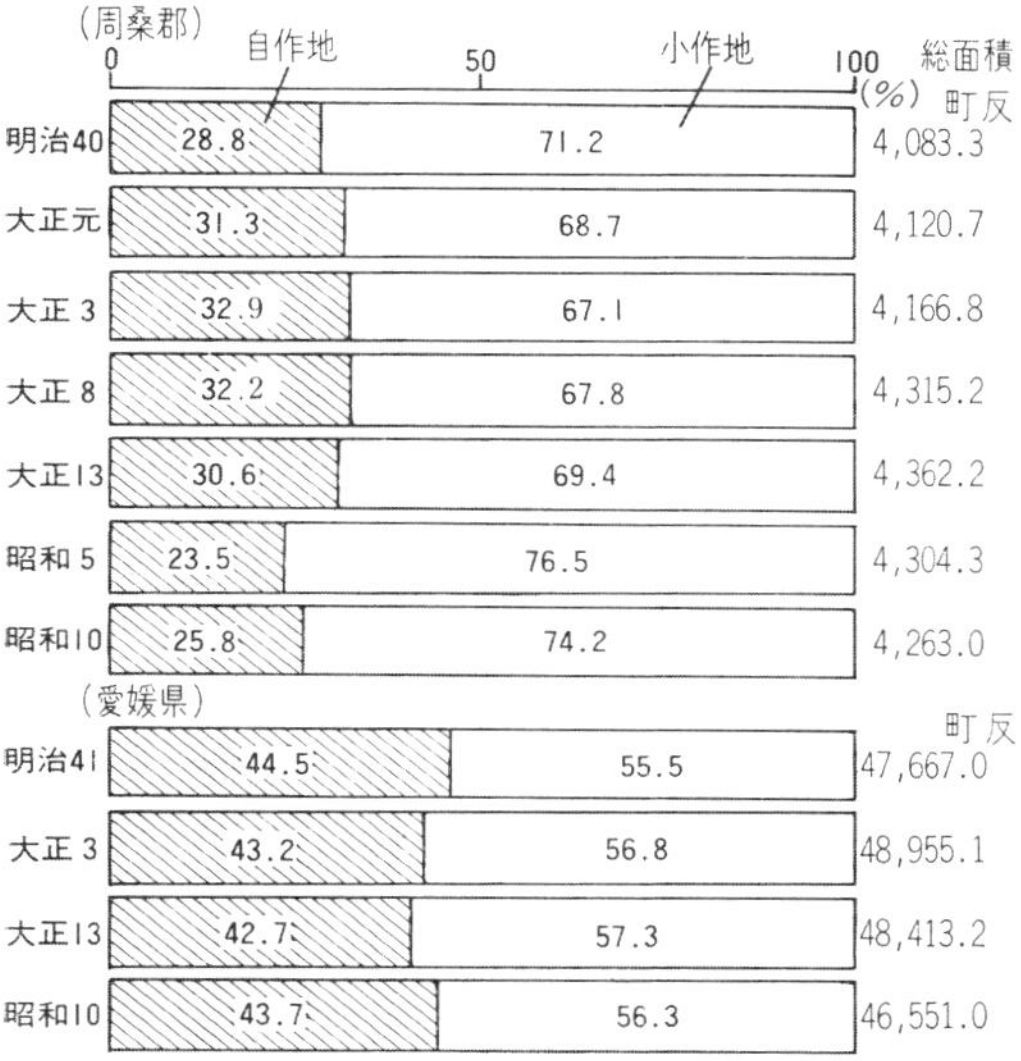

（『愛媛県農事統計䂓（覧）要』より作成）

ていたようである。これを慣行小作権、俗に間免《あいめん》と呼び、永小作権に近似した一種の財産権とみなされ、全国的にも珍しく、東予地方と香川県の一部にのみ認められていたものである。

　大正一三年（一九二四）に県内で、田畑五〇町歩以上を所有する大地主は合計三〇名であった。そのうち、周桑郡に小作地を持つ地主は一三名（法人一を含む）である（表5）。

　これらの大地主のほかに、郡内には多数の中小地主が存在した。大正一三年の『壬生川町農業基本調査』（数値は大正一〇年現在）によれば、同町内に小作地を持つ地主は一三九名で、二四〇名の小作に土地を貸している。しかし、このうち職業を地主としている者はわずか一四名にすぎず、他は所有地を小作地として離農した飯米《はんまい》

図3

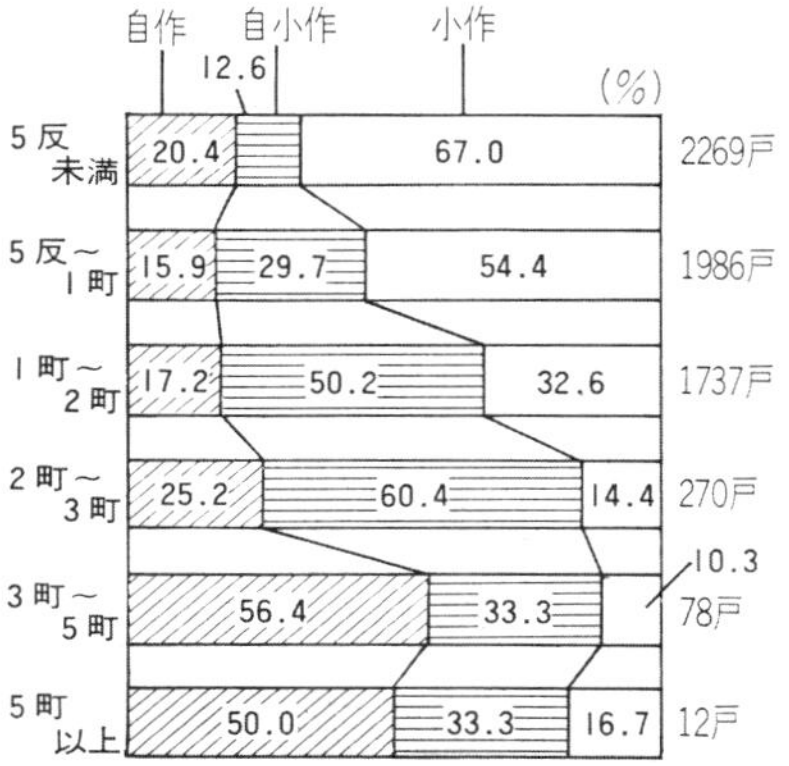

(表1より作成)

図4

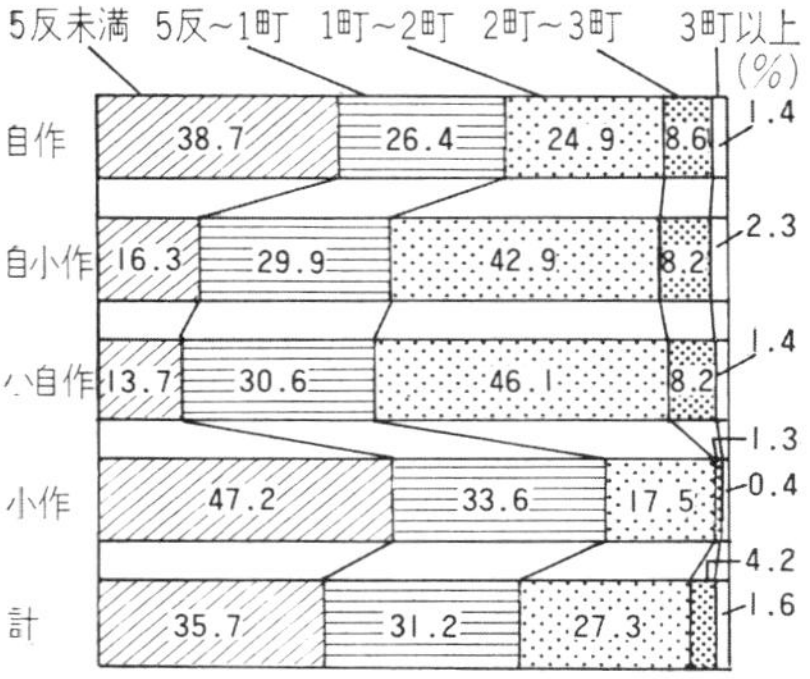

(表1より作成)

表1　周桑郡における自小作者と耕作面積との関係（大正7年）

		自作者	自小作者	小自作者	小作者	計
耕作ヲナス世帯数		1,193戸	742戸	1,200戸	3,217戸	6,352戸
耕作地面積ニヨル区別	田畑5反未満を耕作	462	121	165	1,521	2,269
	5反以上1町未満	315	222	368	1,081	1,986
	1町～2町	298	319	554	566	1,737
	2町～3町	68	64	99	39	270
	3町～5町	44	14	12	8	78
	5町以上	6	2	2	2	12

（「愛媛県産業調査資料」）

表2 吉井村における耕作面積別農家戸数（大正3年）

	総数	自作	自小作	小作
総数	323	17	181	125
5反未満	88	12	14	62
5反以上～1町未満	64	3	23	38
1町～2町	118	2	93	23
2町～3町	43	0	41	2
3町～5町	10	0	10	0
5町以上	0	0	0	0

（大正3年吉井村「農商工関係書綴」）

表3 吉井村における自作・自小作・小作農の耕作面積（大正3年）

		総面積	一戸平均耕地
自作農ノ耕作スル耕地		4町9反5畝	2反9畝
自小作農ノ耕作スル	自作地	105町1反9畝	5反8畝
	小作地	177町2反	9反7畝
小作農ノ耕作スル小作地		72町8反7畝	5反8畝

（大正3年吉井村「農商工関係書綴」）

表4 周桑郡における田畑の耕作面積・反別収穫高の変化

	水稲			麦（大麦・小麦・裸麦）		
	作付面積	収穫高	反当収穫	作付面積	収穫高	反当収穫
	町 反	石 斗	石斗升	町 反	斗	石斗升
明治41年	4,018.3	75,847.0	1.8.8	3,243.6	32,415.0	0.9.9
大正1年	4,071.8	79,711.4	1.9.5	3,334.2	43,584.1	1.3
3年	4,121.5	95,668.0	2.2.2	3,315.7	33,101.1	0.9.9
8年	4,247.3	113,991.6	2.6.8	3,130.8	43,585.1	1.3.9
13年	4,213.5	94,518.4	2.2.4	2,815.1	35,701.5	1.2

（『愛媛県農事統計書』）

表５　周桑郡関係の大地主（田畑 50 町歩以上所有者）一覧

氏名	職業	住所	所有耕地 田	所有耕地 畑	所有耕地 計	耕地の主たる所在地 郡(　)内は町村数	小作人の戸数
広瀬満正	会社員	新居郡中萩村大字中村	1329反	727反	2057反	宇摩(3)新居(10)周桑(5)大分県1	1387戸
岡本栄吉	無職	新居郡大町村大字大町	658	106	764	新居(6)周桑(4)温泉(1)	不詳
久米栄太郎	〃	新居郡橘村大字禎瑞	751	100	851	新居(5)周桑(6)	287
森　広太郎	〃	新居郡氷見町大字上町	1940	27	1968	新居(7)周桑(4)	508
高橋初太郎	〃	〃	687	106	794	新居(3)周桑(6)	358
黒田広治	会社員	周桑郡多賀村大字北条	588	152	721	周桑(13)	233
佐伯惟吉	無職	周桑郡石根村大字大頭	587	96	683	周桑(6)	189
安岡喜久五郎	〃	周桑郡丹原町大字丹原	503	56	559	周桑(3)	165
越智和太郎	商業	周桑郡壬生川町大字壬生川	530	4	534	周桑(8)	182
日野松太郎	公吏	周桑郡吉井村大字玉之江	427	73	500	周桑(3)新居(1)	175
柳瀬ヒロ	商業	今治市	803	20	823	周桑(5)	248
矢野通保	無職	越智郡波止浜町大字波止浜	1354	121	1475	周桑(10)越智(8)	310
住友合資会社		大阪市東区茶臼山	4464	1511	5975	宇摩(12)新居(6)周桑(11)越智(1)	3048

表６　壬生川町における地主及自小作世帯数（大正 10 年）

		明理川	喜多台	円海寺	壬生川	大新田	合計
地主世帯数		22	27	15	60	15	139
内訳	村内ノ地主	12	9	3	39	13	76
	村外ノ地主	10	18	12	21	2	63
耕作者世帯		48	64	17	89	44	262
内訳	自作農	5	6	0	6	5	22
	自小作	4	5	1	8	12	30
	小自作	19	11	5	14	10	59
	小作	20	42	11	61	17	151

※地主とは土地の多少にかかわらず小作地を所有する者をいう。

（『壬生川町農業基本調査』）

表７ 土地所有別農家経済状況（吉井村）

			(A) 地主兼自作	(B) 自作	(C) 自小作	(D) 小作
			円	円	円	円
収入の部	自作収入		817.600	642.200	446.200	0
	小作収入		713.310	0	532.000	1,445.800
	果樹収入		.650	13.000	0	0
	養鶏収入		0	0	0	6.500
	機業収入		0	0	62.000	0
	雑収入		0	0	14.250	0
	収入合計		1,531.560	655.200	1,054.450	1,452.300
支出の部	生計費	食料費	186.000	127.500	160.000	277.000
		購入食料費	44.160	25.000	55.245	8.816
		住宅費	71.420	65.000	0	14.475
		被服費	220.000	72.000	42.875	43.004
		酒煙草費	34.020	40.000	27.366	0
		薪炭油費	26.000	20.000	15.000	13.800
		家具費	35.670	5.000	4.000	1.030
		医療費	8.300	1.500	9.160	0
		教育費	0	17.000	128.235	2.690
		交際費	35.875	15.000	7.300	8.165
		諸会費	2.300	6.000	0	2.580
		寄付金	5.500	0	0	4.510
		雑費	18.245	30.850	49.925	145.545
		合計	687.490	424.850	499.106	521.615
	農業経営費	種苗費	11.000	3.500	6.500	6.910
		肥料費	136.600	95.000	101.705	217.851
		家畜費	29.800	19.200	6.000	33.730
		雇人費	50.850	64.000	.875	3.480
		農具費	5.500	0	3.000	2.945
		織物原料費	0	0	57.600	0
		小作料	43.280	0	228.000	425.840
		雑費	67.800	6.000	0	.910
		合計	344.830	187.700	403.680	691.666
	公	地租	102.120	27.135	10.380	0
		所得税	11.970	0	0	0
		県税地租割	45.945	11.780	4.770	0
		〃戸数割	12.090	4.130	2.480	.790

		〃 所得付加税	.640	0	0	0
		村税地価割	20.720	5.380	2.170	0
		〃 戸別割	60.450	20.650	12.400	3.950
		〃 所得付加税	1.860	0	0	0
		水利費	16.615	4.400	1.775	0
	費	その他諸税	0	0	0	1.560
		合計	272.410	73.475	33.975	6.300
	負債	負債利子	0	4.000	0	.540
		負債償還金	0	0	0	79.020
		合計	0	4.000	0	79.56
	支出合計		1,304.730	690.025	936.761	1,299.141
収支	残金		226.830		117.689	153.159
	不足金			34.825		
備考	収穫高	自作地 米	38石4斗5升	32石4斗	18石4斗	
		自作地 麦	5石4斗	6石	8石 8斗	
		小作地 米	35石6斗6升		28石	65石2斗
		小作地 麦				6石3斗
	家族数 （　）内は労働従事者数		6(1)	3(1)	8(4)	9(4)
	雇人数		1	1	0	0

氏名は略す。調査期間は大正2年1月1日～12月31日

（大正3年吉井村「農商工関係書綴」）

地主か、土地の一部を小作地にしている小地主と考えられる。

農家経営　大正三年（一九一四）に吉井村で土地所有別の「農家経済調査」を実施している。調査は、地主兼自作・自作・自小作・小作それぞれ一戸を抽出したものであり、稲作面積や家族数・労働従事者数が異なることから、単純に比較することはできないが、各農家の生活状況を知ることができる（表7、図5・6）。

調査結果によると、自小作（C）・小作（D）に課せられた高額小作料が農業経営や生計費を圧迫している。小作の総支出が、地主兼小作（A）とほとんど変わらないのに、総支出のうちの二〇・四パーセントを小作料支払いにあてているためである。したがってエンゲル係数は五四・八パーセントと高く、その生活の困難さが想像できる。

収支決算では、自小作・小作とも

図５　農家の消費支出（生計費）とエンゲル係数

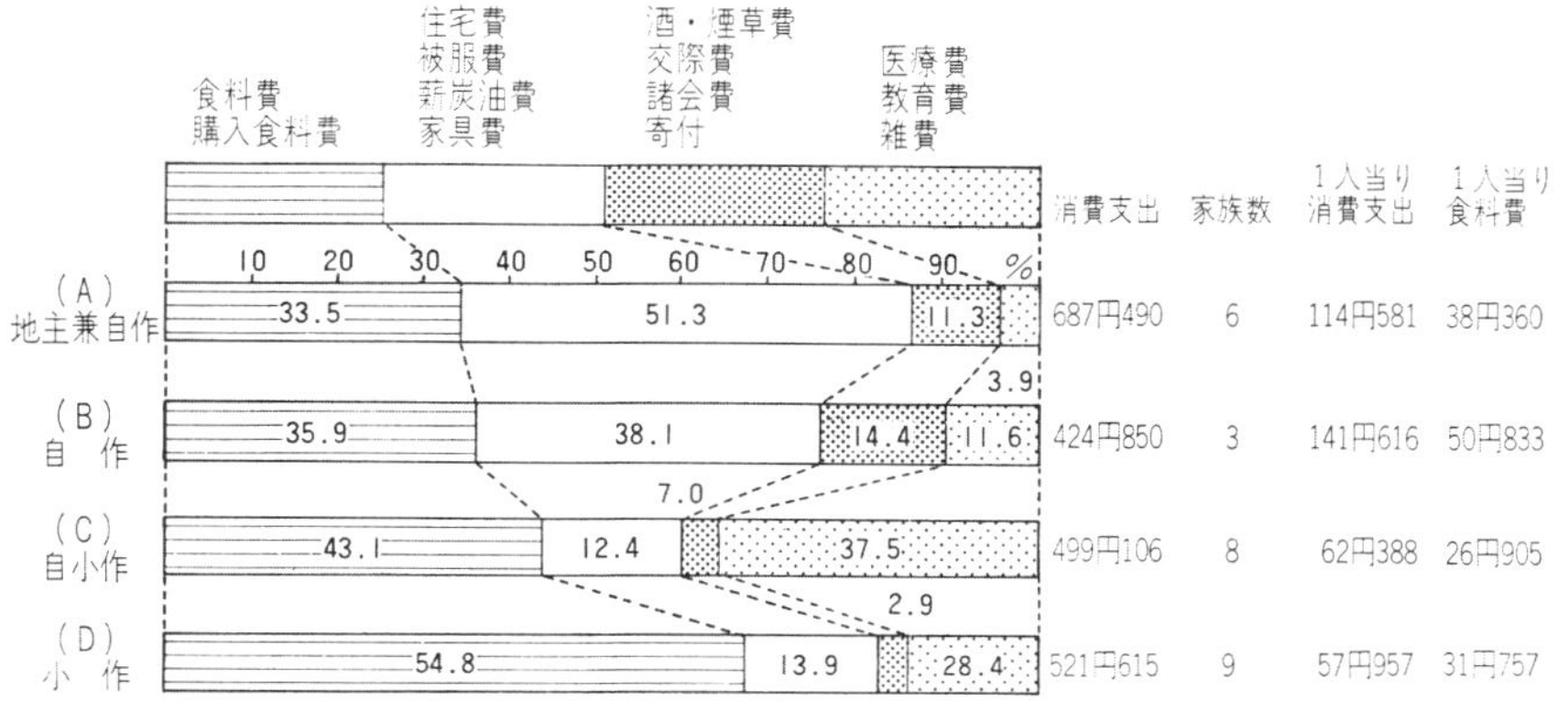

図６　土地所有別農家経済状況（吉井村）

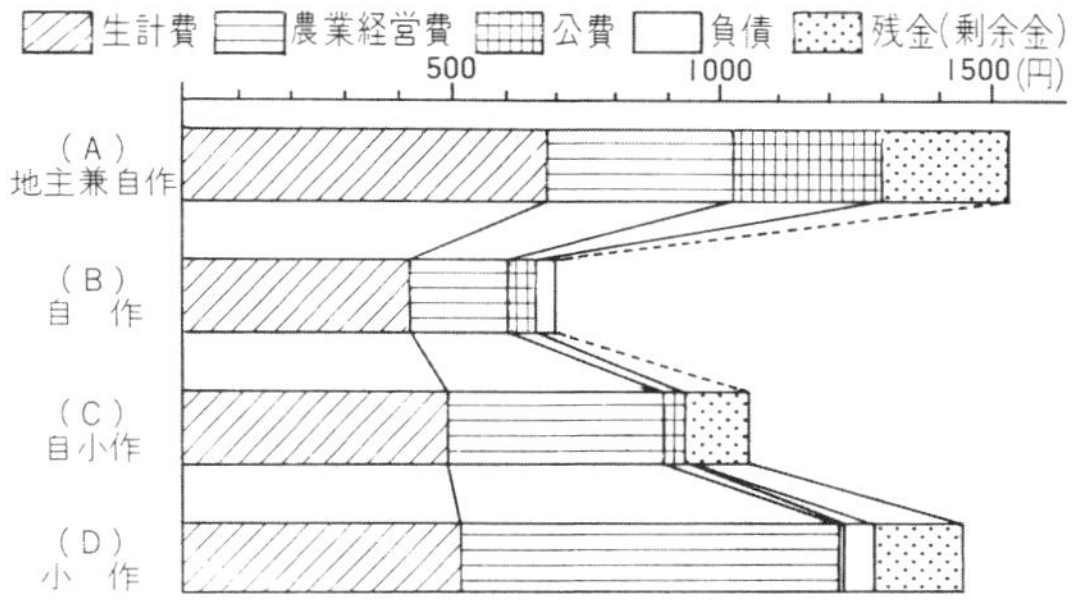

（前掲資料により作成）

一応黒字経営となっているが、家族労働（共に四人）が賃金計算されていないので、実質的には赤字経営である。地主の公費負担率もかなり高く、収入総額の約一八パーセントを占めている。

小作慣行　地主と小作の契約は、証書によるものもあるが、多くは慣行による口約束で処理されていた。壬生川町では、明治四五年に、小作慣行調査を実施している。大正初期もおそらくこれと同様の内容であったと考えられる。

周桑郡壬生川町小作慣行調査

第一、小作契約ノ期限

一、期限

(一)期限ヲ定メズ小作人ニ於イテ不都合ナキ限リ年々継続小作セシム

(二)小作証書アルモノハ三年及五年を以テ期限トス但シ期限内ト雖モ地主入用ノ節ハ引戻スコトヲ得ル

二、期限内解約ノ方法並ニ賠償

㈠小作人契約ニ違反スル時ハ解約ス
㈡地主地所入用ノ時ハ前年一一月より翌年二月迄ノ間ニ於テ作付前ナレバ其ノ儘、若シ作付後ナレバ肥料代種子代及手間賃ヲ小作人ニ賠償シテ引戻ス
三、期限後小作継続ノ有無及通告ノ時期
㈠期限前ニ双方何事ノ通告ナケレバ小作ハ更ニ前契約ニ従ヒ一期間継続ス
㈡期限満了ニ依ル解約ノ通告ハ期限前二ケ月ニ於テス
四、小作契約ノ当事者ノ一方カ死亡ノ場合ニ於ケル処分
㈠相続人権利義務ヲ継承スルモノト見做ス
第二、小作終始期及小作地返付ノ方法
㈠田畑トモ夏作収穫後冬作仕付前迄ノ間ニ於テ借用ノ際ノ地貌形状ノ儘返付ス
第三、小作料
一、種類及数量並ニ生産高ニ対スル小作料ノ割合（一反当リ）

		契約小作料	最近五ヶ年間平均実収小作料	最近五ヶ年間平均生産高	生産高に対する割合
二毛作田	上田	米一、三〇〇石	米一、二五〇石	米二、七〇〇石	四六％
	中田	米一、二〇〇	米一、二五〇	米二、五〇〇	五〇％
	下田	米八〇〇	米一、〇五〇	米二、四〇〇	四四％
一毛作田	上田	米一、二〇〇	米一、一五〇	米二、六〇〇	四五％
	中田	米一、一〇〇	米一、〇五〇	米二、四〇〇	四四％
	下田	米八〇〇	米七六〇	米一、八〇〇	四三％

二、入レ桝口米、込ミ米又ハサシ米ノ類ノ有無及其量
㈠四斗一俵ニ付弐升
三、豊凶其他事変ニ依ル小作料の増減及免除
イ　増徴ノ有無及増減ノ割合
㈠増減スルコトナシ
ロ　免除ノ有無及免除ノ場合
㈡夏作ノ一部又ハ全部天災ノ為収穫皆無トナレバ其地積ニ対スル小作料ヲ免除スル
但シ当小作地ニ係ル公租及公課ニ相当スル額丈小作料ヲ収得ス
四、増減及免除ノ決定方法
㈠一般ノ軽減歩合ハ町内ノ主ナル地主協議ノ上決定シ部分的ニ特殊ノ事情アルモノハ収穫前ニ於テ小作人ノ請求ニ依リ当該地主見分ノ上決定ス
五、小作奨励米（又ハ金米酒食米）ノ有無及其額
㈠期日迄ニ皆納ノ者ニハ一石ニ付一升及二升の手当米ヲ給与ス
第四、小作料納入ノ方法
一、納期
㈠田畑トモ夏作収穫後十二月二十日限リ
二、納入ノ場所
㈠地主ノ住宅又ハ地主ガ小作管理ヲ委任セル支配人ノ住宅
三、納入ノ場所迄ノ運賃ハ小作人負担ス
四、小作米ノ検査
㈠品質ハ乾燥ヲ充分ニシ、俵装ハ二重俵トスル
㈡小作人立会ノ上地主ニ於テ品質ヲ検査シ枡改メ及重量

改ヲ行フ
第五、小作料ノ怠納処分
㈠期限内納付セザルモノニハ其年ノ免引ヲ与ヘザル
㈡皆未納又ハ一部未納二三年及ブトキハ小作地を引戻シテ之ヲ他ノ小作人ニ宛テ其ノ未納小作料ハ新小作人ヨリ弁納スル例アリ
第六、小作地ニ対スル制限
㈠地主ノ許可ヲ経テ転貸スルヲ得
㈡地主ノ許可ヲ経レハ小作権ヲ売買スルコトヲ得
㈢桑、果樹等ノ永年生産物ノ栽培ハ地主ノ許諾ヲ要ス
㈣多量、石灰ノ使用ヲ禁ス
㈤耕耘肥培ヲ怠リ小作地ヲ悪変セシメタルモノハ小作契約ヲ解除ス
第七、小作ニ係ル負担
㈠諸税以外ノ水利費、協議費等一切ノ諸掛りハ全部地主ノ負担トス
㈡水路、堤防、樋管、野通路、用水池等ノ修繕ノ経費ハ一切地主ノ負担トス
第八、夫食、種籾、肥料、灌漑、用具其他ノ物ノ賛否及其貸与数量並ニ弁済ノ方法
㈠灌漑用具ハ一般ヘ貸与ス　使用済ノ上ハ直ニ返戻セシム
㈡非常凶歳ニハ小作人ノ請求ニ依リ夫食ヲ貸与シ翌年以后豊年ノ際返納セシム　但シ年一割ノ利米ヲ徴ス
第九、田畑売買ノ際ニ於ケル新旧地主ト小作人トノ関係
㈠多クハ前約ニ依ルモ新地主ノ注意アリ　但シ年期内ノモノハ前約ニ依ル
第十、小作敷金及小作料前納ノ有無及其額
㈠小作敷金及小作料前納ナシ
第十一、小作証書ノ有無、現ニ用フル小作証書ノ実例及契約ニ要スル費用負担
㈠小作証書ナキヲ普通トス
第十二、以上ノ外地主及小作人間ノ特定契約事項
（ナシ）
第十三、永小作地面積

	田	畑	合計
小作地面積	二一八町三	—	二一八町三
永小作地面積	二〇八町三	—	二〇八町三

備考　小作人ニ於テ不都合ナキ限リ小作スル慣例ナレバ永小作・普通小作ノ区別シ難シ　別ニ期限ヲ定メ契約スルモノ十町アル見込ニテ其他ハ永小作ト見タルナリ
（明治四十五～大正十年壬生川町「産業統計綴」）

大正八年（一九一九）に愛媛県は、県内の小作慣行調査を行っている。周桑郡における調査結果を明治一八年、同四五年の内容と比較すると、次のような点で小作人の権利が拡大していることがわかる。

まず、小作料軽減の処置が明治一八年には何ら規定されていなかったが、四五年には「主たる地主の協議による」となり、大正八年には「地主小作人立ち会い

料納入期限も一二月一日から一二月末日と変わり、さらに一月中旬に延びた。小作地返還に関しては、地主の都合でいつでも返還を求めることができていたのが、二か月前の通告を必要とするようになった。その他口米の廃止・小作権売買の事後承諾などがあり、これらは大正四年から七年にかけて東予地方を中心に起こった「米穀検査反対」の小作争議を反映しているものと考えられる。

二　小作争議と農民運動

1　米穀検査反対の運動

江戸時代には各藩とも、年貢米収納に際し下吟味として一定量の貢米を調べ、不良米は現場で備えつけの器具を用いて再調整させるか、取りかえを命じた。明治政府成立後もこの方法がとられたが、地租改正により地租が金納となったことや、高率小作料のため米の品質向上への余力が小作人になかったことなどのため、産米の品質は低下した。

他府県に比べて米穀検査の実施が遅れていた愛媛県の産米は、品質不良・乾燥不備・俵装粗悪で漏米が多く、県外に移出するものは、一俵（四斗二升入り）について五合ないし六合、はなはだしいときは一升以上の漏米があり、愛媛産米の市場における信用をおとしていた（「新居郡産米改良の沿革」近代史文庫）。

このことは、米の販売者である地主層に多くの不利益をもたらした。当時、県議会で多数を占めていた地主出身議員は、之を厳格な米穀検査の実施によって解決しようと図り、明治四一年（一九一三）には農事大会の建議と県会の決議が行われた。これを受けて、深町知事は、大正三年の施政方針演説の中で翌年度より検査を実施することを明らかにした。県の係官が米の乾燥・調整や俵装を検査し合格米だけを小作料や県外移出にあてることにするというものである。小作人は、米質の低下を小作人の負担で解決しようとするものであるとしてこれに反対した。

反対運動はまず周桑郡からはじまった。大正三年一〇月一九日、周桑郡の小作農民は周布村の蜜乗院（寺院）で農民大会を開き米穀検査反対を町村長をとおして知事に陳情することに決めた。

この大会には県の係官である村岡技師が出席し、検査の趣旨を説明したが、その中で、「検査ハ本官ガ三百余人ノ部下ヲ率イテ実施スル以上ハ生殺与奪ノ権ハ本官ノ手中ニアリ」「生産検査ヲ受ケザル米ヲ売買シタ時ニハ売ッタ百姓ノ奴ハ拘留シテ監獄」に入れるだけでなく、「相当ノ過料ヲ取ッテヤル」、また、「反対ヲ唱ウルモノアルトキハ相当ノ処罰ヲ加エ罰金ヲ加エ、貧困ナル者ニハ体罰ヲ加エル」など高圧的な態度で農民を恫喝した（「新居郡産米改良の沿革」）。この発言は産米検査に対する農民の不安と不満に拍車をかけ、反対の気運はさらに高まった。壬生川町長であり県会議員だった一色耕平も、県会でこの係官の言辞を批判し、県の行政指導の姿勢を問うている。

同じ日に、吉井村では小作人三〇七名が知事あてに陳情書を作成し、一二月には代表者が知事に検査実施の延期を陳情した。

陳情書

（上略）此制ハ小作ヲ主トスル多数農民ニトリ利害ノ及ブ処極メテ重大ニシテ殆ド死活問題タルヤノ感アリ。（中略）産米検査ノ制ヲ布シ之カ為メニ種々煩雑ナル手数ヲ要スルコトニナレバ其結果ハ勢イ農業労働ノ時間ヲ殺キ作付反別ノ減少ヲ免レズ。従ッテ利潤ハイヤガ上ニモ薄クナリ生活上ノ困難一層其度ヲ加フベキハ火ヲ見ルヨリモ明ラカナリ。

（中略）

吾村落ハ中山川ノ下流ニ沿イ、東ハ海ニ接スル低地ニシテ総田面参百四拾町余ノ内俗ニ水田ト称スルモノ及ビ水田ニ類スルモノ其ノ七分ヲ占メ、地面概シテ湿潤ナルノミナラズ地勢上シバシバ水害ヲ被ルニヨリ稲籾《もみ》ノ乾燥上最モ困難ヲ感ジ居レリ、故に毎年一定ノ検査ニ合格ス可キ良米ヲ得ルガ如キコトハ到底望ムベカラザルナリ。（中略）

産米検査実施ノ結果ハ徒ラニ少数地主ノ懐ヲ温ムルニ過ギズシテ多数小作人ハ却テ之ガ犠牲トナル曰フ可カラザル不利益ヲ見ルニ至ルモノト信ズ。（中略）下級農民ノ実情ヲ洞察セラレンコトヲ懇願スル次第ナリ。（下略）

大正三年十月十九日

周桑郡吉井村大字今在家　汐崎悦造　外五十七名
同郡　同村　大字広江　渡辺万吉　外六十九名
同郡　同村　大字石田　森田亀太郎　外八十一名
同郡　同村　大字玉之江　丹下多作　外九十六名

愛媛県知事　深町錬太郎殿

（大正三年吉井村「農工商関係書類綴」）

周桑郡での運動の高まりの中で、小作農民は代表を西条町に派遣し反対を呼びかけた結果、東予一円に米穀検査実施の延期・中止を求める運動が波及した。新居郡・宇摩郡の小作農民は、大正三年一一月に検査実施県である香川県に代表を送り調査したうえで、知事あてに嘆願書を作成している。その中で、農民は現在の俵装料は一俵二五銭五厘であるが、検査規定どおりのものにするには一俵八六銭五厘を要すること、米の品質向上により米価の上昇を見ても、合格米に仕立てるために約二割の屑米を生じ、屑米は、良米の六掛で売買すれば差し引き損得は変わらず、検査実施による農民の利益は俵装料六一銭の欠損となると、具体的な数字をあげてその実施の延期を嘆願している。

　これに対して、県当局は農会技師を東予各地に派遣し説明会を開く一方、大正四年三月一三日勧業主任会で、産米実施と地主会組織について次のような訓示を各町村に与えている。

　　産米検査実施ニ関スル注意ノ件

（上略）他府県ニ於テハ巳ニ年々巨費ヲ投シテ実施シツツアリ。本県ノ米穀ハ乾燥、調整、俵装等改良ノ必要アルハ官民ノ等シク認ムル所ナリ（中略）利益分配均等ヲ保タズ、地主ニ厚キ理由ヲ以テ小作者ノ不平ヲ耳ニスルコトアリ。小作人保護ノ方法確立セサル結果ニシテ之レカタメ各種勧業奨励上悪影響ヲ及ボスノ害アリ。故ニ検査実施前ニ於テ右検査ノ必要ナル所以ヲ農家ニ了知セシメ、同時ニ地主・小作者間ノ円満ナル関係ヲ保タシムルコトニ努力スルハ目下ノ急務ナリト信ズ。（中略）完全ナル準備計画ヲ立テ、実際ニ際シイササカモ違算ナカランコトヲ望ム。

　地主会組織の件

　明年ヨリ実施セントスル米穀検査ニ伴イ、地主ヲシテ小作人保護奨励方法ヲ講セシムルハ機宜《きぎ》ニ適セル措置タルヲ信ス。仍《よ》て、（中略）此際町村地主会ヲ組織セシメンコトヲ望ム。

（大正四年庄内村「訓示注意事項書類綴」）

　これより先、東予四郡の地主の代表者は、大正三年八月八日、越智郡（町村不明）で会合し、地主会設立について協議した。そこで、小作人の保護奨励・農事の改良を目的とした融和団体としての農事奨励会を各郡ごとに設立し、町村に支部を置き、さらに東予四郡連合農事奨励会を組織することを決め、産米検査をめぐって予測される地主・小作間の紛争に備えた。

　大正四年（一九一五）一月一九日、県は「米穀検査規則」と「愛媛県告諭」を公布し、同年一〇月一日からの実施に踏み切った。

　告諭は、本県の産米が検査実施諸県の米と比べ、一石につき二円内外も安いのは、収納後の処置の悪さや、俵装の不備によるものであるとして検査の必要を強調したうえ、「地主ト小作人トノ関係ニ至リテハ同身一体利害ノ共通ナルコトヲ顧念、相互意思ノ流通融和」を図ることを呼びかけている。

県は同時に各町村に「産米検査に関する県通達」を出し、検査地域は、東予四郡・温泉郡・伊予郡・松山市とし、生産検査と輸出検査を行い、等級を付して合格・不合格米を決めることや、調整、俵装の注意として、粒を揃えて異種米を混合しないこと、乾燥を充分にすること、一俵の容量は必ず四斗とすること、俵装は二重にして、横縄は五か所、縦縄は二筋とすることなど、細かい内容の指示を与えた（大正四年庄内村「県通達綴」）。

延期嘆願がいれられなかった小作農民は、地主に対し、検査に伴う損失額を奨励米で支払うよう要求した。

この時の小作人の主張は次のようなものであった。

小作人ノ主張

産米検査ノ実施ハ小作ニ取リテハ従前ニ比シ労損多ク、然モ何等得ル処無キニ拘ラズ、地主ハ産米改良ノ結果、米価ノ必然的騰貴ニ依リ所得大ナルガ故ニ従来小作人ガ小作料トシテ百五升ヲ一石トシ納付シツツアルヲ、此際一石ヲ百升ト改メ、尚オ産米改良ニ要スル労損の補償トシテ五升ノ奨励米給与ノコトヲ主張ス。

（「小作争議綴」県庁資料）

これに対して地主は、大正四年四月二日、越智郡（町村不明）で第二回の東予四郡農事奨励会を開き、奨励米は生産検査合格米に対し二升ないし五升を支給することを申し合わせた。

奨励米給付をめぐって、地主は地主協定書を作成し農事奨励会の決定した五升を守ろうとし、一方、小作人は、口米廃止、奨励米五升、一斗の支給を要求した。

周桑郡の農民は、「大正四年は暴風雨による被害が大きく、厳重な検査が実施されたら多くの不合格米が出る」と考え、委員を選び郡当局と不合格米の処分その他について交渉を重ねていた。検査を目前にした同年一一月四日、丹原町に約四〇〇〇人の農民が集会し、県に陳情するため松山に向かおうとした。その時の状況を新聞は、次のように報じている。

周桑郡に於ては農民いたずらに不合格米をかかえて倒産するの外なしと唱え、四日午後になりて何処ともなく農民続々丹原町に雲集し来り、刻々その数を増して午後一時其数殆んど四千に達し郡役所前なる出雲神社の境内より県道筋に充満して交通も為めに遮断されるに至る。農民はもしここにて要領を得ずば松山に向わんと呼号し居たるも、夜に入りて漸《ようや》く解散す。
（大正四年一一月六日付「愛媛新報」）

つづいて、一二月二五日には、宇摩郡農民五〇〇〇名が郡役所に押しかけ、代表委員が郡長と交渉し、口米の廃止を要求している。西条でも、小作人が地主に対し奨励米一斗を要求するなど、各地で示威運動・小作地返還・不耕作運動・小作米不納運動などが続発した。

このような動きに対し、県当局は、大正四年一二月末から翌年二月にかけて、相次いで各郡長をとおして町村長に解決を指示した。

大正四年一二月三一日、周桑郡長柳生宗茂は「小作米納付ニ関スル件」を吉井村長田村鉱吉に通達して「多数小作者会合ヲナシ不穏ノ挙ニ出テントスルノ兆有之哉ニ聞及甚ダ遺憾」と述べ、小作人が農事奨励会で決定した奨励米額以上の不当な要求をしないよう、また、小作米を納期内に納めるよう説諭せよ、と指令している。

つづいて、翌五年一月二〇日には「小作米受渡シニ関スル件」を同村長に通達し「周桑小作農民ノ組織シタ周桑郡農業者連合会（小作連合会）ハ、公安ヲ害スル恐レアリ」として一月六日に解散させたにもかかわらず、いまなお小作米の納付を躊躇《ちゅうちょ》する者があるが、「貴職ニ於テ解散ノ顛末ヲ一般小作者ヘ周知シ」、小作米受渡しの日は過ぎているので速やかに地主に納めるよう指導せよ、と指令している。

さらに、同年二月四日「小作米完納方注意ノ件」を同村長に通達して、小作米の部分納入をし、完納しない小作人がいる。地主が最後の手段として強制要求をし、訴訟ともなればその費用は小作人の負担となる、このことを小作人に厳諭し、速やかに完納するよう指導せよと指示している（大正五年吉井村「県郡親展書綴」）。

産米検査にともなう奨励米支給をめぐっての紛争は、東予四郡（宇摩・新居・周桑・越智）で大正七年（一九一八）まで続いたが、郡長・警察署長等の調停により「郡長裁定」の形で一応解決をみた。

周桑郡長の裁定書は未発見でその内容は不明であるが、大正七年五月一六日に出された新居郡での郡長裁定の要旨は次のとおりである。

○一〇五升を一石とする慣行を改め正一〇〇升を一石とし、五升は産米改良の労費として小作人に支払う。
○米穀検査合格米のうち一等米には三升、二等米には二升、三等米には一升の賞与を支給する。
○害虫駆除費として毎年田地一反歩につき玄米一升五合を支給する。
（『新居郡誌』）

周桑郡もまた同様の裁定書が出されたものと思われる。四年間にわたる争議をとおして周桑郡・新居郡の小作農民が得たものは、口米慣行の廃止、奨励米・害虫駆除費等の支給などであった。

2　農民組合の結成と小作争議

大正末期になると、第一次世界大戦後の慢性不況期をむかえ、大正デモクラシーの高まりのなかで、労働運動・民衆運動が急速に発展した。小作農民の運動も組織化され、拡大した。大正七年（一九一八）に、わずか八八にすぎなかった全国の小作人組合は、同一〇年には三七三、同一一年には五二五と増加した。賀川豊彦・杉山元治郎らは小作人組合の全国的連合組織である日本農民組合を結成した。

周桑郡小松町明勝寺の僧侶林田哲雄は、大正一一年三月三日の全国水平社創立大会（京都）に出席し、帰郷後、水平運動に取り組むとともに、杉山元治郎・仁科雄一を小松町に招き、新居郡・周桑郡などで演説会を開いて農民組合結成の準備を始めた。

翌一二年六月、周布村周布の小作人伊藤久造は、小作権獲得料約一〇〇〇円を出して田三反三畝を一反につき一石三斗の小作料で小作していたが、地主が首藤千代太に変わり、小作料が一反につき一石五斗となったうえ、反別を調べ直して三割も引き上げられたため、従来の小作慣行を破るものだとして、同月八日、地主に陳情したが、聞き入れられないのでそのことを全小作人に通報した。小作人八〇名は、同月九日、同村青年会堂に集合し、委員四名を選んで地主と交渉し、訴訟となれば費用は分担することを決めた。この争議は村内有志二名の調停により、従前どおりの小作料とすることで解決した。この時、周布村に小作人組合が結成されていたという記録はない。

翌一三年三月、国安村高田の地主越智喜七は田一反五畝の小作地を自己宅地に変更するため、小作人黒瀬に土地の返還を求めた。黒瀬は、小作権獲得に約二〇〇円を支払っているので、その弁償を地主に迫って対立した。高田の小作人は黒瀬を支援する集会を開き地主と交渉した。地主は訴訟を準備したが、村長等の仲介で三年後に小作地を返還することで解決した。

　この争議の支援に来た日本農民組合香川県連合会（日農香川県連）の前川正一や小松町の林田哲雄は、壬生川水平社の矢野一義らに農民組合を組織することを勧め、大正一三年八月二〇日、約三〇〇名の農民が壬生川町で林田哲雄・徳永参次の講演会を開き、農民組合の結成を決議し、同年九月六日、矢野一義を支部長とする日農香川県連壬生川町支部が結成された。これは県内最初の農民組合であった。

　つづいて大正一四年二月に氷見町支部、同年三月に石根支部、同年一〇月に小松町支部が結成され、大正一五年四月二四日、香川県連から独立して日本農民組合愛媛県連合会（日農愛媛県連）が結成された。小松町の小松座で行われた結成式には、一七〇〇余名が参集し、別子銅山や広島県因島造船所の労働組合員、水平社社員も参加し、日農本部からは杉山元治郎も出席した。「開会前に既に会場は満員となり、会場に入った者一千二百名、入場出来ずに帰った者五百名の多数に達した」（大正一五年五月一日付「大衆時代」）。大会は、林田哲雄を議長に選び次のような宣言を発した。

　日本農民組合愛媛県連合会創立大会宣言
我ら無産農民が米を作り過酷な労働をし乍ら益々貧乏になる、この不思議の真相は何か。
一、小作料が余り不合理に地主に搾取されたことである。
二、小作人が父祖伝来血と涙に依って培い耕した耕作権が粗暴にも蹂躙されたことである。
三、商工業階級に搾取されたことである。
四、租税の苛重が益々その度を加えたことである。（中略）
我が愛媛県は過去に百姓一揆の歴史を持つといえども最近における日本無産階級中重大なる使命を持つ我が農民運動は微々として振るわなかった。然し農村の冬は去り漸《ようや》く春に廻り合った。隣県香川県附属団体として今日まで活動してきたが、遂に独立し愛媛県連合会として日本農民組合の統制の下に我等の勝利の日を期すものである。我が連合会はこれ等の現状に鑑み、次の如き政策を執るものである。

㈠小作料分配の合理化。

㈡耕作権の確立。

㈢県内未組織地方宣伝及び未加盟支部を獲得して県下を統一すること。

㈣組織を確立して僚友団体に勝る活動をなすこと。

㈤政治行動を積極的に開始し労働農民党を支持すること。

㈥消費組合の設立
（中略）行動は団結の力によってなされ、団結の力は組織に依って有効に運用される。愛媛県十五万の無産農民団結せよ!!
日本の無産農民は日本農民組合旗下に固く団結し組織せよ、
日本の無産者団結せよ!!
大正十五年四月二十四日
（日農愛媛県連「農民運動資料綴」）

日農愛媛県連は本部を小松町明勝寺に置き、書記長に林田哲雄、常任委員に矢野一義など選出し組織の拡大強化に取り組んだ。昭和二年（一九二七）三月の第二回県連大会には、組合員二一八五名、県連支部数三六に増加していた。周桑郡の農民は県連の中核として活動し、郡内の支部数一二、組合員数六四一名で、全県の約三分の一を占めていた。また、この大会で決定した専門部にも多くの役員を出し、県内の農民運動を先導した（表8・9）。

大正一三年から昭和二年までの間に周桑郡内で結成された農民組合は表10のとおりである。

日農愛媛県連の創立と組織の拡大により、県内全般にわたって組織的・計画的な運動が展開された。地主に対する集団行動

表8　日本農民組合愛媛県連合会の組織（昭和2年）

		役員人数	周桑郡関係の氏名
執行委員		16人	（吉　井）吉岡　佐吉 （多　賀）一色　要作 （国　安）川端久米一 （国　安）村上金四郎
常任委員		6	（壬生川）矢野　一義
書記長		1	（小　松）林田　哲雄
常任書記		1	篠原　要
専門部	争議部	10	（国　安）村上　仁平 （三　芳）鈴木　百太
	組織部	10	（壬生川）垂水　紋次 （多　賀）一色　要作 （国　安）川端久米一
	政治部	14	（吉　岡）高田　丈八
	産業部	12	（多　賀）一色多満留 （国　安）村上金四郎
	青年部	7	（壬生川）文野　芳吉 （吉　井）吉岡長太郎
	教育部	5	（吉　井）武田治良太
	調査部	6	（庄　内）吉岡　綾助
	財務部	2	

（　）内は町村名（日農愛媛県連「農民運動資料綴」）

表9　日農愛媛県連第2回大会有資格者数
（昭和2年2月12日現在）

支部名	人数
石根東	177
石根西	43
長野	87
徳田	19
吉岡	70
中村（三芳）	34
国安	74
庄内	10
壬生川	75
三津屋	16
石田	27
周布	9
周桑郡計	641
全県	2,185

（日農愛媛県連「農民運動資料綴」）

も争議部員が中心となり、日農総本部より派遣された顧問弁護士（小岩井浄・色川幸太郎、ついで争議の続発により県連顧問弁護士松野尾繁雄をおく）の指導のもとに行動した。

これよりさき、大正一五年（一九二六）六月七日には、労農党拡大促進大会が小松町で開かれ、つづいて、同年八月二〇日から三日間、小松町明勝寺で夏季講習会を開き、約六〇名の農民が参加して訴訟問題などについて学習した。

また、九月二八日に全国一斉耕作権確立請願運動を行い、昭和二年五月一日には第一回メーデーを実施した。

組合は共同耕作や肥料・日用品・祭用鮮魚の共同購入などを行い、組合活動で田植えの遅れた幹部の田には組合旗を立てておけば組合員が総出で田植えを行った。地主に対しては、耕作権の確立、小作料減額、虫害・水害等の奨励金支給を要求し、小松町・壬生川町・石根村支部では小作米不納同盟を結んで地主と対抗した。

大正一四年から昭和一二年の間に県内で発生した小作争議の原因別発生状況は表11のとおりである。

この間、当市域内では、次のような小作争議が発生している。

○壬生川町壬生川の争議

大正十四年、同十五年の二年間、日農香川県連壬生川町支部は、矢野一義を中心に耕作権確立と小作料三割五分引きの要求を掲げて闘っている。大正十四年には一六名の組合員が小作米を納めず、売り払った代金を西条の組合員に預け、地主と小作料の減額について交渉した。消防団・在郷軍人会・商工会代表等が仲裁を申し出たが、小作側は無条件仲裁を拒否して仲裁は成立しなかった。翌十五年、再び組合員二〇名が不納同盟を結成し、小作料の完納を要求する地主と争った。武田信太郎・山下茂市・田中吉太郎・宮道藤作の仲裁で、小作側は小作料五分引きで妥協するかわりに、永小作権を地主が認めることで解決した（中村義定『とうどよ燃えろ』）。

○多賀村三津屋の争議

大正十五年、氷見の地主森広太郎は三津屋の小作人白石積蔵外五名に対し小作米不納を理由に、土地返還を求め小作料請求訴訟を行った。

同年は虫害がひどく、収獲は平年以下となり、小作米を全納すれば収支決算が赤字となるため、小作人は、日農愛媛県連三津屋支部に加入し、代表者一色要作らが地主に対し反当五升の害虫駆除費の支給と小作料永

表10 周桑郡に於ける小作人組合、農民組合結成状況

結成年月日	組　合　名	組合長(会)長名	組合員	解散年月日
大正13. 8.21	小松町一本松整理田小作人組合	栗田政次郎	37	大正14.10.20
9. 6	日農香川県連壬生川町支部	矢野一義	40	昭和 3. 6. 4
大正14. 2.23	〃　氷見町支部	佐伯茂	120	昭和 3. 5.19
3.15	〃　石根村支部	瀬川和平	13	昭和 3. 5.25
9.18	楠部落農民組合	豊田新一郎	54	
10.20	日農香川県連小松町支部	林田哲雄	120	昭和 3. 5.26
大正15. 4.24	日農愛媛県連合会	林田哲雄	839	
6.16	〃　池田支部	佐伯弥平	11	昭和 3. 5.19
7. 5	〃　石根村西支部	玉井梅松	58	昭和 3. 5.26
8.23	田野村長野小作人組合	佐伯鬼太郎	96	昭和 2. 2.11
8.31	日農愛媛県連三津屋支部	一色要作	16	昭和 2. 5.11
〃	〃　石田支部	武田次郎太	26	昭和 3. 5.10
10.22	田野村大字北田野小作組合	佐伯広助	100	
11. 1	田野村大字高松農業改良小作組合	渡辺喜平	55	
11.25	小松無産青年同盟	玉井教一	75	
昭和 2. 1. 4	中川村志川小作組合	佐伯幸吉	37	
1.15	日農県連高知支部	一色駒吉	21	昭和 3. 5.26
2.10	〃　志川支部	佐伯幸吉	20	昭和 3. 5.25
2.11	〃　長野支部	佐伯鬼太郎	87	昭和 3. 5.10
2.16	〃　北田野支部	曽我部延太郎	60	昭和 3. 5.27
2.19	〃　周布支部	岩井菊市	9	昭和 3. 5.29
3. 1	〃　楠河村支部	畑寅吉	48	昭和 3. 5.29
3.12	〃　国安支部	川畑久米一	74	昭和 3. 5.28
3.12	〃　吉岡支部	村上金四郎	68	昭和 3. 5.22
4.22	無産青年同盟愛媛県連合会	篠原松夫	180	
5.31	〃　石根村支部	宇野雪太郎	20	

(愛媛県庁資料「小作争議綴」)

表11　小作争議原因別発生状況（大正一四年～昭和一二年）

原因／年別	風水干害病虫害による不作	農作物価の下落	小作料高率収支不償	生計困難	産米検査奨励米関係	小作権小作地の取上	小作米追徴面積相違	小作料滞納	小作人に小作地買取方要求	調停条項不履行	その他	計
大正一四年	六		六		二						一	一五
一五年	二一		五		四	二					二	三四
昭和二年	三		二〇		一						二	二六
三年	四	一	七	一	一	一					二	一七
四年	七		二	一	一	二				一		一四
五年	一三	五	五		二	七					三	三五
六年	六		四		三	六		五			四	二八
七年	一九		二		二	九		三				三五
八年	五		一		二	一二		五			一	二六
九年	四		五		二	一六	一	五			六	三九
一〇年	一〇					一九	一	八	一		五	四四
一一年	一四		一			一〇		八			一	三四
一二年	一二		三			一〇		七	一			三三

（「愛媛県農地改革概要」）

久一割減を要求したが、これを地主森は拒否した。調停にあたった一色宇一郎は小作人に対して、小作料減額要求の撤回、農民組合脱退、多賀村農事協同組合の設立・加盟、害虫駆除費一反につき五升、油代、手間賃一反につき二円を提示し、地主に対しては、この条件を受け入れ、協調会に加盟することを勧めたが地主はこれ承諾せず、訴訟にもちこんだ（結果不明）。

○周布村周布の争議

周布村では、大正十五年、昭和二年と続けて干害の被害を受け、小作人は地主に対し、害虫駆除奨励金の交付と灌漑経費に対する補助を求めて争議が起こり、昭和二年二月十九日、日農県連周布支部が結成された。この年は、村長、村会議員による仲裁が行われたが決裂し、地主は同年十月、地主組合を結成、小作は日農県連周布支部に結集して対立した。昭和三年一月十日、同村小作調停委員の申請で調停が開始され、地主側委員一二名、小作側委員七名が村役場に集合し、双方無条件裁定を受け入れることとした。次いで地主五〇人、小作一二〇人が次の調停事項を承諾して争議は一応の解決をみた。

○農村の平和のため、地主、小作同数の委員を出し合い委員会制の協調組合を組織する。

○凶作のときは、稲刈り前に地主に減額要求を出し、地主が検見し決定する。意見不一致のときは協調会の委員の検見で決定し双方異議を申し出ない。

○小作人は産米の改良に励む。

○害虫駆除費一石につき一斗一升を交付。

しかし、灌漑経費に対する補助問題は残された。

○周布村の水利に関する争議

周布村では天保のころより水利に関する慣行として与荷《よない》（余担）慣行が認められていた。これは、干魃の年に小作人が灌漑のため水車を五日以上用いた場合、一番与荷として一反につき米一升を与荷米として地主が支給し、さらに水車利用の日数増加に応じて、二番与荷、荒田与荷として相当の報償金か与荷米を支給するというものである。大正時代に入り水車による灌漑にかわり、同村に六つのポンプ井戸が設置され、それぞれに小作人がポンプ組合を結成していた。昭和三年と四年は干魃が起こり、ポンプを使用した小作人は与荷米の支給を地主に請求した。中淵ポンプ組合以外の地主はこれに応じたが、中淵ポンプでは与荷米の支給がなされず、小作人は二か年分の水利費として一斗九升を請求し争議が起こった。争議は昭和五年から八年まで続いたが、昭和八年五月一日に調停が成立し、小作人は昭和三年と四年の不納小作米一斗九升の代金を出し、それを積み立ててポンプ維持費とし、地主は小作にポンプ施設として三五〇〇円を支払い、以降ポンプ維持は地主、小作の共同管理とし、その費用は折半すること、従来の水利慣行廃止することで解決した（『周布村誌』より諸芸文化財編「記念碑」参照）。

○楠河村の争議

昭和五年十一月二十五日、地主芥川正賢は小作人八名に対して、田一町四畝の小作地を自作したいので返還するよう求めた。小作人はこれを拒否し、この小作地は永小作権に類似した間免が認められている、どうしても返してほしいなら、間免料として一反につき二〇〇円支払えと要求した。地主は一反一〇〇円を主張し争った。小作人の代理畑憲吉は、杉山元治郎に手紙を送り苦況を報告し、指示を仰いでいる。紛争は村の有力者四名の調停で、間免料一反につき一八〇円を支払うことで解決した。

農民運動の発展に伴って、農民の政治活動への取り組みも活発になった。大正一〇年には、町村制改正による公民権要件の変更により小作農民にも政治参加の道が開かれた。

昭和二年九月県会議員選挙が行われた。定員二名の周桑郡選挙区に日農県連石根村支部の瀬川和平が労農党から立候補した。周桑郡の農民組合員はこれを支援し、瀬川は一一〇五票を得たが落選した（表12）。

つづいて、翌三年二月、普通選挙による全国初の衆議院選挙が行われ、労農党の小岩井浄は愛媛二区から

表12　県会議員選挙周桑郡得票結果

昭和2年9月25日　定員2名

	瀬川　和平	黒河順三郎	越智茂登太	青野　岩平
壬生川町	65	332	3	197
周布村	113	254	114	5
庄内村	1	32	2	444
吉井村	52	274	7	180
三芳村	17	49	0	144
楠河村	22	152	0	176
吉岡村	78	111	1	180
国安村	49	310	5	272
多賀村	27	480	3	25
周桑郡合計	1,105	3,162	3,052	1,745

注　瀬川は労農党、黒川は民政党、越智・青野は政友会。

（日農愛媛県連「農民運動資料綴」）

表13　衆議院議員選挙愛媛二区得票

昭和3年2月　定員3名

名立候補者	得　票
河上哲太	14,434
升内鳳吉	12,412
小野寅吉	12,357
村上紋四郎	12,039
小岩井浄	8,468

（日農愛媛県連「農民運動資料綴」）

立候補した。

労農党愛媛県連は本部を松山から小松町に移し、県内外から二〇数名の弁士を招いて選挙戦を展開した。

当時の小作農民の政治意識の高まりを、次の新聞報道からうかがうことができる。

○宇摩・新居・周桑の農民五百名が大挙して一大示威運動を試み――裁判所へ諸般の陳情――

日本農民組合愛媛県連合会員である宇摩・新居・周桑の農民は、西条区裁判所に小作人擁護条件の請願をなすべく大正十五年九月二十八日午前七時頃周桑郡小松町へ集合し、同七時半頃既に二百名に達し、尚続々集合して八時三〇分には三百名にむけ一大示威運動を試みた。小松町を発し、順路西条町にむけ一大示威運動を試みた。順路益々人員は増加し、九時半には四百五十名に達した。正午新居郡神戸村で昼食をなし西条裁判所へ押し寄せ、立毛差押禁止、耕作権の確立を期す。その他小作人の諸条件を請願した。

（大正十五年九月二九日付「海南新聞」）

○東予に捲起る鬨の声！

春風にスローガンの幟閃めく

東予の各町村別々に行わるる春祭はメーデーに統一され、方向転換第一年のメーデーの朝があけると共に村から村は「のぼり」が高く立てられた。

「耕作権確立」「立入禁止反対」「議席即時散解」等々のスローガンが大書された「のぼり」各戸に高く春風にひらめく。（中略）周桑郡小松駅前広場は一千二百の組合員を以て満たされた。（中略）長旗をなびかせて会場を出発、農民歌を唱いつつ、石根・田野・丹原・壬生川駅前の巡路を取って十数丁に渡る長蛇をなして示威運動を行った。

（昭和二年五月一一日付「大衆時代」）

3　地主組合、協調会の結成と農民組合

農民組合の発展と小作争議の続発に対して、地主もまた組織的に対抗しはじめた。

県内の地主組合は大正一一年ごろから結成されはじめ、当初は「地主・小作者間ノ融和親善ヲ図ル」ものだったが争議の激化につれて、「会員相互ノ連絡ヲ図リ侵害ヲ防止」（壬生川町地主協会）、「小作争議ノ対策トシテ相互ノ連絡ヲ図リ侵害を防止」（小松昭和会）と述べ、小作組合に対抗するものになった。大正一一年から昭和四年までの間に県内で結成された地主組合は一四であるが、そのうち、周桑郡五、新居郡五、越智郡三と小作争議多発地域に集中している。このころ

周桑郡で結成された地主組合は表14のとおりである。

地主は、小作人が小作料不納同盟を結ぶと、小作料支払命令を出し、それに応じないときは、「小作調停法」（大正一三年成立）に基づき裁判所に調停を申し立てたり、小作料請求訴訟を起こした。さらに、土地返還を要求したり、小作料不納の先手を打って刈り取り前の稲を差し押える立毛差押、土地立入禁止等の強制処分に訴えた。これに対し、小作農民は差し押さえられる前に青田刈りや集団耕作で対抗し、地主と小作の争いは、農民組合と地主組合の対立となり深刻な階級対立の形態をとるにいたった。昭和二年には県内の訴訟は四〇〇件を越えた。

昭和三年（一九二八）に入ると、政府は、小作農民代表の議会進出と政治的自覚の高まりをおそれ、大正一五年に成立した「治安維持法」に

表14　周桑郡地主組合結成状況

結成年月日	組　合　名	組　合　長　名	組合員
大正15.10.29	小松町北川地主組合	森　田　恭　平	50
大正15.11.18	壬生川町地主協会	越　智　和太郎	30
昭和 2. 1.16	小松昭和会	森　田　恭　平	50
昭和 2. 3.31	石根村昭和会	菅　久　太　郎	29
昭和 2.10.31	周布地主会	高　橋　熊　太	71

（県庁所蔵「小作争議綴」）

表15　周桑郡内に結成された協調組合一覧

結成年月日	組　合　名	組合長名	組合員 地主	組合員 自作	組合員 小作	組合員 計
昭和 2. 4.11	壬生川農事協調会	一色　耕平	81		46	127
昭和 2. 5.11	多賀村三津屋農事協会	越智孫太郎	21		55	76
昭和 3. 5. 8	周布村戊辰農事協調組合	門川　益雄	51		70	121
昭和 3. 8.29	国安村農事共助組合	越智　通清	42		271	313
昭和 3. 9. 8	田野村長野農事改良組合	沼田　頼恵	63		116	179
昭和 3. 9.19	周桑郡吉岡村振農会	長井幸太郎	57	61	135	253
昭和 3. 9.28	楠河村農事共栄会	芥川　　錡	37		315	352
昭和 4. 1.28	小松町新屋敷農事改良組合	新名　鍋吉	35		52	87
昭和 4. 3.22	石根村大頭親農会	戸田　開才	20		102	122
昭和 4. 8. 1	住友壬生川小作人報徳会	秋川　亀造	1		390	391

（愛媛県庁資料「小作争議綴」より作成）

基づき農民組合に弾圧を加えた。

同年四月二九日、日農愛媛県連支部長会議が小松町の本部で開かれ、一六支部の代表者が集まり、五月一日の第二回メーデーの準備をした。翌三〇日壬生川警察署は幹部を逮捕し、五月一四日からは連続三日間、日農県連小松支部の捜査を行い、四二名の組合員を検束した。県連の組合本部は数一〇名の警官で包囲され外部との接触が断たれ、周桑郡内の各組合員宅は壬生川署員の訪問を受け、組合脱退届に捺印させられた。こうした弾圧のため、周桑の農民組合は同年五月から六月にかけて相次いで解散した（表10参照）。

昭和四年の四・一六事件の共産党弾圧に関連し、林田哲雄、矢野一義、小川重朋の三名が逮捕され起訴された（全国での起訴者は三三九名であった）。

警察は組合に弾圧を加える一方、小作争議の解決にも乗り出し調停をすすめた。調停成立後は、地主組合、農民組合双方を解散させ、協議団体を結成させた。大正一〇年から昭和五年の間に愛媛県内で結成された協調団体は四七であるが、そのうちの二五が昭和三年と五年に成立している。

周桑郡内に成立した協調組合は表15のとおりである。

協調組合の成立により、日農愛媛県連支部は全て解散し、郡内の小作農民の組織的な運動は大幅に後退した。しかし、地主小作の基本的な対立は解消されず、戦後の農地改革までもちこされた。

第二章　小松における地主小作関係と小作争議、農民運動

一　地主と農民

1　地主制の確立

明治一四年（一八八一）から同一八年（一八八五）にかけて、大蔵卿松方正義はデフレ政策をとり、通貨量の減少を図った。その結果、農産物価格は低落し、特に米価が下落した。農産物価格の暴落は農家経済を圧迫し、多くの農民は地租その他の租税を滞納した。政府は明治一三年（一八八〇）から同二三年（一八九〇）の間に三六万七〇〇〇人の農民の土地を没収し強制処分した。また、借金の抵当流れで土地を失う農民も多く、この時期に農民層の分化が進んだ。

明治二〇年代になると、政府は地主制を発展させることで農業生産の向上を図る政策をとった。そのため、害虫駆除予防法、河川法、耕地整理法等の法律を制定して地主の便宜を図り、農会法を定め、郡—県—国に農会を置き、各農会に技手を巡遣し、一貫した営農指導のもとで農業行政の徹底を図った。

明治三〇年代には、各県で米穀検査が実施された結果、地主は検査合格米である良質の米を入手し、利益をあげ、農村での所得格差を増大させ、地主の経済的地位は更に高まった。

こうして、国・県当局に保護・育成された地主制は、明治中期に確立し、同三七年（一九〇四）には全国の耕地の約四五％が小作地となった。

当地域では、表1のとおり、明治一七年（一八八四）に既に周布郡で田地の七一％、畑地の三七％が、桑村郡で田地の五三％、畑地の四三％が小作地となり、農

表１　周布・桑村郡の田畑の小作率

明治17・20年の田畑の小作率

	郡　名	田　　地	内、小作地	率	畑　　地	内、小作地	率
17年	周布郡	町 2,321	町 1,652	% 71	町 1,576	町 500	% 32
	桑村郡	1,519	807	53	236	102	43
	愛媛県	44,121	20,696	47	36,454	10,606	29
20年	周布郡	2,399	1,718	71	1,946	846	44
	桑村郡	1,425	820	58	216	65	30
	愛媛県	45,892	24,473	53	38,763	15,572	40

（近代史文庫「明治前期農村社会経済史料第２輯」より作成）

明治17・20年自作小作人表

	郡　名	自作農	率	自作兼小作農	率	小作農	率	計
17年	周　布	戸 785	% 20.0	戸 1,775	% 45.2	戸 1,369	% 34.8	戸 3,929
	桑　村	407	14.8	1,590	57.9	750	27.3	2,747
	両郡計	1,192	17.9	3,365	50.4	2,119	31.7	6,676
20年	周　布	1,051	21.5	1,850	37.8	1,991	40.7	4,892
	桑　村	392	17.4	1,105	49.2	750	33.4	2,247
	両郡計	1,443	20.2	2,955	41.4	2,741	38.4	7,139

（近代史文庫「明治前期農村社会経済史料第２輯」より作成）

家も、自小作農・小作農が合わせて八〇%を超え、自作農はわずか一七%となっている。明治二〇年には、両郡とも耕地の小作地化は更に進展している。これらの数値からみて、周布・桑村郡は県内でも宇摩・新居郡とともに早くから地主制の確立した地域であった。周桑郡の地主制は大正時代に更に進展した。大正元年（一九一二）から大正八年（一九一九）までに自作農は一五八四戸から九一八戸になり六六六戸減少した。一方、小作農は、二七四四戸から三一五五戸と四一一戸増加している。大正八年（一九一九）には、自小作・小作合わせて五五六八戸となり、全農家の八五%が小作農となっている。耕地も大正時代末には約七〇%が小作地となり、県平均の五七%を大きく上回っている。

表2　自小作別農家戸数の推移（周桑郡）

年	自作農	自小作農	小作農	計
明41	1,554戸	2,299戸	2,785戸	6,638戸
大1	1,584	2,448	2,744	6,776
3	1,467	2,386	2,883	6,736
8	918	2,413	3,155	6,486
13	951	2,612	2,886	6,449
昭5	1,008	2,715	2,730	6,453
10	926	2,703	2,412	6,041
15	1,090	2,791	2,230	6,111

（『愛媛県農事統計擥（覧）要』より作成）

図1　自作・自小作・小作別農家戸数の変遷

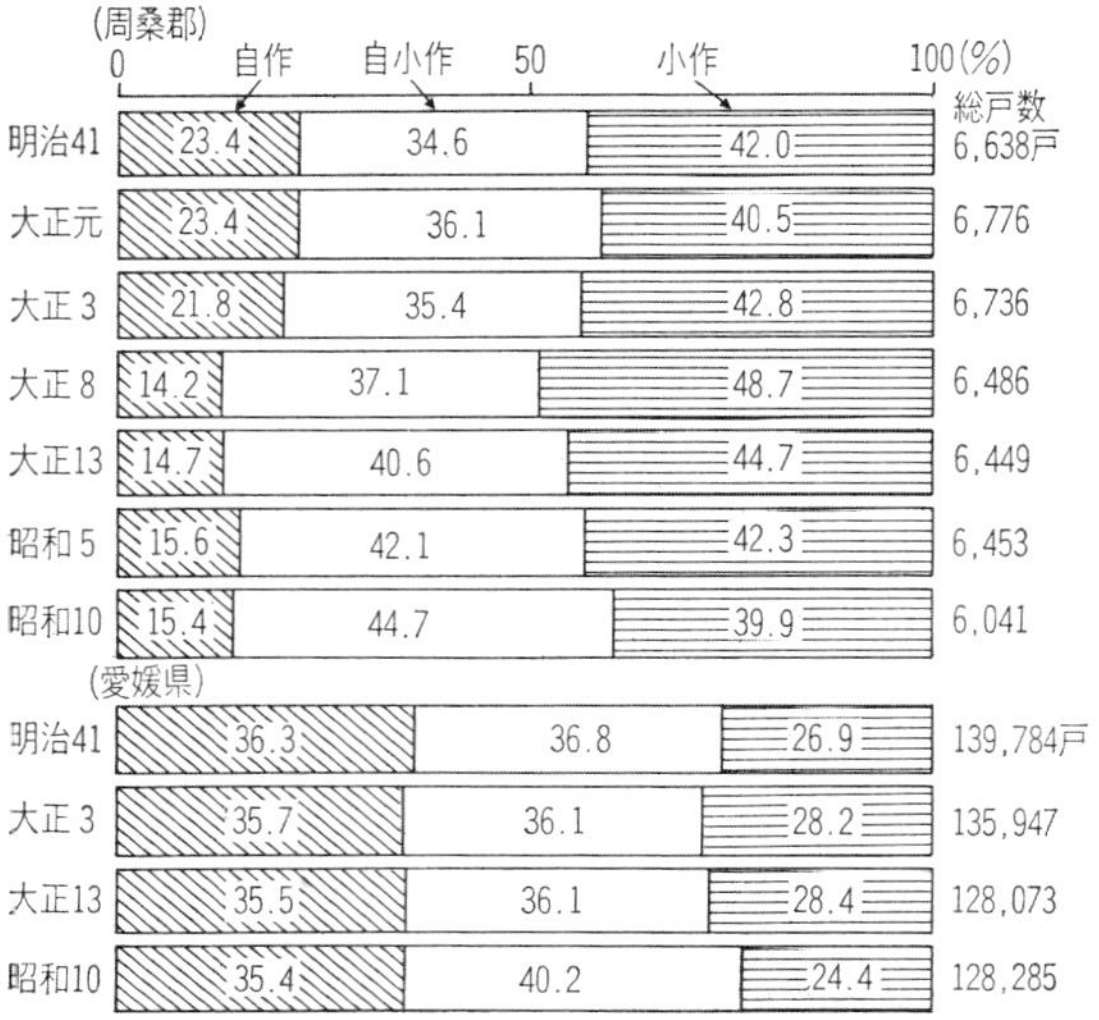

（『愛媛県農事統計擥（覧）要』より作成）

2　慣行小作権（間免）

周桑郡における小作農増加の要因の一つに慣行小作権が考えられる。

小作農は地主に無断で小作権を売買・転貸することは許されていなかったが、宇摩・新居・周桑郡を中心とする東予地方では、明治の中ごろより慣習的に小作権を売買したり賃貸することが行われていた。これを慣行小作権といい、当地域では俗に「間免《あいめん》」と呼んでいた。

図２　自作地・小作地別田反別面積遷

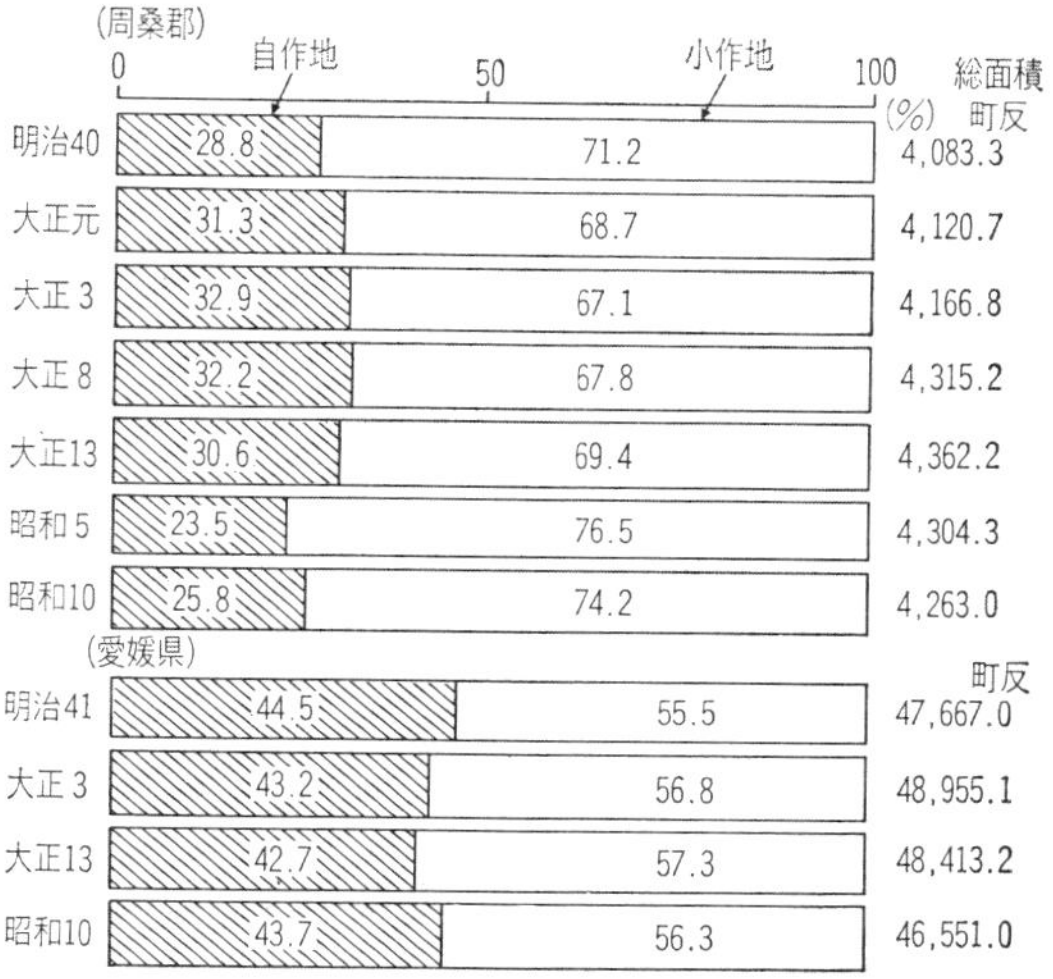

（『東予市誌』より）

小松町で明治四〇年ごろに作成されたと思われる小作権擁護に関する次のような資料が残されている。

部落規約

抑《そもそ》モ地主と小作人トハ家庭ニ於ケル親子ノ如キ実ニ親密ナル直接関係ヲ有スルハ口言ヲ要セズ、時勢ニ因リテ其要求ハ異ナレ共モ、當今ノ小作人ハ各自宛リ受ノ地所ニ就テハ豫米及式金ト称シテ多大ノ金石ヲ前作人ニ提供シ譲リ受タルモノ故ヘ、其豫米及式金ナル者ハ即チ小作人ノ財産タル論ヲ不俟然ルニ近時往々狡猾ナル地博労等地主ヨリ買ヒ受ケ不徳義ヲ不顧小作人ノ財産タル豫米及式金ヲ取得セント為ス者出テントス、如斯行為ヲ等閑ニ附センカ小作人ハ突然悲境ニ陥ル火ヲ見ルヨリ明ラカナリ此際斯ル弊風ヲ未発ニ防カン為メ各部落共一定ノ規約ヲ設置シ一致協力之シテ励行セントス

第一条　小作人ハ各地主ヨリ田畑ヲ宛テ耕作ニ従事スル者故ヘ、年貢米ノ米製俵等丁寧ヲ旨トシ納期ニハ必ズ納付ヲ怠ラザル事

第二条　各地主ニ将来ノ小作権ノ証認ヲコフ事

第三条　地主ニシテ地所売却スル際ハ、小作付廻りハ勿論、止ムヲ得ザル場合ハ豫米及式金返戻スルノ義務有ルモノトシ相當ノ時価ニテ買イ揚ケヲ乞フ事

第四条　地主ニシテ第三条ヲ無視シ小作人ノ財産、即チ豫米式金ヲ取得為シタル際ハ、各部落小作人ハ決シテ其地所ノ小作ヲ成サザル事
第五条　右ノ規約○後条項ヲ励行スル為メ各部落毎ニ若干名ノ委員ヲ選定シ各部落委員ヨリ互選シテ一部落一名宛テノ委員総代ヲ置ク事
第六条　略
第七条　本規約賛成ノ部落ハ各台帳備付シ、規約条項ヲ記載シ、署名捺印シ置ク事
第八条　略
第九条　本規約ヲ犯ス者ハ其罪状ヲ台帳ニ記録シ、永遠ニ保存シ、規約賛成ノ部落ハ如何ナル場合モ絶交スル事
第十条　略
右之通規約設置シ一致協力励行スルヲ証スル為メ署名捺印スル事

委員総代　何某
委員　何某

（玉井教一編新宮部落「永世書類綴込帳」玉井三山所蔵）

これによって、各部落が小作権の擁護を図る規約を定めていたものと思われる。

小松町の新宮部落では、明治四〇年（一九〇七）一月一四日、次のような誓約を定め、五三名が署名捺印している。

新宮部落申合誓約

何人ニ抱ラス、不動産ヲ所有スルモノハ往古ヨリ小百姓ニ宛付スルワ前代之慣行也。近来、地持主ノ都合ニヨリ賣却セント欲スル場合、窃ニ地主ト談判之上、自分ニ買請小作ヲ絶ツニ至リ候様ノ不徳議ヲ為ス者アリ、故ニ他人ノ地所ヲ宛リ受ルニモ、往古ノ習慣ニテ田畑反別ニヨリテ貢米ノ外若干ノ余米ト称シ多額ノ玄米ヲ支出セザル場合決シテ小作スル事能ハス、此習慣七才ノ童子モ知ル所アリ、故ニ持主ヨリ直賣ニ致候共小作人ニ対シテハ其ノ地所ニ相当式米ヲ返戻スル事ニ誓約協定シ向後人心ノ跨ヲ潜事アルベカラズ。

右ノ通誓約取結ヒ上ハ之ニ違反スルモノ有ルトセバ、其組内ノ交際ヲ絶ツ之依テ具時住民左記ノ通リ姓名ヲ記載スル者也

明治四十年一月十四日

日野熊太郎　㊞
玉井嘉平太　〃
佐伯　喜茂　〃
尾上　兵吉　〃
以下四九名略

（玉井教一編新宮部落「永世書類綴込帳」玉井三山所蔵）

なお、明治三六年（一九〇三）に書かれた周桑郡壬生川町長一色耕平の「町是調査」には、当時、小作権の売買は小作人相互間で比較的自由に行われ、地主に

は事後承諾ですまされていた、と記されている。大正年間にかけても同様のことが行われたと思われる。

　更に、昭和六年（一九三一）に、小松町内の地主、小作人の間で作成された小作契約書によると、小作人は「小作権ヲ他ニ譲り渡ス事ヲ得」、地主が小作契約を解除し、小作地を引き上げる際、小作人が「小作権ヲ有スルトキハ其ノ料金ニ付キ協定シ、支払フベキモノ」と定めている。（資料1参照）

資料1

小作契約証書

　地主〇〇ヲ甲トシ、小作〇〇ヲ乙トシ、双方当事者間ニ別紙土地ニ付小作契約ヲ左ノ條項ニ基キ諦結ス
一　別紙表示ノ土地、小作期間ヲ昭和六年三月一日ヨリ仝七年二月末日迄満一ケ年トシ、期限満了ノ際ハ特別ノ事情ナキ限り契約ヲ更新スルモノトス、但シ更新ノ要求ハ後作ノ作付時期六ケ月前ニ申出スル事ヲ要ス
二　乙ハ別紙土地ノ小作料トシテ仝年合格産米〇石〇斗〇升ヲ毎年二月末日限リ甲ノ指定スル倉庫ニ運搬支払フモノトス、但シ甲ノ便宜ノ為メ支払場所ヲ変更シ従前ノ場所ヨリ遠隔トナリ又ハ運搬困難トナリタル場合の甲ハ乙ニ対シ之ニ相当スル運搬賃ヲ支払フモノトス
三　小作料ノ支払ニ遅滞アリタル場合ニ於テハ、支払期日後一ケ月一石ニ付一升二合ノ延滞料ヲ附シテ支払モノトス
四　天災凶作等ノ為メ若シクハ減少シ契約小作料ノ全部ヲ支払ヒ能ワザル處アル時ハ、作物収穫着手前十一月一日迄ニ申出テ、双方立会ノ上実地検見ヲ行ヒ、支払額並ニ其支払方法ニ付キ協定ヲ成スモノトス、但シ当事者ニ於テ協定不能ノ時ハ松山地方裁判所西条支部昭和五年小（調）第一号小作調停第二項所定方法ニヨリ決定スルモノトス
　乙ニ就テ前項ノ要求ヲ為サザル時ハ小作料ノ減額又ハ支払期限ノ延期ヲ要求スル事ヲ得ズ　但シ申立期限後ノ災害其他ノ事情ニ基因スル事由アル場合ハ此限ニアラズ
　甲ニ於テ乙ヨリ前項検見要求アリタル時検見ニ立会セザルトキハ乙ノ要求ヲ承認シタルモノト見做スモノトス
　田作ハ米、畑作ハ栗・大豆・甘薯ノ外ハ何程不作ノ時ト雖免引ナキモノトス
五　乙ハ小作未不納其他特殊ノ事情ナキ限リ、小作権ヲ他ニ譲渡スル事ヲ得
　但シ、此場合ハ甲ニ対シ通知スルヲ要ス、乙ハ小作地ヲ転貸シ若クハ猥リニ地目ヲ換ヘ地形ヲ変更スル等ノ所為ヲ為ス事ヲ得ズ
六　小作契約期限満了シタル時ハ更新セザル限り甲ニ於テ直ニ土地ヲ引上グルモ乙ハ異議ヲ述ベザルモノトス
　甲乙双方ノ一方ヨリ期間中契約ノ全部又ハ一部ノ解除ヲ要スベキ場合ハ、後作ヲ作付時期六ケ月前報告ス

ルコトトシ相手方ハ異議ヲ述ベザルモノトス、甲ガ土地ヲ引上クル時乙ニ小作権ヲ有スルトキハ其料金ニ付キ協定シ、若シ不能ノ時ハ西条支部昭和五年小（調）第一号小作調停條項第三号所定ノ方法ニ依リ決定シ甲ヨリ引換ニ乙ニ支払フベキモノトス

七　別表土地ニ付耕作上必要ナル工事ハ双方同意ノ上ニテ行ヒ之ニ要スル経費ノ負担ハ其都度双方ノ協定ニヨルモノトス但シ施設及費用負担ノ協定不能ノ時ハ前項調停條項第三項ニ依ルベキモノトス

八　乙ハ保証人一名以上ヲ定メ連帯責任ヲ以テ右債務ノ履行及ビ契約事項ノ厳守ヲ保証スルモノトス、右契約ヲ証スル為、本証書二通ヲ作リ記名調印ノ上双方当事者一通ヲ領有スルモノ也

年月日

小作人　○○○○印
保証人　○○○○印
地　主　○○○○印

（玉井教一編日本農民組合愛媛県連「農民運動史資料」玉井三山所蔵）

これによって、小作人が小作権を入手することは、一種の財産収得とみなされていたことがわかる。

なお、昭和一四・一五年（一九四〇）の周桑郡内における田一反歩当たりの小作権の価格は表3のとおりである。

表3　小作権価格の事例

	中　田	中　畑
周　布	800円	200円
吉　井	600円	500円
多　賀	700円	—
壬生川	450円	—
国　安	400円	250円
三　芳	250円	100円
楠　河	100円	100円
小　松	350円	100円

注　1）昭和14、15年頃の売買事例。
2）『愛媛県農地改革概要』より引用。（東予市誌より）

3　地主・小作関係

早くから地主制のすすんだ周桑郡には県内有数の大地主が存在していた。明治一六年（一八八三）に周桑郡で田一〇〇町歩以上所有の大地主は、森田（小松町新屋敷）・日野（壬生川町玉之江）・安岡（丹原町丹原）・藤原（壬生川町高田）の四名であった。大正一〇年（一九二一）に田五〇町歩以上所有の地主は、黒田（多賀村北条）・佐伯（石根村大頭）・越智（壬生川町壬生川）が加わり七名となっている。しかし、五〇町歩以上所有の大地主は大正一〇年（一九二一）以降しだいに減少し、小作争議の発生した大正末から昭和初期には三戸となり、昭和一五年（一九四〇）には皆無となった。また、大正五年（一九一六）以降、五町歩以上所有の

地主もしだいに減少している。（表6参照）

また、周桑郡には多数の小地主が存在していた。

表8は、大正末期から昭和初期にかけての、小松町新宮部落の小作農三〇名と関係地主六〇名との、土地貸借関係の一覧表である。

表8の1は、個々の地主ごとに、その小作農の氏名と小作地面積及び小作料の石高をかかげたものである。これらの地主が、新宮部落以外にも小作地を所有していたかどうかは不明であるが、この表に限って言えば、森田恭平は、二町八反二畝の土地を一六名の小作農に貸し、三一石五升の小作料を得ている。佐伯春富も、二町四反の土地を一〇人に貸し、二七石六斗の小作料を得ているなど、一町歩以上の小作地を持ち、一〇石以上の小作料を得（一石は三六円）、小作料だけで生計をたてることの出来る地主は、六〇名中前記二名の外に、塩出石之助・山本政太・檜垣松太郎・山本幾太郎の四名にすぎず、六六％にあたる四〇名は、小作地四反歩以下、小作料四石以下の零細地主である。

表8の2は、個々の小作人ごとに、その地主の氏名と、その地主から宛て受けている小作地の面積と小作料の石高をかかげたものである。

表4　地主の所有耕地別人数

昭和2年、新宮部落

所有地	人数
1町5反以上	3
1町　～1町5反	3
6反　～1町	7
4反　～6反	7
2反　～4反	17
1反　～2反	17
1反以下	6
計	60

表5　地主の収得小作料石高別人数

昭和2年、新宮部落

小作料	人数
15石～	4
10　～15	2
8　～10	3
4　～8	13
2　～4	14
1　～2	18
1　～	6
計	60

新宮部落三〇名の小作農の小作地総面積は、二七町五反七畝二歩、小作料総石高は二九五石六升一合となり、小作農一人当たりの平均は、九反一畝の小作地と九石八斗の小作料となっている。

これら小作農が、自作地を所有していたかどうかは不明であるが、小作地に限って言えば、日野秀吉は、九人の地主から一町五反六畝の土地を、堀江幸作

表６　所有耕作地広狭別農家戸数（周桑郡）

年　次	総数	５反未満	５反～１町	１町～３町	３町～５町	５町～10町	10町～50町	50町以上	備考（１町以下所有割合）
大正５年	4,773	2,242	1,011	877	455	146	38	4	(68.2)
10年	4,501	2,350	816	903	255	120	50	7	(70.3)
昭和元年	4,798	2,724	797	899	227	105	43	3	(73.4)
５年	4,801	2,798	828	821	236	81	34	3	(75.5)
10年	4,967	2,817	1,031	809	200	80	29	1	(77.5)
15年	5,359	2,894	1,356	771	228	82	28	—	(79.3)

（『東予市誌』より）

表７　周桑郡関係の大地主（田畑50町歩以上所有者）一覧

氏　名	職業	住　所	所有耕地 田	畑	計	耕地の主たる所在地郡（　）内は町村数	小作人の戸数
			反	反	反		戸
広瀬満正	会社員	新居郡中萩村大字中村	1,329	727	2,057	宇摩(3)新居(10)周桑(5)大分県１	1,387
岡本栄吉	無職	新居郡大町村大字大町	658	106	764	新居(6)周桑(4)温泉(1)	不詳
久米栄太郎	〃	新居郡橘村大字禎瑞	751	100	851	新居(5)周桑(6)	287
森　広太郎	〃	新居郡氷見町大字上町	1,940	27	1,968	新居(7)周桑(4)	508
高橋初太郎	〃	〃	687	106	794	新居(3)周桑(6)	358
黒田広治	会社員	周桑郡多賀村大字北条	588	152	721	周桑(13)	233
佐伯惟吉	無職	周桑郡石根村大字大頭	587	96	683	周桑(6)	189
安岡喜久五郎	〃	周桑郡丹原町大字丹原	503	56	559	周桑(3)	165
越智和太郎	商業	周桑郡壬生川町大字壬生川	530	4	534	周桑(8)	182
日野松太郎	公吏	周桑郡吉井村大字玉之江	427	73	500	周桑(3)新居(1)	175
柳瀬ヒロ	商業	今治市	803	20	823	周桑(5)	248
矢野通保	無職	越智郡波止浜町大字波止浜	1,354	121	1,475	周桑(10)越智(8)	310
住友合資会社		大阪市東区茶臼山	4,464	1,511	5,975	宇摩(12)新居(6)周桑(11)越智(1)	3,048

（『東予市誌』より）

表8の1　小松町新宮部落における地主・小作関係

地主名	小作人名	小作地面積	小作料
		町反畝歩	石斗升合
玉井嘉平太	日野　秀吉	1.1	1.1.5
戸田石太郎	戸田石太郎	1.3	1.3
	塩出　春一	2	2
	檜垣源次郎	8	8
	尾上　兵吉	1.1	1.1.1
	堀江　幸作	6	5.1
	玉井曽根松	1	1
	玉井　藤作	5	5
		8.4	8.3.7
森田　宣一	戸田石太郎	1	1.0.6
	玉井　教一	5	4.5
	塩出　熊市	4.20	5.3.2
	田野岡藤吉	1.1	1.1
	堀江　弥平	1	1.0.1
	真鍋忠太郎	1	9.9
	堀江　幸作	1.3	1.2
		6.3.20	6.3.4.2
塩出石之助	高井徳三郎	8.15	8.5
	藤井　留吉	1.6.15	1.4.5
	玉井　教一	1.5	1.8
	堀江　弥平	1.5	1.5
	戸田　虎助	7	6.5
	田野岡藤吉	4.6.16	6.4.7.4
	日野　秀吉	1.3	1.1.8
	堀江　幸作	7	6
	戸田広三郎	2.9	3

地主名	小作人名	小作地面積	小作料
		町反畝歩	石斗升合
森田　恭平	堀江　幸作	3.5	3.6
	檜垣源次郎	2	2.3.5
	塩出　熊一	6	6.7
	戸田石太郎	2.4	2.4.6
	真鍋忠太郎	1.8	1.8
	真鍋猪太郎	9	9
	高井徳三郎	1.1.15	1.3.7
	佐伯　嘉六	2.4	3.6.7
	真鍋恵五郎	1.7.26	1.9.8
	尾上万太郎	9	1
	玉井　教一	1.4.10	1.4.3.7
	堀江　弥平	1	1.4.2.5
	玉井半次郎	1.7	1.7.2
	藤井　鶴吉	9.12	1.1.5
	青山　沖太	1.1	1.2.6
	玉井　藤作	4.6	4.2.6.5
		28.2.3	31.0.5.7
佐伯　春富	佐伯　嘉六	1.3	1.0.5.9
	玉井　教一	4.20	4.7
	堀江　道太	1.5	1.5.1.1
	檜垣源次郎	1.5	1.6
	戸田石太郎	4	2.5
	玉井　藤作	4	4.8.5
	戸田広三郎	3.7	4.1.3
	青山　沖太	1.8	1.6.7
	藤井　留吉	3	3.3
	堀江次郎平	9.0.20	11.7.6
		24.0.10	27.6.3

地主名	小作人名	小作地面積	小作料
		町反畝歩	石斗升合
山本幾太郎	玉井初五郎	5.5	5.5
	真鍋忠太郎	2	2.1
	佐伯　嘉六	5	5
	藤井　留吉	3	1
	佐伯亀之助	4.15	3.5
	玉井　教一	1.4.13	8.6
	玉井半次郎	7	8.4
	田野岡藤吉	9	7
	藤井　鶴吉	1.0.20	1.2.4
		11.0.23	10.2.8
小西　大吉	佐伯亀之助	2.5	2.7
	真鍋猪太郎	1.2	1.2.3
	堀江　幸作	2.1	2.0.7
	玉井半次郎	4	5.1.5
	高井徳三郎	4.15	7.6.5
		6.6.15	7.2.7.0
塩出　良助	真鍋恵五郎	1.5	1.6
	尾上　兵吉	7.17	9.2
	戸田　虎助	1.4	1.6
	塩出　熊市	2	2
	玉井　教一	9	9
		6.5.17	7.0.2
杉森百太郎	堀江　六助	1.7.26	1.9.2.5
森田　徳市	堀江　幸作	9	4
	戸田広三郎	1	1
		1.9	1.4

地主名	小作人名	小作地面積	小作料
		町反畝歩	石斗升合
塩出石之助	真鍋恵五郎	1.8	1.8
	尾上　兵吉	1.7	2.4
		19.2.16	21.7.0.4
山本　政太	佐伯　嘉六	1.7	2.0.8.2
	藤井　留吉	4	4.0.4
	玉井初五郎	1	1.2
	高井徳三郎	1.2	1.3.2
	戸田石太郎	8	7.5
	塩出　熊市	1.4	1.4
	檜垣源次郎	2.5	2.4
	玉井半次郎	5	5.1.5
	尾上　兵吉	3.4	3.7.3
	玉井　藤作	1	1.3
		13.9	15.1.0.1
檜垣松太郎	戸田　虎助	1.2	1.2
	尾上万太郎	7	7.7
	真鍋忠太郎	3	2.6
	堀江　六助	1	1.2
	塩出　熊市	6	6
	戸田石太郎	2.1	2
	藤井　留吉	1.8	2.3
	高井徳三郎	9	1.5.3
	藤井　鶴吉	1.2	1.4.4.2
	玉井半次郎	1.3	1.2.3.1
	尾上　兵吉	1.3	1.3
		12.4	13.8.3.3
山本幾太郎	真鍋　馬次	3.2	3.0.4

地主名	小作人名	小作地面積	小作料
		町反畝歩	石斗升合
渡辺玄二郎	真鍋　馬次	7	5
	田野岡藤吉	1	1.2
		1.7	1.7
森田清太郎	真鍋　馬次	1.6	1.8.5
	藤井　鶴吉	1.0.20	1.2.4
		2.6.20	3.0.9
寺田　養造	真鍋恵五郎	1.8	1.6.3.5
	戸田広三郎	1.4	1.3.4
	檜垣源次郎	1.1	9.7
	日野　秀吉	1.8	1.7.4
	堀江　道太	1.9	3.5.1.5
		8.0	9.2.0
曽我部源二郎	堀江　道太	2.4	2.5
新林　忍	玉井　藤作	1.4	1.4
	尾上　兵吉	1	1
	尾上万太郎	7	5.5
		3.1	2.9.5
菅　助太郎	佐伯　嘉六	2.4	2.6.5
	塩出　熊市	6	5.2
	玉井　藤作	1.2	1.4.4
		4.2	4.6.1
白石藤四郎	佐伯亀之助	6	6
	堀江　道太	6	3.6
	塩出　春一	1	1.2
		1.3	1.0.8

地主名	小作人名	小作地面積	小作料
		町反畝歩	石斗升合
仏心寺	檜垣源次郎	1.6	1.6
	玉井道太郎	9.17	1.2
		2.5.17	2.8
丹下　多助	田野岡藤吉	2.2	2.1.7
三嶋神社	堀江　道太	7	8
	玉井　藤作	5	4
		1.2	1.2
荒神田	尾上万太郎	1	1
岡田丑太郎	青山　沖太	1.6	1.6.3
玉井五平太	尾上　兵吉	1	1
	真鍋忠太郎	1	1
	尾上万太郎	1.1	1.5
	戸田石太郎	1.1	1.6
		4.2	5.1
今井武一郎	堀江　道太	8	1.2
	堀江次郎平	2	2.8
	檜垣源次郎	1.4	1.5.3
		4.2	5.5.3
森田紋二郎	真鍋猪太郎	6	6
真鍋重太郎	真鍋猪太郎	1	1
	真鍋恵五郎	7	8
	塩出　熊市	2.4	2.2.5
		4.1	4.0.5

地主名	小作人名	小作地面積	小作料
		町反畝歩	石斗升合
樽見　勝次	檜垣源次郎	1.2	1.2
青山　沖太	堀江次郎平	1.3	1.5
高橋　一清	高井徳三郎	2.22	3.0.6
原田梅之助	戸田石太郎	1.7	2.2.2
菅　虎太郎	真鍋　馬次	1.4	1.5.4
	堀出　春一	1.6	1.9.4
	玉井曽根松	9	7.8
	藤井　留吉	1.3	1.2
	藤井　鶴吉	1.3	1.2.8
	堀江　幸作	1.2.15	1.1.5
		7.7.15	7.8.9
久米　忠義	日野　秀吉	1.5	1.6
森田満寿雄	玉井　教一	7.24	9.4
曽我波二郎	藤井　留吉	8	8
佐伯連二郎	日野　秀吉	2	1.6
戸田　作一	田野岡藤吉	5	4
堀江　熊吉	田野岡藤吉	8	4.5
	戸田石太郎	9	9.1
		1.7	1.3.6
伊東栄太郎	田野岡藤吉	2	2
日野　泰平	尾上万太郎	2.1	1.6
	玉井　教一	1.15	1.5

地主名	小作人名	小作地面積	小作料
		町反畝歩	石斗升合
真鍋　庄平	佐伯　嘉六	8	9.7
	戸田石太郎	1.2	1.3.7.3
		2.0	2.3.4.3
檜垣徳二郎	真鍋忠太郎	6	6.6
堀池　傳造	堀江　六助	8	8
	高井徳三郎	1.8.15	3.2
		2.6.15	4.0
西　重　成	堀江　幸作	2	1.6
織田吉之助	玉井曽根松	3	3.6
藤井　鶴吉	藤井　留吉	9.9	1.0.6
	真鍋忠太郎	1.4	1.5.4
	佐伯　嘉六	3	3.3
		5.3.9	5.9.0
近藤　春静	高井徳三郎	7	1.1.9
	尾上万太郎	1.4	1.4
		2.1	2.5.9
日野松太郎	玉井曽根松	6	4
	玉井初五郎	1.7	1.6.3.3
		2.3	2.0.3.3
今井巻太郎	日野　秀吉	1	1.8.5
	塩出　熊市	1.2	1.2
	玉井曽根松	2	2
		4.2	5.0.5

地主名	小作人名	小作地面積	小作料
		町反畝歩	石斗升合
秋山　豊助	真鍋猪太郎	1.2	1.2
小松学校	堀江　幸作	1.2.15	1.1.0.5
日野　泰平	玉井　藤作	1.3	1.2
	日野　秀吉	1.3	1.6
		4.8.15	4.5.5
近藤　延始	玉井　教一	1.2	1.4.4
	佐伯　嘉六	2.6	2.9.9.4
		3.8	4.4.3.4
棚橋長太郎	藤井　留吉	5.15	5.5
	真鍋猪太郎	5	4.5
	佐伯亀之助	1.3.10	1.3.8.5
	塩出　熊市	3	4
		2.6.25	2.7.8.5
桑原　利平	佐伯　嘉六	3.2	3.8.4
清楽寺	田野岡藤吉	1	8
	佐伯　嘉六	1.1.15	1.1.8.5
	尾上万太郎	9.10	1
		3.0.25	2.9.8.5
河淵　駒吉	藤井　留吉	1.2.15	1.3.7.15
	佐伯亀之助	5.3	6
		6.5.15	7.3.7.15
香園寺	玉井曽根松	1.7.23	1.7.4
真鍋　ソノ	真鍋恵五郎	1.7	1.7
藤原　円宗	佐伯亀之助	7	8
	戸田広三郎	1.1	1.1.5
		1.8	1.9.5

（玉井教一編、大正十五年起、農民組合新宮部落「第二號書類」玉井三山所蔵）より作成

表９　小作の小作料石高別人数

昭和２年、新宮部落

小作料	人数
20石以上	1
15石　～　20石	5
10石　～　15石	8
5石　～　10石	10
5石　以下	6
計	30

表１０　小作の小作地広狭別人数

昭和２年、新宮部落

小作地	人数
1町5反以上	2
1町2反～1町5反	6
1町　～1町2反	6
7反～1町	6
4反～　7反	7
4反以下	3
計	30

表8の2　小松町新宮部落における地主・小作関係

小作人名	地主名	小作地面積	小作料
		町反畝歩	石斗升合
玉井　教一	塩出石之助	1.5	1.8
	近藤　延始	1.2	1.4.4
	山本幾太郎	1.4.13	8.6
	塩出　良助	9	9
	日野　泰平	1.15	1.5
	森田　宣市	5	4.5
	森田　恭平	1.4.10	1.4.3.7
	佐伯　春富	4.20	4.7
	森田満寿雄	7.24	9.4
		8.3.22	8.4.4.7
日野　秀吉	玉井五平次	2.6	2.2.4
	日野　泰平	1.3	1.2
	玉井嘉平太	1.1	1.1.5
	塩出石之助	1.3	1.1.8
	今井武一郎	3.7.5	4.8.5
	久米　忠義	1.3	1.6
	寺田　養造	1.8	1.7.4
	佐伯連二郎	2	1.6
	今井巻太郎	1	1.8.5
		1.5.6.5	17.4.1
戸田　兼助	桧垣松太郎	1.2	1.2
	塩出石之助	7	6.5
	塩出　良助	1.4	1.6
	高橋知太郎	7	7
		4.0	4.1.5
高井徳三郎	山本　政太	1.2	1.3.2

小作人名	地主名	小作地面積	小作料
		町反畝歩	石斗升合
堀江　幸作	西　　重成	2	1.6
	小西　大吉	2.1	2.0.7
	塩出石之助	7	6
	菅　虎之助	1.2.15	1.1.5
	玉井嘉平太	6	5.1
	森田　宣一	1.3	1.2
	森田　恭平	3.5	3.6
	森田　徳市	9	4
	小松学校	1.2.15	1.1.5
		1.3.6	12.1.8
尾上　兵吉	桧垣松太郎	1.3	1.3
	玉井嘉平太	1.1	1.1.1
	玉井五平次	1	1
	塩出　良助	7.17	9.2
	山本　政太	3.4	3.7.3
	塩出石之助	1.7	2.4
		1.0.2.17	11.4.6
堀江　道太（弥平）	塩出石之助	1.5	1.5
	今井武一郎	8	1.2
	佐伯　春富	1.5	1.5.1.1
	曽我部源二郎	2.4	2.5
	森田　恭平	1	1.4.2.5
	森田　宣一	1	1.0.1
	三蔦神社宅	7	8
	白石八十平	6	3.6
	寺田　養造	1.9	3.5.1.5
		11.4	13.8.2.1

小作人名	地主名	小作地面積	小作料
		町反畝歩	石斗升合
玉井初五郎	日野松太郎	1.7	1.6.3.3
	戸田石太郎	1.2	1.2
	山本幾太郎	5.5	5.5
	山本　政太	1	1.2
	塩出石之助	7	9.4.3
		5.1.5	3.5.2.6
堀江次郎平	青山　沖太	1.3	1.5
	佐伯　春富	9.0.20	11.7.6
	今井武一郎	2	2.8
		1.4.3.20	16.0.6
真鍋　馬次	山本幾太郎	3.2	3.0.4
	森田清太郎	1.6	1.8.4
	渡辺玄太郎	7	5
	菅　虎太郎	1.4	1.5.4
		6.9	6.9.3
青山　沖太	森田　本家	1.1	1.2.6
	岡田丑太郎	1.6	1.6.3
	佐伯　春富	1.8	1.6.7
		4.5	4.5.6
塩出　春一	菅　虎太郎	1.6	1.9.4
	玉井嘉平太	2	2
	白石八十平	1	1.2
		3.7	4.0.6
佐伯亀之助	棚橋長太郎	1.3.10	1.3.8.5
	小西　大吉	2.5	2.7
	藤原　円宗	7	8
	山本幾太郎	4.15	3.5

小作人名	地主名	小作地面積	小作料
		町反畝歩	石斗升合
高井徳三郎	塩出石之助	8.15	8.5
	桧垣松太郎	9	1.5.3
	小西　大吉	4.15	7.6.5
	近藤　春静	7	1.1.9
	堀池　傳造	1.8.15	3.2
	森田　恭平	1.1.15	1.3.7
	高橋　一清	2.23	3.0.6
		7.2.23	10.5.3.1
堀江　六助	桧垣松太郎	1	1.2
	堀池傳二郎	8	8
	杉森百太郎	1.7.26	1.9.2.5
		3.5.26	3.9.2.5
戸田広三郎	塩出石之助	2.9	3
	寺田　養造	1.4	1.3.4
	藤原　圓宗	1.1	1.1.5
	佐伯　春富	3.7	4.1.3
	森田　徳市	1	1
		1.0.1	10.6.2
尾上万太郎	清　楽　寺	9.10	1
	森田　恭平	9	1
	新林　　忍	7	5.5
	荒　神　田	1	1
	近藤　春静	1.4	1.4
	玉井五平次	1.1	1.5
	日野　泰平	2.1	1.6
	桧垣松太郎	7	7.7
		8.8.10	8.8.2

小作人名	地主名	小作地面　積	小作料
		町反畝歩	石斗升合
玉井　藤作	玉井嘉平太	5	5
	山本　政太	1	1.3
		1.4.5	15.3.5.5
玉井道太郎	仏　心　寺	9.17	1.2
真鍋忠太郎	藤井　鶴吉	1.4	1.5.4
	森田　恭平	1.8	1.8
	玉井五平次	1	1
	桧垣松太郎	3	2.6
	桧垣徳二郎	6	6.6
	山本幾太郎	2	2.1
	森田　宣市	1	9.9
		8.1	8.3.5
玉井半次郎	玉井　貞一	6	4.8.4
	森田　恭平	1.7	1.7.2
	山本　政太	5	5.1.5
	山本幾太郎	7	8.4
	小西　大吉	4	5.1.5
	桧垣松太郎	1.3	1.2.3.1
		5.2	5.3.0.5
桧垣源次郎	玉井嘉平太	8	8
	仏　心　寺	1.6	1.6
	佐伯　春富	1.5	1.6
	森田　恭平	2	2.3.5
	寺田　養造	1.1	9.7
	山本　政太	2.5	2.4
	今井武一郎	1.4	1.5.3

小作人名	地主名	小作地面　積	小作料
		町反畝歩	石斗升合
佐伯亀之助	河渕　駒吉	5.3	6
	白石藤四郎	6	6
		1.0.8.25	11.8.3.5
真鍋恵五郎	寺田　養造	1.8	1.6.3.5
	森田　恭一	1.7.27	1.9.8
	塩出　良助	1.5	1.6
	塩出石之助	1.8	1.8
	真鍋猪太郎	1.7	1.7
	真鍋重太郎	7	8
		9.2.27	9.5.1.5
佐伯　嘉六	近藤　延始	2.6	2.9.9.4
	森田　恭平	2.4	3.6.7
	佐伯　春富	1.3	1.0.5.9
	真鍋　庄平	8	9.7.8
	山本幾太郎	5	5
	菅　助太郎	2.4	2.6.5
	藤井　鶴吉	3	3.3
	清　楽　寺	1.1.15	1.1.8.5
	山本　政太	1.7	2.0.8.2
	幸原　利平	3.2	3.8.4
		1.9.0.15	22.2.5.8
玉井　藤作	日野　泰平	1.3	1.2
	佐伯　春富	4	4.8.5
	菅　助太郎	1.2	1.4.4
	森田　恭平	4.6	4.2.6.5
	新林　　忍	1.4	1.4
	三嶌神社	5	4

小作人名	地主名	小作地面積	小作料
		町反畝歩	石斗升合
藤井　留吉	山本　政太	4	4.0.4
	藤井　鶴吉	4	1.0.6
	佐伯　春富	3	3.3
		10.1.9	10.3.6.4
田野岡藤吉	丹下　多助	2.2	2.1.7
	伊藤栄太郎	2	2
	清　楽　寺	1	8
	山本幾太郎	9	7
	堀江　熊吉	8	4.5
	塩出石之助	4.6.16	6.4.7.4
	戸田　作一	5	4
	森田　宣市	1.1	1.1
	渡辺源次郎	1	1.2
		1.4.1.16	15.2.9.4
戸田石太郎	原田梅太郎	1.7	2.2.2
	桧垣松太郎	2.1	2
	山本　政太	8	7.5
	真鍋　庄平	1.2	1.3.7.3
	佐伯　春富	4	2.5
	森田　恭平	2.4	2.4.6
	玉井嘉平太	1.3	1.3
	堀江　熊吉	9	9.1
	玉井五平次	1.1	1.6
	森田　宣市	1	1.0.6
		1.2.9	13.9.2.3
玉井曽根松	玉井嘉平太	1	1
	織田吉之助	3	3.6

小作人名	地主名	小作地面積	小作料
		町反畝歩	石斗升合
桧垣源次郎	樽見　勝次	1.2	1.2
		1.2.1	14.4.5
塩出　熊一	塩出　良助	2	2
	菅　助太郎	6	5.2
	今井巻太郎	1.2	1.2
	山本　政太	1.4	1.4
	桧垣松太郎	6	6
	棚橋長太郎	3	4
	真鍋　馬次	2.4	2.2.5
	森田　恭平	6	6.7
	森田　宣市	4.20	5.3.2
		9.5.20	9.5.7.2
真鍋猪太郎	小西　大吉	1.2	1.2.3
	真鍋重太郎	1	1
	森田　恭平	9	9
	森田紋二郎	6	6
	棚橋長太郎	5	4.5
	秋山　豊助	1.2	1.2
		5.4	5.3.8
藤井　留吉	河渕　駒吉	1.2.15	1.3.7.5
	桧垣松太郎	1.8	2.3
	山本幾太郎	3	1
	菅　虎太郎	1.3	1.2
	曽我波二郎	8	8
	棚橋長太郎	5.15	5.5
	塩出石之助	1.6.15	1.4.5
	玉井半次郎	8.15	7.6.5

小作人名	地主名	小作地面積	小作料
		町反畝歩	石斗升合
玉井曽根松	日野松太郎	6	4
	今井巻太郎	2	2
	香　園　寺	1.7.23	1.7.4
	菅　虎太郎	9	7.8
		1.0.2.23	9.5.2
藤井　鶴吉	森田清太郎	1.0.20	1.2.4
	森田　恭平	9.12	1.1.5
	菅　虎太郎	1.3	1.2.8
	桧垣松太郎	1.2	1.4.4.2
	山本幾太郎	1.0.20	1.2.4
		5.5.22	6.3.5.2

（玉井教一編、大正十五年起、農民組合新宮部落「第二號書類」玉井三山所蔵より作成）

は九人から一町三反六畝の土地を借りるなど、一町歩以上の小作地を耕作する者が一四名で、小作人数の約五〇％を占めている。もし、これらに多少の自作地が加われば、二町歩近い農地を耕作する中農といえる。また、青山沖太や真鍋猪太郎のように、地主として、一反歩余りの土地を貸し、小作として、五反余歩を借りる者も存在している。

当時の、当地域の地主と小作の関係は、地主の所有地が分散していたことや、小作権の売買が容易に行われたことなどから、小作は複数の地主から土地を借り、地主も数名の小作を持つなど錯綜していた。

二　小作争議と農民運動

1　米穀検査反対の運動

大正初期の小作争議のうち、もっとも激しく広範囲にわたったものは、大正三年（一九一四）秋から周桑・新居・宇摩郡を中心に起こった米穀検査反対の運動であった。

小作農の生産する米の品質、容量、俵装について厳しい検査を行い、合格米だけを小作料として納入させ、米の品質向上を図ろうとするこの制度は、明治の末には、既に二七府県で実施されていた。

他府県に比べ米穀検査の実施がおくれていた愛媛県の産米は、品質不良、乾燥不備として市場の評価を落とし、米の主たる販売者である地主に多くの不利益をもたらしていた。そこで、県会を中心に検査実施の意向が高まり、明治四一年（一九〇九）、県会は県当局に実施を建議、大正二年（一九一三）には県会の決議と農事大会の建議がなされた。これをうけて、県当局も実施を決定し、大正三年深町知事は、施政演説の中で翌年から実施することを明らかにした。

小作農は、検査実施により、乾燥・調整に従来より多くの労力と手数を必要とするうえ、俵装を厳重にするための費用がかかり、労多く、利益が少ないとして検査に激しく反対した。愛媛県における反対運動は、周桑郡からはじまった。周桑郡は当時米の移出率が三三％を占め、伊予郡と並んで県内有数の米の移出地域であった。

大正三年（一九一四）一〇月一九日、周桑郡の小作農民は、周布村の密乗寺で農民大会を開き、検査実施延期を知事に陳情することを決めた。同じ日に隣村の吉井村の小作人三〇七名は、知事あてに次のよう陳情書を作成した。

陳情書

（上略）此制ハ小作ヲ主トスル多数農民ニトリ利害ノ及ブ処極メテ重大ニシテ殆ド死活問題タルヤノ感アリ。（中略）産米検査ノ制ヲ布シ之カ為メニ種々煩雑ナル手数ヲ要スルコトニナレバ其結果ハ勢イ農業労働ノ時間ヲ殺キ　作付反別ノ減少ヲ免レズ。従ツテ利潤ハイヤガ上ニモ薄クナリ生活上ノ困難一層其度ヲ加フベキハ火ヲ見ルヨリモ明ラカナリ。（中略）

産米検査実施ノ結果ハ徒ラニ少数地主ノ懐ヲ温ムルニ過ギズシテ多数小作人ハ却テ之ガ犠牲トナル曰フ可カラザル不利益ヲ見ルニ至ルモノト信ズ。（中略）下級農民ノ実情ヲ洞察セラレンコトヲ懇願スル次第ナリ。（下略）

大正三年十月十九日

周桑郡吉井村大字今在家　汐崎悦造　外五十七名

同　郡同　村大字広江　渡辺万吉　外六十九名

同　郡同　村大字石田　森田亀太郎　外八十一名

同　郡同　村大字玉之江　丹下多作　外九十六名

愛媛県知事深町錬太郎殿

（大正三年吉井村「農工商関係書類綴」）

周桑郡の小作農民の運動は、新居・宇摩郡に広がった。新居郡・宇摩郡の小作農民の代表は同年一一月、検査実施県である香川県を調査し、その結果にもとづいて、小作農民の負担が大きいことを訴える嘆願書を知事に提出した。

こうした小作農民の要求に対して、県当局は、農会技師を東予各地に派遣し、説明会を開く一方、大正四年（一九一五）一月一〇日、「米穀検査規則」と「愛媛県告諭」を公布し、一〇月一日からの実施を決め、つづいて、同年一月二六日、各村に「産米検査に関する県通達」を配布した。

この通達によると、検査の目的は、「本県ノ上米ガ検査実施行地タル香川県ノ三等米ト同格ナルヲ見ルニ於テハ米穀検査ノ一日モ忽ニスベカラザル所以ナリ」。検査地域は、「宇摩・新居・周桑・越智ノ東予四郡ト温泉・伊予・松山」とし、検査の方法は、生産検査ト輸出検査トスル」「俵装ハ二重俵トナスコト」「一俵ノ容量ハ四斗トナスコト」と定めている。

この通達を受けて、周桑郡長柳生宗茂は、同年三月一三日、「産米検査実施ニ関スル注意ノ件」を各町村に出し、「地主ニ厚キ理由ヲ以テ小作人ノ不平ヲ耳ニスルコトアリ」とし「地主、小作者間ノ円満ナル関係ヲ保ツルコトニ努力スルハ目下ノ急務ナリ」と、町村長が地主会を組織し、小作の要求に共同で対処するよう訓示した。これに応え、地主は同年八月、各郡に農事奨励会を、町村にその支部を結成した。

延期嘆願が入れられなかった小作農民は、従来慣行とされていた口米の廃止と合格米に対する奨励米の支給を地主に対して要求した。口米とは、地域によって、込米、さし米、はり桝とも言われ、藩政時代に年貢米納入の際の運搬中の減量を理由に、年貢とりたての経費として一俵につき二升〜五升の米を余分に納入したもので、地租改正後も小作米納入の際、これが慣行として残り地主のとり分となっていた。小作農民は、米穀検査の通達の中の「一俵ヲ四斗トス」を理由に口米廃止を要求し、更に合格米奨励として一石につき五升〜一斗の支給を要求した。これに対し、地主は、大正四年（一九一五）四月二日、東予四郡農事奨励会という地主会を越智郡（町村不明）で開き、奨励米は一石につき二升〜五升を支給することを決定し対抗した。

大正四年（一九一五）は全県的に風水害による被害が大きく、米の不作の年であった。周桑郡の小作農民は厳重な検査では大量の不合格米を出すとして、その処分等について郡当局と交渉していたが、まとまらなかったため、同年一一月四日、郡役所に四〇〇〇名の農民が押しかけた。

その時の状況を新聞は次のように伝えている。

（上略）過般発布せられたる県令は、当然生ず可き不合格米の県外輸出を禁ずるを以て肥料代を始め萬般の経費の財源たる不合格米を限りある県内の需要に供するの外なく、斯ては甚だしき不利益あり。此不合格米輸出の禁止のみなりとも解き貫はんと、四日午後一時頃より周桑郡内の農民は続々と郡衙に押し掛け郡長に迫り居れるが、丹原警察署にては農民に対し百方説論を加へつつあれども、詰めかくる農民は尚引きもきらず其の数凡そ三四千の多きに達せり。

（大正四年二月六日付「海南新聞」）

つづいて一二月二五日には、宇摩郡の小作農民五〇〇〇人が郡役所におしかけている。新居郡西条町では、奨励米一斗の要求が聞き入れられなかった小作人六〇名が、小作地を返還し福岡県戸畑町に出稼ぎに行くなど、各地で示威運動、小作地返還、不耕作運動、小作米不納運動などが続発した。

このような状況の中で、周桑郡長柳生宗茂は、同年一二月三一日付で「小作米納付ニ関スル件」、翌大正五年一月二〇日付で、「小作米受渡シニ関スル件」、同年二月四日付で「小作米完納方注意ノ件」と題する通達をあいついで各町村長に出し、小作人に多額の奨励米を要求させないこと、期日までに小作米を納入させること、小作連合会を解散させること、などを指示した。

米穀検査に伴う奨励米支給をめぐっての紛争は、周桑・新居・宇摩を中心に大正七年（一九一八）まで続いたが、郡長・警察署長等の調停により、「郡長裁定」の形で解決した。大正七年八月二七日、西条町では次のような裁定書が出されている。

西条町奨励米要求に対する裁定書

第一項　従来慣行ニヨル百五升ヲ以ツテ一石ト計算スルムキハ今正百升ヲ以テ一石トシ、其五升ハ産米改良ニ伴フ小作者労疲ニ対スル賞トシテ小作者ニ給与ス

第二項　年貢米ハ生産検査ノ合格米トシ　但シ天候ノ都合ニヨリ四割以上不合格ヲ生ジタ場合ハ年貢ノ二割マデ不合格米ヲモッテスルコトヲ得

第三項　地主ハ米穀改良奨励ノタメ県移出米検査合格米一石ニ対シ　一等米三升　二等米二升　三等米一升ノ賞与ヲ支給ス

第四項　不合格米ヲ地主ニ納入スル時ハ入レ米トシテ一石ニ付キ三升ヲ地主ニ納ムルコト

第五項　地主ヲ害虫駆除費トシテ一反ニ付キ玄米一升五合ヲ小作者ニ給与スル

第六項　（中略）

第七項　地主ハ従来ノ慣行ニヨリ毎年小作証券ヲ更新シ小作関係ヲ明ラカナラシメルコト、

第八項　（下略）

大正七年八月二七日　新居郡長　片野

（玉井教一編日本農民組合愛媛県連合会「農民運動史資料」玉井三山所蔵）

周桑郡でも同様の裁定書が出されて、小作農民は口米廃止、奨励米、害虫駆除費等の支給などを獲得したものと思われる。

2　農民組合と地主組合の結成

(一)　農民組合の結成

【日農の成立】 全国的に小作争議が本格化するのは、第一次世界大戦後の恐慌以降である。恐慌によって米価など農産物価格が暴落する一方、肥料など諸物価は上昇をつづけ、小作農民の農業経営は困難になり生活は窮迫した。

小作農民は封建的諸負担の排除・軽減と小作権の確立など経済的要求をかかげて団結しはじめた。大正七年（一九一八）に全国で八八にすぎなかった小作人組合は、大正一〇年（一九二一）、三七三、同一一年、五二五と増加し、それにともなって、争議件数も大正六年（一九一七）に全国で八五件、同八年、三二六件と急増し、高額小作料の引下げを要求する争議は毎年くり返されていた。

このような状況の中で、大正一一年（一九二二）四月九日、賀川豊彦、杉山元次郎、仁科雄一等を中心に日本農民組合（日農）が結成され、第一回大会が神戸でひらかれた。日農は、日刊機関紙『土地と自由』を発刊し、幹部が各地を遊説し争議の指導、応援を行い、小作農民の全国的結集をめざして活動組織を拡大していった。

愛媛県でも大正九年（一九二〇）二件にすぎなかった小作争議が同一〇年以降急増し、一二年（一九二三）に三九件、同一三年（一九二四）四二件にのぼった。（表12参照）

小作人組合も県内各地で結成され大正一三年までに四一をかぞえた。（県庁資料「小作争議綴」）しかし、これらの組合は各町村の小作農民の単独組織で全県的、全国的なつながりを持つものではなかった。

【日農愛媛県連の成立】 愛媛県における農民組合の結成は林田哲雄の尽力による。

周桑郡小松町明勝寺の二男に生まれた林田哲雄は、大正七年（一九一八）京都市の大谷大学に入学した。同一一年三月三日、京都市の岡崎公会堂で開かれた全国水平社創立大会に参加し、学業半ばで帰郷した。当初、水平運動に取り組んでいたが、水平運動と農民運動の結合をはかろうとし大正一二年（一九二三）に日農本部から杉山元治郎・仁科雄一を招き、小松町ほか数か所で演説会を開き、農民組合結成をめざした。

大正一三年（一九二四）三月、周桑郡国安村高田

表11 日本農民組合の発展

	日農所属組合数	組合員数
設立当時	15	253
1922年末	96	6,131
1923年末	304	25,711
1924年末	675	51,118
1925年末	957	72,794

松尾尊兊著「民本主義の潮流」より

表12 大正9年～昭和12年 愛媛県郡市別小作争議件数

郡市別＼年次	大正9	10	11	12	13	14	15	昭和2	3	4	5	6	7	8	9	10	11	12	計
宇摩郡		1			1	4	3				3	1	3	1			2	2	21
新居郡					1		1	7	2	1	3	2	3	3	2	2	5	6	38
周桑郡			2	1	1	1	9	6	4		4	4	2	1	3	8	5	11	62
越智郡		3	6	11	6	1	2			2	2	2							35
今治市																		1	1
温泉郡		7	15	12	22	2	5	3	1	2	5	3	11	7	10	15	13	9	142
伊予郡		2	4	5	6							1	8	6	1	6	3		42
上浮穴郡																			
松山市				1		1	1	1			1		2		3	4	3	5	22
喜多郡		4		1	2			2			2								11
西宇和郡																			
東宇和郡		2	2	3	2					1	1	2	1			1	1		16
北宇和郡		1	5	3	1	4	10	7	10	7	4	6	3	3	1	2	1		68
南宇和郡				1						1									2
宇和島市		1		1			1				1						1		5
計	2	21	34	39	42	13	32	26	17	14	26	21	33	21	20	38	34	34	467

（「愛媛県史概説上巻」による）

表 13　小作争議原因別件数（愛媛県）

原因＼年次	大正12	13	14	15	昭和2	3	4	5	6	7	8	9	10	11	12
風水害病虫害による不作	10	28	6	21	3	4	7	13	6	19	5	4	10	14	12
農作物価格の下落	7	1				1		5							
小作料高率収支不償	17	9	6	5	20	7	2	5	4	2	1	5		1	3
生計困難						1	1								
産米検査奨励米関係	1	2	2	4	1	1	1	2	3	2	2	2			
小作権取上小作地返還要求		1		2		1	2	7	6	9	12	16	19	10	10
小作米追徴面積相違												1	1		
小作料滞納									5	3	5	5	8	8	7
小作人に小作地買取方要求													1		1
調停条項不履行							1								
その他	3	2	1	2	2	2		3	4		1	6	5	1	
計	39	42	15	34	26	17	14	35	28	35	26	39	44	34	34

＜備考＞一件で原因が二つ以上ある場合もあるので、原因別件数の計は必ずしも争議件数とは一致しない。（『愛媛県史概説上巻』による）

で小作争議が発生した。林田哲雄は壬生川水平社の矢野一義らとこの争議を指導した。日本農民組合香川県連合会（日農香川県連）の前川正一も支援のために来県した。争議中の同年八月二〇日、約三〇〇名の小作農民が周桑郡壬生川町で、愛媛県水平社の徳永参次と林田哲雄の講演会を開き、農民組合の結成を決議した。同年九月六日、矢野一義を支部長に日農香川県連壬生川町支部が結成された。これが県内最初の農民組合である。

つづいて同年、周桑郡石根村でも小作争議が発生した。石根村妙口の小作人二〇名は、大正一三年一〇月二〇日瀬川和平、玉井光茂、青野伝次郎の三名を代表者として菅久太郎、今井五郎、玉置繁蔵ら二三名の地主に対して次のような要求書を提出した。

要求書

一、従来ノ慣行ニヨレバ稲作免引ツイテハ苅取料トシテ地主ヨリ小作人ニ対シテ一反歩ニ付米二斗ヲ交付シ居

リシヲ本年ハ六斗ヲ交付セラレタキ事
二、万一協定不調ニ終リ地主ニ於テ立毛ヲ苅取ヘキ場合ハ小作人ニ対シテ米四斗ヲ交附セラレタキ事
三、免引地ニ於ケル小作料ハ小作人カ大正十四年ノ食糧トシテ一ケ年間無利子ニテ貸附セラレタキ事
（近代史文庫所蔵「農民運動資料」）

地主はこれを受け入れず、小作人はその年の小作米の一割にあたる二〇石を不納した。

同年一一月六日、石根村村長戸田聞弌が調停に入り、次のような裁定案を示した。

（裁定書）
石根村大字妙口耕地整理田大正十三年旱害ニ依リ小作人瀬川和平外二十名ヨリ地主菅久太郎ニ対シ苅取料増額其の他ノ請求ニ付決定スル事左ノ如シ
一、苅取料ハ一反ニ付本年限リ特ニ一斗五升ヲ増加シテ三斗五升トス
一、地主菅久太郎ノ耕地整理田ヲ耕作セル都谷部落小作人ニ限リ一反歩ニ付米五升ヲ農業奨励米トシテ交附ス
一、前二項ハ大正十三年限リニシテ将来ハ何等関係ヲ及ボサザルモノトス
（近代史文庫所蔵「農民運動資料」）

参川長八以下八名の小作人はこれを受け入れ、小作米を納入したが、その外の一二名はこの案を納得せず争議をつづけ、翌一四年（一九二五）三月一五日、瀬川和平を支部長に日農香川県連石根村支部を結成した。

つづいて、同年一〇月二〇日、林田哲雄を支部長に小松町支部が結成された。

愛媛県内の支部は、はじめ、香川県連に所属していたが支部の増加を機会に独立し、大正一五年（一九二六）四月二四日、日本農民組合愛媛県連合会（日農愛媛県連）を結成した。

結成大会は、周桑郡小松町の小松座で挙行された。本部から杉山元治郎が参加し、別子銅山や広島県の因島造船所の労働者なども加わり、一七〇〇名の集会となった。「開会前に既に会場は満員となり、会場に入った者一千二百名、入場出来ずに帰った者五百名の多数に達した」「決議案は、メーデー示威運動挙行の件・労農党愛媛県支部設立の件等を決めた」と、同年五月一日付の『大衆時代』（松山市内で発行されていた新聞）は報じている。

大会は林田哲雄を議長に選び、次のような宣言を発表した。

日本農民組合愛媛県連合会創立大会宣言

我等無産農民が米を作り過酷な労働をし乍ら益々貧乏になるこの不思議の真相は何か

一　小作料が余り不合理に地主に搾取されたことである。

二　小作人が父祖伝来血と涙に依って培ひ耕した耕作権が横暴にも蹂躙されたことである。

三　商工階級に搾取されることである。

四　租税の荷重が益々その度を加へることである。

五　金融資本の搾取が特に近来露骨になったことである。

（中略）　遂に独立し愛媛県合会として日本農民組合の統制の下に各僚友団体と固き提携を誓ひ、我等の勝利の日を期するものである。

我が連合会はこれ等の現状に鑑み次の加き政策を執るものである。

一、小作料分配の合理化

二、耕作権の確立

三、県内未組織地方宣伝及び未加盟支部を獲得して県下を統一すること。

四、組織を立して僚友団体に勝る活動をなすこと。

五、政治行動を積極的に開始し労働農民党を支持すること。

六、消費組合の設立（中略）

愛媛県十五万の無産農民団結せよ!!

日本の無産農民は日本農民組合旗下に固く団結し組織せよ、日本の無産者団結せよ!!

大正十五年四月二十四日

（玉井教一編日本農民組合愛媛県連合会「農民運動史資料」玉井三山所蔵）

日農愛媛県連は、本部を周桑郡小松町の明勝寺（浄土真宗・住職林田哲雄）に置き、書記長に林田哲雄、常任委員に矢野一義等を選出し、常任書記に愛媛新報社（松山市）を退職した篠原要を任命し、組織の拡大をはかり、県内の小作争議を指導した。

日農支部の成立により、争議の際の地主との交渉は、あらかじめ選出された争議部の委員があたり、本部から派遣された顧問弁護士の意見にしたがって行動するなど、計画的・組織的なものとなり、各地に支部が増加した（表14参照）。

【第二回大会】　県連第二回大会は、昭和二年（一九二七）三月一二日、日農本部より西光万吉、前川正一を招き、小松町の常盤館、丹山倉庫、明勝寺の三か所を会場として開催された。

大会の状況を小松支部の玉井教一は、次のように書き残している。

午前九時、各支部組合員組合旗を先頭に駅前広場に集合した。当日は警察部から特高課長の出張あり、壬生川・西条・角野・今治の各警察署非常招集をして物々しい警戒振りを見せた。其の中を連合会長指揮の下に、各々会場に入る。各会場共木戸止めであった。（中略）本日の大会には、総本部より前川正一と西光万吉氏来り、香川県・神戸市・松山・今治その他県下各労働組合、全国友誼団体の代表者の演説及び祝詞・祝電等有り。（玉井教一著「大正十五年自至昭和四年「新宮農民組合日誌」玉井三山所蔵）

この時、周桑郡内には、県庁所蔵の「小作争議綴」によると、壬生川・石根東・石根西・小松・池田・三津屋・石田・高知・志川・長野・北田野・周布・楠河・国安・吉岡の一五支部があった。玉井教一の「新宮農民組合日誌」によると、このうち、壬生川・石根東・石根西・小松・三津屋・石田・徳田（高知）・長野・周布・国安・吉岡の一一支部と「小作争議綴」には記載されていない中村・庄内の二支部を併せて一三支部が挙げられている。組合員数は「小作争議綴」によると六七一名、「新宮農民組合日誌」によると六四一名となっている。小松町域には、小松・石根東・石根西の三支部に三六九名の組合員がいた。なお「新宮農民組合日誌」によると、全県の支部は三六、組合員は二一八四名となっている。

小松町の小作農民は、日農県連の執行委員に一名、常任委員に二名、書記長に一名、争議部などの各専門部に一二名の役員を出し、県連の中心となって活躍した（表16参照）。

【県連の分裂と臨時大会】　愛媛県内で日農の組織が強化されていたころ、本部では、運動方針上の対立から杉山元治郎はじめ数名の幹部が日農を離れ、昭和二年（一九二七）三月一日、全日本農民組合（全日農）を結成した。

日農の分裂は愛媛県連にも影響し、同年八月四日、南予の井谷正吉が日農県連を脱退し全日農愛媛県連をつくった。それを受けて、日農愛媛県連は同年八月一二日、臨時大会を小松町の明勝寺で開いた。

臨時大会は、亀井清市を議長に青野経太郎を副議長、篠原松夫を書記に選んで開催したが、警察の弾圧が激しく、林田哲雄・篠原要は検束され、組合員名簿・会費原簿・会計簿等の重要書類が警察に不法押収された。しかし、第二回大会当時より全県の組合員数は増加し、支部数も南予の四支部が脱退したが、新たに三支部が加っていた。

表 14　周桑郡における小作人組合、農民組合解散状況

結成年月日	組　合　名	組合長(会)長名	組合員	解散年月日
大正13. 8.21	小松町一本松整理田小作人組合	栗田政次郎	37	大正14.10.20
9. 6	日農香川県連壬生川町支部	矢野一義	40	昭和 3. 6. 4
大正14. 2.23	〃　氷見町支部	佐伯茂	120	昭和 3. 5.19
3.15	〃　石根村支部	瀬川和平	13	昭和 3. 5.25
9.18	楠部落農民組合	豊田新一郎	54	
10.20	日農香川県連小松町支部	林田哲雄	120	昭和 3. 5.26
大正15. 4.24	日農愛媛県連合会	林田哲雄	839	
6.16	〃　池田支部	佐伯弥平	11	昭和 3. 5.19
7. 5	〃　石根村西支部	玉井梅松	58	昭和 3. 5.26
8.23	田野村長野小作人組合	佐伯鬼太郎	96	昭和 2. 2.11
8.31	日農愛媛県連三津屋支部	一色要作	16	昭和 2. 5.11
〃	〃　石田支部	武田次郎太	26	昭和 3. 5.10
10.22	田野村大字北田野小作組合	佐伯広助	100	
11. 1	田野村大字高松農業改良小作組合	渡辺喜平	55	
11.25	小松無産青年同盟	玉井教一	75	
昭和 2. 1. 4	中川村志川小作組合	佐伯幸吉	37	
1.15	日農県連高知支部	一色駒吉	21	昭和 3. 5.26
2.10	〃　志川支部	佐伯幸吉	20	昭和 3. 5.25
2.11	〃　長野支部	佐伯鬼太郎	87	昭和 3. 5.10
2.16	〃　北田野支部	曽我部延太郎	60	昭和 3. 5.27
2.19	〃　周布支部	岩井菊市	9	昭和 3. 5.29
3. 1	〃　楠河村支部	畑寅吉	48	昭和 3. 5.29
3.12	〃　国安支部	川畑久米一	74	昭和 3. 5.28
3.12	〃　吉岡支部	村上金四郎	68	昭和 3. 5.22
4.22	無産青年同盟愛媛県連合会	篠原松夫	180	
5.31	〃　石根村支部	宇野雪太郎	20	

（愛媛県庁資料「小作争議綴」より作成）

表15　日農愛媛県連第2回大会有資格者数

昭和2年2月12日現在

支部名	人数
小松	149
石根東	177
石根西	43
長野	87
徳田	19
吉岡	70
中村	34
国安	74
庄内	10
壬生川	75
三津屋	16
石田	27
周布	9
氷見	25
橘	110
禎瑞	195
神戸	300
西条	370
計	1,784
全県	2,184

表16　日本農民組合愛媛県連合会の組織（昭和2年）

	役員人数	小松町関係の氏名
執行委員	16人	（石根）宇野八十八
常任委員	6人	（石根）瀬川　和平 （小松）玉井　教一
書記長	1	（小松）林田　哲雄
常任書記		（小松）篠原　要
争議部	10	（小松）真鍋　力蔵
組織部	10	（小松）崎田　安市 （大頭）小寺　岩雄
政治部	14	（小松）宇佐美市次 （小松）一色　駒吉 （石根）宇野八十八
産業部	12	（石根）瀬川　和平 （小松）篠原松太郎 （石根）玉井　教一
青年部	7	（石根）日野　太一 （小松）児玉　熊次
教育部	5	（妙口）瀬川　菊次
調査部	6	
財務部	2	

（玉井教一編日本農民組合愛媛県連合会「農民運動史資料」玉井三山所蔵）

小松支部の玉井教一は、臨時大会で次のような県連本部情勢報告を行った。

本部情勢報告

一　現在組合員数　二三一〇名
二　第二回大会後増加支部数　三
三　第二回大会後減少部数　八（合併によるもの四）
四　現在争議中支部　約二〇支部
五　現在訴訟件数　二百七十三件
六　解決後の争議数　二支部二件
七　当局の弾圧四・五月頃より著しく加わり最近に至りますます激烈を極む

（玉井教一編日本農民組合愛媛県連合会「農民運動史資料」玉井三山所蔵）

この大会で、日農本部に顧問弁護士の派遣要請がなされた結果、色川幸太郎と小岩井浄が来県した。

(二)　地主組合の結成

農民組合の結成と小作争議の頻発に伴い、地主もその対応策として独自の組織をつくりはじめた。

地主組合は大正一一年（一九二二）ごろから結成されはじめた（表17参照）。当初結成された地主組合は、小作・地主間の相互の理解を図ることを目的とするなど穏健なものであったが、日農の活動が盛んになりはじめた大正一五年（一九二六）から昭和二年（一九二七）ごろまでに組織された地主組合は、「会員相互ノ連絡ヲ図リ侵害ヲ防止」（大正一五年壬生川地主協会）、「小作争議ニ関スル小作側ニ対抗スルタメ」（大正一五年小松町北川地主組合）、「小作争議ノ対策トシテ相互ノ連絡ヲ図リ侵害防止」（昭和二年小松昭和会）などのように、農民組合に対し、対抗意識をあらわにした規約や会則をかかげた。

県内で結成された地主組合は、次のとおりである。

周桑郡では、壬生川町・周布村など小作争議が多発し、日農支部の活動が盛んな地域に地主組合が結成されている。

小松町域でも二つの地主組合がつくられた。大正一五年（一九二六）に成立した小松町北川地主協会が、昭和二年（一九二七）に小松昭和会と名称を変更し、森田恭平を会長に五〇名の地主が加盟した。石根村では、菅久太郎を会長に二九名の地主が石根村昭和会をつくり、次のような規約を定め農民組合に対抗した。

石根村昭和会規約

第一条　本会ハ石根村ニ於テ土地ヲ所有スル同志者ヲ以テ組織ス

第二条　本会ハ本村内ノ小作争議ニ関シ会員協同一致ノ歩調ヲ以テ交渉シ利益ヲ擁護スルヲ以テ目的トス

第三条　（略）

第四条　（略）

第五条　（略）

第六条　（略）

第七条　本会員ハ小作人ニ対シ単独ニ応酬スル場合ハ必ス委員会ノ承諾ヲ要ス

第八条　本会員ハ委員会ノ決議ニヨリ随時争議地ニ関シ宛米ニヨリ醵出金ヲ提出シ本会費用ニ充ツルモノトス

第九条　本会ノ決議ニ違反シ除名セラレタルモノ又ハ中途脱退シタル者ニ対シテハ前条ノ醵出金ハ一切返戻セサルモノトス

表17　地主組合結成状況

創立年月日	組合名	関係地域	組合員数	組合(会)長名	備考
大一一・九・二四	石井地主会	越智郡近見村大字石井	三三		自然消滅
大一一・一〇・九	越智農事研究会	越智郡・今治市	五〇	村瀬　武男	
大一三・一・二八	湯山村地主会	温泉郡湯山村	一一三	日野政太郎	
大一三・一一・一〇	興農会	越智郡日高村	三二	白石　貞治	
大一五・一〇・二九	小松町北川地主組合	周桑郡小松町	五〇	森田　恭平	昭二・一・一六解散
大一五・一一・一八	壬生川町地主協会	周桑郡壬生川町	三〇	越智和太郎	
昭元・一二・二七	氷見町昭和会	新居郡氷見町	三三	高橋初次郎	
昭二・一・一六	小松昭和会	周桑郡小松町	五〇	森田　恭平	
昭二・一・一四	橘昭和会	新居郡橘村	三六		
昭二・二・二六	神戸村地主会	新居郡神戸村	五七	越智　馨	
昭二・三・一五	西条地主会	新居郡西条町	四九		
昭二・三・三一	石根村昭和会	周桑郡石根村	二九	菅　久太郎	
昭二・一〇・三一	周布地主会	周桑郡周布村	七一	高橋　熊太	
昭四・八・五	西条土地会社	新居郡西条町および飯岡村の一部	三三	久門　資二	

（「小作争議綴」）県庁所蔵

第十条　本会ハ加入セムトスルモノハ委員会ノ承認ヲ要ス
第十一条　総会ハ組合員六分ノ一以上委員会モ二分ノ一以上ノ出席ヲ要シ決議ハ何レモ過半数ニヨルモノトス
（「地主・小作・協調的団体表」）県庁所蔵

3　小松町域における農民組合の活動

先に、日農愛媛県連の成立とその後の経過の概略を述べたが農民組合の具体的な活動については、県連常任委員であり、小松町新宮支部の書記として活躍した玉井教一が、「新宮農民組合日誌」「農民運動史資料」等克明な記録を残しているので、それに基づき小松町における農民組合の活動を述べる。

㈠　日農県連小松支部の活動

大正一四年（一九二五）一〇月二〇日に結成された日農愛媛県連小松支部は、その後の運動の発展のなかで、更に、新屋敷、新宮、岡村、川原谷の小部落に支部を結成した。（北川部落は石根村支部に加盟した。）

新宮支部は、大正一四年（一九二五）一一月一四日、林田哲雄が、新宮部落内の清楽寺で座談会を開き、農民組合について説明し、参加者は組合の必要性を認め、玉井教一、日野秀吉、戸田兼助の三名を発起人とし、部落内の小作農民に組合結成を呼びかけ、二九名の農民が加盟して結成された。

新宮支部は、昭和二年（一九二七）一月四日、次のような規約を定め、「組合ノ団結ヲ図ルタメ、小作料ノ三割ヲ積立テ」、「個人的行動ヲトル者ハ除名スル」として、組織の結束を固めた。

新宮部落農民組合規約

第一條　本組合ハ日本農民組合愛媛聯合會小松支部ニ属ス
第二條　本組合ハ農村ノ疲弊ヲ改革シ複利ヲ増進シ経済的思想ノ普及ヲ圖ルヲ目的トス
第三條　本組合員ハ日本農民組合ノ主旨ニ賛成シタル者ヲ以テ組織シ左ノ役員ヲ置ク
一、長　一名
一、副　一名
一、会計　名
一、庶務　名
一、組織部　名
別ニ保管員ヲ置ク四名
第四條　役員ハ総テ組合員ノ選挙ニ依リテ選ム但シ任期ハ一ケ年ケトシ再選妨ゲナシ
第五條　（略）

第六条　組合ノ実行事業左ノ如シ
イ、組合ノ団結ヲ圖ルタメ小作料ノ内三割ヲ積ミ立テルコト
ロ、組合員ハ集会非常動員講演会等ニ必ズ出席スルコト
ハ、組合員ハ万事相互ノ扶助ヲナスコト
ニ、組合ニ今後加入スル者ハ一人前ニ対シテ十円ノ積ミ立ヲナスコト
ホ、新加入者ノ積立タル金ハ本組合ノ費用ニ満ツ
ヘ、組合員ニシテ組合ノ規約決議等ニ反シ個人的行動ヲトル者ハ除名ス
ト、除名セラレタル者ハ基本金及積立金ヲ没収ス又再入会スルコトヲ得ズ
第七条　（略）
第八条　（略）
（玉井教一著大正十五年自至昭和四年「新宮農民組合日誌」玉井三山所蔵）

【演説会】日農県連小松支部は、大正一五年（一九二六）六月七日、小松町の小松座で労農党促進演説会を開いた。会場には壬生川署の警官が立ち合った。警官は弁士が壇上に立ち、「農民大衆が…」などと述べると中止命令を出し、なお、発言しようとすると検束した。玉井教一はこの時の様子を次のように書き残している。

本県農民組合は六月七日午後九時少し前から小松座に於て労農党促進演説会を開催した。（中略）本部から三輪壽荘氏が来県した。（中略）三輪氏は立毛差押え立入禁止について純法理論をとく穏健なる学術講演であったが「農民の大衆が……」と言ふや中止を命じた。この理由のない中止に対し聴衆は大いに激昂し、警官に向って中止の理由を説明せよと迫った。（中略）警官は中止の理由を説明しないので司会者の林田君は会費の払戻しをしようとしたが場内は混乱の状態となり、司会者の立場を説明する演説をしようとして検束された。（中略）林田君が検束されたについてこれを取戻そうとして駐在所に百名程の者が行った。会場では依然として中止の理由を説明せよという聴衆が去らず警部補をとりまいていた。（中略）警察は万一を慮り徹夜で警戒した。（下略）
（玉井教一編日本農民組合愛媛県連合会「農民運動史資料」玉井三山所蔵）

新聞はこのことを次のように報道した。

農民組合の講演に過激な言動をなす
――聴衆は会費の返還を迫り夜の小松町揉める――

日本農民組合愛媛県連合会長、林田哲雄主催政談演説会は六月七日午後七時より周桑郡小松座にて開催、弁士は三輪日本労働顧問、高橋別子労働組合長外二名であったが、何れも過言動を振舞ひ、壬生川署宮内警部

補より数回注意をせられ、最後に中止解散を命ぜられた。聴衆は会費の返還方を主催者にせまり騒鴾擾を極め、林田は聴衆を煽動し不穏な態度に出たので直に検束された。

（「海南新聞」大正一五・六・一〇付）

つづいて、同年八月二〇日から三日間、明勝寺で杉山元治郎、伊藤輝美を講師に、日農県連主催の夏季講習会が開かれ、小松支部の組合員など延六〇名が参加し、「人間のおいたち」、「土地のおいたち」、「土地所有の変動」などについて学習し、意識の向上を図った。

【一斉示威運動】 小松支部にとって最初の大きな統一行動は、大正一五年（一九二六）九月二八日、日本農民組合が計画した全国四〇万組合員による一斉請願運動への参加であった。

この日、周桑郡内各町村支部と小松支部の組合員等約七六〇名の小作農民は、早朝より国鉄予讃線伊予小松駅前に集合し、立入禁止・立毛差押反対、耕作権確立のための請願行動をおこし、次のような請願書を松山地方裁判所西条支部に提出した。

請願書

一、日本農民組合愛媛県連合会は、要路当局に対し、耕作権を確認し立入禁止の仮處分及仮執行　立毛差押を許されざる様斯に請願致します。

二、（略）

三、（略）

四、過当餓死に迫らしむる小作料を軽減してもらいたい。（略）

五、耕作権（略）

イ　耕作権はこれを物件とすること。

ロ　登記土地引渡等の手続なくとも耕作の事実により て何人にも対抗し得可きものなること。

ハ　小作争議による行動は決して耕作権消滅の事由とならざること。

ニ　理由の如何を問はず土地返還の場合には地主は相当の賠償を為すこと。

六　立入禁止、立毛差押反対（中略）吾々は土地を離れては絶対に生活し得ず、土に固くむすびつけられた人間であります。（中略）土地を吾々の生活より離さるることは実に死にまさる苦痛であって吾々農民の心理として黙視し難きものである。（下略）

七　以上の如き吾々は偽らざる情を開陳して請願致します。

大正十五年九月二十八日

日本農民組合愛媛県連合会

（玉井教一編「昭和三年農民組合新宮班諸記録綴込帳」玉井三山所蔵）

このときの様子を玉井教一は、日誌に次のように記している。

愛媛県連合会では当日未明林田・瀬川・青野の三幹部を検束された。しかし、手続完備せし故動員計画立直し午前六時より動員令を受けるやただちに組合員に配布され続々と出動しはじめた。（中略）組合員七六〇名、警官八十三名にて駅の広場を埋めた時、氷見の愛久沢多蔵氏指揮の下に陣容を建て、午前八時二列にて十五丁に亘る長蛇の如き大衆は支部旗をひるがえし威風堂々として西条に向ふた。（下略）

（玉井教一著大正十五年自至昭和四年「新宮農民組合日誌」玉井三山所蔵）

新聞も次のように報道した。

示威行列を西条町に現した周桑・新居両郡農民組合此の時既に七百余名に達し、西条区裁判所前に集合し五名の代表を選んで川崎監督判事に面会を求め、土地立入禁止、立毛差押へ等の問題につき陳情するところがあったが、川崎判事は、「かかる陳情は裁判所の受くべきものに非ず」とキッパリ、玆に代表者とりつく島もなく、此の旨組合員一同に告ぐるや中には不穏も出て漸くにして万歳三唱して一時半解散した。なほ西条、壬生川、角野、三島の各警察署から警官数百名出て鎮撫に努め不穏者一五名を検束した。

（「海南新聞」大正一五・九・二九付）

【小作米不納運動】　日農は、大正一一年八月、山上武雄らが岡山県で指導した、田地一反歩の収支計算書をそえ、小作料永久三割減の要求を関係地主に通告する戦術を、機関紙『土地と自由』で紹介し全国の統一目標とした。

このころ、九州地方で唱われていた「今年や一割、来年二割、末は私の作り取りよ」が、「今年や三割、来年五割、末は小作の作り取りよチョイナチョイナ」とかえられて全国にひろがり、小作料減額要求の運動が一気に高まった。争議の戦術も、日農の組織的交流で高められた。組合で小作料を共同管理し、売却し、代金の利子を争議の費用とすることや、顧問弁護士を動員して法廷闘争にもちこみ、その間に演説会や共同耕作、デモ等で地主に圧力をかけることなどが全国的に行われた。

日農愛媛県連でも、組合員の小作米を全部売り払い、代金を他の支部にあずけて地主と小作料減額の交渉をする（大正一四年、壬生川町支部）、組合員総出で、八〇台の荷車を使い、一日で全小作米二五〇俵を農業倉庫に保管する（昭和二年、氷見町支部）など、各地で小作米不納運動が行われた。

　小松町支部は、大正一五年（一九二六）一二月、小作収支計算書（資料2参照）を作成し、田一反歩の収入は、三九円五〇銭だが、経費合計は八八円六八銭となり、差引損失が六四円三七銭となっており、家内労働力や自家製肥料で小作経営を維持しているが、「小作採算の不利は農民の生活を壊さんトス」として、小作料永久三割減額の要求書を地主に提出した。（資料3参照）

資料2　**小松町新田 田一反歩ニ対スル小作収支計算表**

（米三十六円石日役一円二十銭）

苗代ノ部

六十五銭	籾種三升代
三十五銭	耕牛及人夫賃
十五銭	整地手間賃
五十銭	肥料代元肥追肥共
十銭	施肥手間賃
十五銭	害虫番賃十五日分
一円五十銭	灌水手間賃五十日分
三十銭	除草手間賃
十五銭	豫防手間石油代共
十銭	スリ込ミ賃
三十銭	砂取り散布賃
五十銭	苗代仕舞賃
四十銭	苗代年貢
苗代経費合計	五円五銭

本田ノ部

一円二十銭	苗取運搬費
五円五十銭	耕牛賃
一円二十銭	畦作手間賃
一円	田植賃
十円	肥料代
三円	堆厩肥
一月二十銭	施肥及肥料コナシ賃
二円五十銭	牛屋肥散布賃
五円五十銭	草取賃
四円	水番賃及臨時用水手間賃
二円五十銭	害虫駆除（石油一升代共）
一円二十銭	稗刈草取後見廻り
二円五十銭	刈取結束賃
三円五十銭	稲扱及運搬賃
六十銭	藁仕舞
一円八十銭	籾干シ
十八銭	夜番賃
一円八十銭	籾摺リ
三円	俵装及縄代
五十銭	俵材料五俵分
三十六円	小作料一石（不同応知）
本田経費合計	八十八円六十八銭

収入ノ部
二十八円八十銭　合格米二俵
九円二十銭　　不合格及屑米一俵
一円五十銭　　藁代
収入合計　三十九円五十銭
差引損失　六十四円三十七銭

麦作ノ部
支出ノ部
五円五十銭　　耕牛賃
一円二十銭　　株切リ
一円二十銭　　クレワリ
三十六銭　　ガンギ切リ
六十銭　　麦種三斗
二十銭　　種蒔手間賃
三円　　下肥三回
一円二十銭　　下肥手間賃
八円　　肌肥追肥
三円　　牛屋肥代
六十銭　　施肥手間
一円二十銭　　施牛屋肥手間賃
二円八十銭　　一番中耕手溝上ゲ共
二円　　同二番中
二円　　三番土入手間賃
一円二十銭　　寄セ中
一円五十銭　　仕舞中
一円二十銭　　麦刈取賃
二円　　結束運搬扱賃
一円六十銭　　乾燥俵装手間
一円六十銭　　コナシ賃
五十銭　　俵代（古俵四俵）
合計　四十二円四十六銭
（玉井教一編日本農民組合愛媛県連合会「農民運動史資料」玉井三山所蔵）

資料3

要求書

当小松町内稲田は他村に比類無き耕作上不利なる條件の下にあり、同時に近代社会の経済状態は生産費の昂騰を来し別紙収支計算表の如く、小作採算の不利は農民の生活を壊さんとする悲痛事を来しつヽありま す。

依而左記要求致します。

一、新田　小作料永久四割減額の件
一、古田　小作料永久三割減額の件

日本農民組合小松町支部

組合員一同
地主御中
大正十五年十二月（注筆者記入）
（玉井教一著大正十五年自至昭和四年「新宮農民組合日誌」玉井三山所蔵）

地主はこれを認めなかったので、農民組合は大正一五年（一九二六）分の小作料を不納した。

新宮支部では、組合員二四名の全小作米五一四俵が大正一五年（一九二六）一二月二五日までに集められ、玉井初五郎、尾上兵吉、真鍋恵五郎、玉井教一ら七名の組合員の納屋に保管された。一二月三〇日に入札の結果、町内の米商丹山朝太郎に五〇石の米が一六七五円で販売された。

つづいて、翌昭和二年（一九二七）一月三日、丹山へ七〇石、一月四日、稲見亀吉に五〇石、一月一八日、能智伝六へ一一石と順次売却された。小作米五一四俵の総代金は六七八五円になった。（一升が三三銭五厘にあたる。）積立金は支部総会で選出された真鍋重太郎、佐伯亀之助、戸田広三郎の三名が保管した。

他の新屋敷、川原谷などの支部も同様の方法で不納運動をはじめたものと思われる。

これに対し地主は、昭和二年（一九二七）一月一六日、小松昭和会を結成し、同三月二五日、新宮支部の組合員二四名に対し、二五名の地主が八八通の内容証明付きの催告状を送り小作料納入を催促した。催告状の一通を次に掲げる。

催告状

催告人　檜垣　徳次郎
被催告人　真鍋　忠太郎

右被催告人ハ左記計算書ノ通リ土地賃貸料米ヲ昭和二年三月三拾一日迄ニ催告人之宅ヘ納付セラレルベシ若シ右期日ヲ経過スルモ尚納付セザル場合ハ相当手続可致念之為此段催告候也

昭和弐年参月弐拾六日

小松町大字新屋敷
檜垣徳次郎㊞

左　記

小松町大字新屋敷字日之本甲壱千七百番地
田五畝弐拾八歩
大正拾五年度分賃貸料米ノ残リ壱斗九升参合八勺也
奨励米差引済

小松町大字新屋敷
真鍋忠太郎殿

本郵便物ハ昭和二年三月二六日
第六九五　内容証明郵便トシナ
差出シタルコトヲ証明ス　小松郵便局

松小媛愛
2．3．26
前9～12

（玉井教一編、大正十五年起、農民組合新宮部落「第二號書類」玉井三山所蔵）

小作農はこれに応じなかったので、同年四月一〇日、地主は小作解除通知書（資料4）を出し、五月に入ると、土地返還、小作料支払い命令の訴訟をはじめた。

資料4

解除通知書　　内容証明郵便

一、通知人ハ日農ニ相当ノ期間ヲ定メテ被通知人ニ対シ土地賃貸借ニヨル賃貸料米督促ヲ為シタルニ納付セサルヲ以テ通知人被通知人間ノ土地賃貸借ヲ解除ス

昭和二年四月一〇日通知人　塩出石之助
檜垣松太郎

戸田兼助様
代理人弁護士　白石小平

（玉井教一日本農民組合愛媛県連合会「農民運動史資料」玉井三山所蔵）

組合は耕作権を主張しこれを認めず耕作をつづけた。

昭和二年（一九二七）度分の小作米不納運動については、地主は、小作米不納運動に先手を打って、同年一〇月二四日、立毛差押えをはじめた。しかし、組合は差押え執行前に組合員総出の共同作業で稲刈りをした。新宮支部では、一〇月二六日から一〇日間、組合員の土地は誰れ彼れの別なく刈り取ってしまった。

地主は籾を差押え、競売にかけた。新宮支部の玉井教一は米九俵・麦六俵・籾八石五斗、日野秀吉は籾五石八斗、佐伯嘉六は麦一〇俵・米三四俵を競売にかけられている。競売がはじまると組合は他の支部より資金を借り組合員を動員して入札に加わり、地主より高価をつけ落札した。

この競売に関して、現小松中央公民館長、元松山地方裁判所民事部訟延管理官谷口豪臣氏は、次のように説明している。

小作側が地主側よりも高い値で落札した理由は、例えば、仮に、未納小作料が五円、差押物が六円、執行費用が五〇銭とすると、買い手は他に買受人がなければ執行費用を僅かに超える価額で買い受けることができる。したがって、買手が地主側だけであれば、地主側は一円でも買い受けられる。地主が一円で買ったとすると、内五〇銭が執行費用として執行機関に支払われ、残りの五〇銭は未納小作料の内払として地主に支払われる。その結果、地主は、未納小作料債権四円五〇銭が残り、その上、一円で買い受けた差押物を時価六円で売却すれば差引五円の収益をあげることができ二重に利することとなる。この地主側の二重の利益を防ぐために、小作は金策をし、地主と競り合って地主よりも高価に落札したものと思われる。この場合、地主は時価六円より高い値をつけるとその分は損失となるが、小作側は時価以上に買っても小作料五円と執行費用五〇銭を差し引いた残金は小作に返還されるので損失とはならない。

組合は、地主に差し押えられなかった米を共同管理し、不納したので、六三名の地主は、佐伯春富・池原彦八・森田恭平を代表者として、争議中の小作人七八名の住所・氏名・不納した小作料等を表示した注意書（資料5参照）を予想される米の買取人に送り、小作人から「玄米賣却ノ申込アルモ」買い取らないこと、もし、注意を無視して買い付ければ「貴殿ニ対シ賣買行為取消ノ訴訟ヲ提起ス」と警告した。

資料5

注意書

左記ノ者等ハ拙者等所有ノ地所ヲ小作致シ居ル者ニ有之候処昨年度ノ小作料全部不納致シ居ルノミナラズ本年度ノ小作料ヲモ支払ヲ為サヽル見込ニ有之候就テハ籾摺ヲナスヤ否ヤ直チニ米ノ売却ニ着手スル模様ニ有之候然レバ左記ノ通リ同人等ノ米売渡ハ全ク拙者等ニ対スル小作料ノ支払ヒヲ免レンガ為メノ詐害行為ニ外ナラズ候ニ付此際若シ同人等ヨリ貴殿ニ対シ玄米売却ノ申込アルモ御買取無之様御注意申出置候万一此之御注意ヲ無視シ同人等ヨリ玄米御買取相成候場合ニハ拙者等ハ民法第四百二十四條ニ依リ貴殿ニ対シ売買行為取消ノ訴訟ヲ提起スルノ外無ク斯クテハ貴殿ニ対シ多大ナル御迷惑ヲ掛クル事ニ可相成存候ニ付此段予メ御注意申上候

左　記

小作人住所氏名表示
周桑郡小松町　戸田亀太郎　四石三斗七升
仝　　　　　　伊藤幸太郎　拾八石五斗四升
仝　　　　　　岸田源太郎　拾三石九斗四升
（以下七五名分略）
右地主
森田清太郎・森田恭平・森田尚平（以下六〇名略）
右代表者
小松町　佐伯　春富
仝　　　池原　彦八
仝　　　森田　恭平

（玉井教一著大正十五年自至昭和四年「新宮農民組合日誌」玉井三山所蔵）

この争議は、大正一五年から昭和三年までつづけられた。

【万歳事件】 小松町の万歳事件は、昭和二年（一九二七）五月一四日に起こった。

万歳事件とは、地主塩出石之助が土地約二反歩を三年契約で尾上兵吉に小作させていたが、耕作権を奪われることを心配した塩出石之助は、尾上兵吉に土地の返還を求めた。尾上兵吉は契約期限が切れていないことを理由に、これを断り耕作をつづけた。日農小松支部の組合員七〇名は、尾上兵吉を支援するため集まり、他の田のレンゲを刈りとり返還を迫られている田に鍬き入れ、帰路、塩出宅の前で万歳三唱し、農民歌を高唱した。壬生川署の警官が多数現地に急行し、農民に解散を命じ、乱闘となった事件である。

この日、日農愛媛県連の幹部たちは、小松町の新宮部落の会堂で会議をしていて、この事件にかかわっていなかったが、現場に駆けつけ林田哲雄は、無届の野外集会を計画し、事件を煽動したとして警察に留置された。翌日、組合員五〇〇余名が林田哲雄を奪還するため壬生川署に押しかけた。林田哲雄は、この事件で偽証教唆罪に問われ六か月間西条刑務所に投獄された。また、当局の農民組合に対する弾圧もこのころより一層激しいものとなった。

(二)　日農県連石根村支部の活動

大正一四年（一九二五）四月、瀬川和平ら一三名の日農石根村支部の組合員は、菅久太郎ら三名の地主に、小作料永久三割減額と水利完備について要求した。

小作側の言い分は、大正四年（一九一五）の耕地整理の結果、二町歩余りの土地が増加したにもかかわらず灌漑設備の改良がともなわなかったうえ、土地の高低が生じ、水持ちが悪くなり、水不足をきたし、過去一〇年間のうち七年は不作となった。特に大正一三年は旱魃がひどく収穫が減少した。それにもかかわらず小作料は三割の増額となり、小作の生活を圧迫しているので、先の二点を要求するというものであった。

要求した一三名の小作農民の総小作地は三町六反九畝だったが、石根村妙口都谷部落の約四〇町の耕地と、関係地主三〇余人、小作人二〇数人に及ぶ問題として注目された。

壬生川警察署長や石根村村長戸田聞弌が調停をはじめたが不調に終り、組合は大正一三年度の小作米を不納した。地主は大正一三年（一九二四）に成立した小作調停法にもとづき調停を裁判所に申し立てた。

第一回の調停会が同年一〇月二六日から三日間、石根小学校作法室、石根村役場を会場に開かれた。調停委員は、青野岩平（庄内村）、佐々木善親（吉岡村）、越智孫太郎（多賀村）、栗田禎次郎（周布村）がなり、申立人（地主）総代には、菅久太郎、今井五郎、玉置繁蔵、相手方（小作人）総代には、瀬川和平（日農石根村支部長）・青野伝次郎（同副支部長）・玉川光蔵（同会計）・戸田伊三郎（同組合員）が選ばれた。日農石根村支部は全員が組合旗を持ち会場に押しかけ示威運動を行った。

第一回の調停会では双方の言い分を聞いたうえ、現地調査を行った。ついで、第二回の調停会（大正一四年二月二一日、松山地方裁判所西条支所）、第三回（大正一五年三月一九日、松山地方裁判所西条支所）が開かれた。この間、大正一五年は旱魃のひどい年であった。小作人は共同して独自に井戸を掘り、ポンプ二台を設置した。これに要した費用四〇〇〇円を地主に要求した。

表18　石根村における小作争議調停事件

発生場所	発生年月日	終息年月日	関係小作	関係地主	争議の内容
石根村妙口都谷	大一四・三・二〇	大一五・一〇・七	一九名	二三名	小作料減額及水利完備
石根村妙口	大一四・一〇・六	大一五・一〇・七	瀬川　和平外一二名	菅　久太郎外　二名	小作米請求
小松町関村	大一五・一・二七	大一五・一二・二六	高橋　幸蔵外二〇名	日野　市作外　六名	小作料減額
石根村大頭	大一五・九・一〇	昭三・一〇・一一	高木　熊八外四二名	佐伯峯次郎外　九名	小作料減額
小松町北川	大一五・一〇・一二	昭四・八・二五	五〇人	五〇人	小作料減額
石根村妙口本田	大一五・一〇・一三	昭三・一一・六	村上小次郎外一七名	菅　久太郎外一一名	小作料減額
小松町新屋敷	大一五・一〇・一四	大一五・一二・一八	高橋　幸蔵外　四	日野　市作	小作料減額
石根村妙口都谷	昭二・三・三一		瀬川　和平外八〇名	二三名	小作料減額
小松町北川字長	昭三・四・一七	昭三・一〇・九	高橋　馬蔵外一五名	谷口　光太外一〇名	小作料減額
石根村妙口大垣（ママ）	昭三・六・二五	昭三・一一・二三	村上　幸助外　九名	清水弥一郎外　九人	小作料減額
石根村大頭鴨池	昭三・九・一一	昭四・二・二三	徳永文太郎外　三名	玉井友太郎外　二名	耕作継続、小作料減額
小松町北川桜木	昭三・九・一七	昭三・一〇・二四	高橋忠五郎外　五名	今井巻太郎外　一名	小作料減額
石根村妙口北都谷	昭五・一〇・一〇	昭五・一一・三〇	瀬川　和平外一二名	菅　久太郎外　二名	小作料減額

（「農民運動資料」近代史文庫所蔵）

最後の調停会は、大正一五年(一九二六)一〇月四日、石根村役場で開かれた。実地検証や地主・小作双方総代の要求と意見聴取、委員会開催などが三日間つづけられ、一〇月七日、次のような内容で調停が成立し、争議は終結した。

調停条項

一、相手方(小作人)ハ県耕地整理技術官ノ設計ニ基キ補水工事ヲ担当試行シ其ノ設備費、経常費ヲ支弁スルコト

二、申立人(地主)ハ前項補水工事ノ代償トシテ宛米ノ三割ニ相当スル類ヲ大正十四年以降五ケ年間相手方ニ交付スルコト

三、大正十九年以降ノ小作料ハ公正ナル機関ヲ設置シ其ノ他ヲ勘案シ適当ナル額ヲ協定スルコト

四、凶作年ノ検見ハ左記方法ニヨリ刈取前実施スルコト

1、村長、村技術員立会ノ下ニ地主、小作者ノ選定セシ各ノ委員参加検見ヲ行フコト

2、坪刈ニ依リ収量ヲ調査スルトキハ畦畔ヲ除キタル客面積ニ依リ収量ヲ計算スルコト

3、免引ハ収量カ契約小作料ノ倍額以上ノ時ハ減額セス倍額ニ達セサルトキハ収量ノ最低収得ハ四斗トシ収量四斗ニ達セサルトキ小作料全免トスルコト

五、大正十三年、同十四年ノ米納小作料ハ三ケ年分割シ納付スルコト　以上

なお、大正一四年(一九二五)から昭和五年(一九三〇)の間の石根村における小作争議調停事件は右のとおりである。(表18参照)

4 労農党県連合会周桑支部の活動

【労農党周桑支部】 大正一〇年(一九二一)、町村制の改正で町村会議員選挙権の要件が直接国税納税者から町村税納税者にかわり、小作人や労働者にも選挙権が与えられた。

つづいて、大正一四年(一九二五)五月五日に公布された衆議院議員選挙法(普通選挙法)で二五歳以上の全ての男子に選挙権が与えられ、三〇歳以上の男子には被選挙権が与えられた。県会も、大正一五年(一九二六)六月二四日に出された府県制改正案により、選挙権・被選挙権ともに衆議院議員選挙と同じとされた。これら一連の改正は小作農民の政治の分野への進出の道をひらいた。

日農愛媛県連は、地主との経済闘争をすすめる一方、政治闘争にも取り組み、大正一五年(一九二六)三月に結成されていた合法的無産政党である労働農民

党の支部結成を準備した。

大正一五年（一九二六）六月、小松座で労農党促進演説会を開き、党員を募った結果、日農組合員・水平社員を中心に周桑郡内での入党者があいつぎ、同九月七日、新居郡・周桑郡の労農党支部結成式が小松町の明勝寺で開かれた。労農党周桑支部の党員五四名の町村別内訳は、次のとおりであった。小松町では日農組合員一二〇名のうち一一名が、石根村では七一名のうち五名が入党した。

表19　労農党周桑支部党員数

町村名	党員数
壬生川	25人
小　松	11
吉　岡	7
国　安	3
周　布	3
石　根	5
計	54

つづいて、同年一一月一四日、松山市で労農党愛媛県支部連合会の発会式が開かれ、周桑支部からは林田哲雄が参加した。会は連合会規約・役員その他を決定した。党連合会事務所は松山市におかれ、県内二か所の出張所が周桑郡小松町と北宇和郡日吉村に設置された。

全県の主な支部は新居郡（五七名）、周桑郡（五四名）、松山市（五四名）、北宇和郡（四七名）などであった。

【無産青年同盟】　大正一五年（一九二六）一一月二五日、小松町に無産青年同盟が誕生した。

この時の状態を井谷正吉が発行していた新聞「平民」は次のように報道した。

> 官製団青年団が無産青年同盟へ
>
> 日本農民組合小松支部では、青年部設立を協議、二十五日発会式を行った。名称は「小松無産青年同盟」と決定し活動を開始した。ここに注目すべきことは同地方における官製青年団の態度である。小松町の青年会新屋敷支部は二十名を以て組織しているが、そのうち十七名が無産青年同盟に加入した結果、今日この官製青年団も農民組合の統制の下に動くことになった。
>
> （『平民』大十五・十二・八付）

日農新宮支部でも、同年一一月二七日、官製青年団は未成年者のみで構成し、成年者は全て無産青年同盟に加入することを決めた。

小松無産青年同盟は七五名が加入し、委員長に玉井教一を選び、次のような綱領をかかげて活動した。

小松無産青年同盟綱領

一、青年及在郷軍人会ノ自治及無産階級化
一、十七才以上男女ノ選挙権及被選挙権獲得
一、十七才以上ノ男女ノ集会・結社・出版・其他政治上の自由ノ獲得
一、補修教育ノ無産階級化
一、町村無料図書館ノ設置
一、一年兵制ノ実施・一年志願兵制撤廃
一、義務教育必需品ト午食ノ給与

（「農民運動資料」近代史文庫蔵）

昭和二年（一九二七）四月二二日、無産青年同盟愛媛県連合会が創立された。創立大会が小松町常盤館で開かれた。林田哲雄を議長に選び、小松町の戸田兼助・高橋悦一・戸田唯春・高井鹿一等が議題を提案した。当時の新聞（松山で発行されていた無産新聞「大衆時代」）は大会の様子を次のように報道した。

農村に於ける被抑圧青年の政治的自由獲得のために果敢なる斗争を遂行している日本農民組合愛媛県連合会青年部では、去る十日県本部で開いた会議に於て無産青年同盟愛媛県連合会を組織することになり、二十二日午前十時から小松町トキワ館で開会式を挙行することに決定、農民組合各支部はそれ迄に何れも青年部を組織し、村に於ける三十才以下の凡ゆる被抑圧青年を総動員して強力なる組織を結成し、政治的自由獲得のための大衆斗争に進展せしめて、われ等自らの解放を斗ひ勝ちとることになった。官製青年団で去勢されるな。無産青年同盟組織のスローガンは左の通りである。

一　農民の解放は争議だけではダメだ。
一　全無産階級的政治斗争への進出。
一　青年の誇りをして正義と自由に生かしめる。

（『大衆時代』昭和二・五・一付）

同年五月三一日、石根村にも宇野雪太郎を委員長に二〇名が加盟して無産青年同盟が成立した。

【第一回メーデー】　労農党・無産青年同盟の結成で意気あがる農民組合は、昭和二年（一九二七）各村々の春祭りを五月一日に控え、東予地方ではじめてのメーデーを挙行した。

春祭りの「のぼり」にかわって、「耕作権確立」「立入禁止反対」等のスローガンを大書した「のぼり」が各戸にひらめき、各村の神社前にもかかげられた。メーデーの会場は新居郡氷見町林昌寺と周桑郡小松町国鉄小松駅前の二か所であった。林昌寺に集まった一、五〇〇名の参加者は橘・神戸・大町・西条を経て三本松で解散した。小松駅前に集まった一、二〇〇名

は、耕作権確立・小作法反対・小作組合法反対・立毛差押反対・議会即時解散・健康保険金の政府及び資本家全額負担等を決議した後示威行進にうつり、石根・田野・丹原・壬生川と周桑平野を一周し、国鉄壬生川駅前で解散した。（大衆時代）

その時の様子を、玉井教一は、日誌に次のように書き残している。

愛媛県連合会に於て第一回メーデー示威運動を各郡別に決行す、本郡は組合員小松駅前に午前八時集合各支部先頭に駅前広場を埋めた、各支部一同揃や指揮者石根支部長の瀬川和平、壬生川の矢野一義より道順心得其他決議挨拶をなし愈々九時半駅前広場を後に示威の途につく。

先頭に組合旗を押立て各五十人を一隊に組織し総数六百名の組合員に警官多数小松より石根村に至り曲りて石鉄橋にて昼食をなし、其より田野村を通り農民歌・メーデー歌を高声に合唱し丹原町に至り県道を壬生川に下る、十町余に亘る長蛇の如き群衆実に盛大なり、何もなく壬生川駅前に集結司会者の挨拶あり本日メーデー大会を祝し万歳三唱散会す。

（玉井教一編大正十五年自至昭和四年「新宮農民組合日誌」玉井三山所蔵より）

昭和三年の第二回メーデーは計画されたが、弾圧により中止となった。

【県会・国会議員選挙】昭和二年（一九二七）九月二五日に行われた県会議員選挙に、労農党愛媛県支部連合会は県内で三名の候補者を立てた。周桑郡では、日農愛媛県連石根村支部長の瀬川和平が立候補した。

労農党周桑支部は、選挙事務長に垂水紋次、事務局員に玉井教一・工藤徳太郎等一四名を選出し、郡内一五ケ村の日農支部を拠点に、二三回の演説会を開き、延三五〇〇人の聴衆に次のような政策を訴えた。

我等のさけび

労働農民黨
愛媛縣支部聯合會

税金は資本と財産から取るのが正當だ。
家屋税といふ悪税を廃止すべし
労働収入から税金取ることをやめろ
縣のことは縣できめなくちゃうそだ
○知事を縣民の選挙で出して縣の自治を獲得せよ
○縣会で決定した事を知事がホグにする「原案執行権」を廃止せよ
縣会に発案権をもたしむべし
縣会を無産者の手に
青年團・青年訓練所・在郷軍人会及処女会に縣が干

渉するな
消防事業に警察の干渉を排せ
義務教育の費用は全部県が出せ（国庫負担により）
産米検査を廃止せよ
労働争議、小作争議に警察は干渉するな
高等警察政策を排せ
警察費中無産階級壓迫専用の機密費を廃せ
選挙干渉のために来た尾崎知事を排斥せよ
煙害賠償金を被害者にかへせ
漁業煙害を補償せよ
工場検査を厳正にせよ
地主資本家を縣政から放逐せよ
無産者は無産者を選挙するんだ
（玉井教一編昭和三年「諸記録綴込帳」玉井三山所蔵）

これに対して警察は、ポスターを貼った家にいちいちその諾否を問い、承諾した者には始末書を書かせたり、ビラ、推薦状の配布を妨害したり、「労農党は悪党の集まりだ」と触れて回るなどの妨害・迫害を加えた。

選挙の結果は次のとおりである。瀬川和平は投票総数の一二・二％にあたる一一〇五票を得たが落選した。しかし、農民運動のさかんな石根・小松・周布などで多くの支持を得た。

つづいて、昭和三年（一九二八）三月、「普通選挙法」による全国初の衆議院選挙が行われた。労農党は、「資本家、地主の政府打倒」・「労働者、農民の政府樹立」をスローガンに全国で三九名の候補者を立てた。

愛媛県では、二区（宇摩郡・新居郡・周桑郡・越智郡・今治市）で、日農顧問弁護士小岩井浄が立候補した。労農党愛媛県支部連合会は、本部を松山市から小松町に移し、小川重朋を書記に、二〇数名の応援弁士と日農組合員八〇余名が「言論・集会・出版・結社の自由」・「選挙法の徹底的改正」・「八時間労働制確立」・「団結権、罷業権、協約権の確立」・「耕作権の確立」などの政策をかかげて選挙運動を行った。

小岩井浄は、投票総数の一四％にあたる八四六八票を得たが落選した（表21参照）。

5　農民組合の弾圧と小作争議の終結

総選挙後、小作農民の政治意識の高まりを恐れた政府は、大正一四年（一九二五）に制定されていた「治安維持法」で労働・農民運動に厳しい弾圧を加えた。

昭和三年（一九二八）五月一日の第二回メーデーは、前日の四月三〇日に玉井教一・戸田兼助等幹部二一名が検束されたため中止となった。同日開会の日農愛媛

表20　県会議員選挙周桑郡得票結果　定員2名　昭和2年9月25日

町村名	瀬川　和平	黒河順三郎	越智茂登太	青野　岩平
	労農党	民政党	政友会	政友会
石根村	188	113	192	——
小松町	201	249	162	3
千足山村	1	15	163	——
丹原町	45	189	328	1
田野村	177	200	234	1
徳田村	35	167	15	150
中川村	18	7	421	1
桜樹村	16	159	392	1
壬生川町	65	332	3	197
周布村	113	254	114	5
庄内村	1	32	2	444
吉井村	52	274	7	180
三芳村	17	49	——	144
楠河村	22	152	——	176
吉岡村	78	111	1	170
国安村	49	310	5	272
多賀村	27	480	3	25
計	1105	3162	3052	1745

（玉井教一編　日本農民組合愛媛県連合会「農民運動史資料」玉井三山所蔵）

表21　衆議院議員選挙愛媛二区得票昭和　昭和3年2月　定員3名

候補者名	得票
河上哲太	14434
升内鳳吉	12492
小野寅吉	12357
村上紋四郎	12039
小岩井浄	8468

（玉井教一編　日本農民組合愛媛県連合会「農民運動史資料」玉井三山所蔵）

表22　小岩井浄の郡市別得票

郡市名	得票
宇摩郡	854
新居郡	3102
周桑郡	1412
越智郡・今治市	3100

（同上）

県連第三回大会では、小岩井浄と前川正一が小松駅頭で検束され、県外追放の処分を受け、多くの代議員も逮捕されたため参加者が減り約五〇〇名であった。

その後、日農県連本部の明勝寺は警官に包囲され外部との連絡を断たれた。五月一四日から、壬生川署員が小松支部を捜索し、三日間で組合員四二名を検束し、不納した小作料の積立金の使途や組合財政に不正がないかなどについて取り調べた。警察は組合幹部を逮捕する一方、組合員宅を個別訪問し組合脱退届に捺印させた。こうした弾圧のため、周桑の農民組合は同年五月から六月にかけてあいついで解散した（表14参照）。

警察は農民組合に弾圧を加える一方、小松町の小作争議の解決に乗り出した。

昭和三年（一九二八）五月一七日、壬生川警察署長は日農小松支部の組合幹部を新屋敷の集会所に集め、農民組合を解散し、小作米不納運動等の争議を中止すれば、地主には小松昭和会を解散させ、訴訟を取り下げさせる、その後は調停委員を決め争議の解決を図らせる旨を伝えた。それを受けて、新宮・新屋敷・川原谷の各支部組合員は会合を開き、署長の提案を受け入れ、調停をすすめることを決め、交渉委員を選出した。

第一回の調停会は六月九日に開かれた。調停委員は、棚橋長太郎・黒河定吉・新名鍋吉町長の三名が選ばれた。調停会は、主として警察署長や警部補が地主・小作双方の代表を呼び意見調整を図るかたちですすめられた。

七月八日、害虫駆除費の交付・滞納米納入の方法や期日・凶作の際の小作料減額等について決めた調停案が出された。新屋敷支部はこの案を受け入れ調停の交渉をすすめたが、新宮・川原谷支部は保留した。

七月一九日、神戸・禎端・橘の組合員も参加し、新宮・川原谷の組合員と、調停をすすめていた新屋敷も加わり調停条件を検討した。その結果、害虫駆除費の支給年を増やすこと、不納小作米の納入は年賦とすること、奨励米の支給等を小作側の要求として町長に伝え、調停委員の示した案を拒否した。新宮支部は、独自に水取賃一反につき三円の支給と鉄道の通った田の小作料減額を要求した。

八月四日、新名鍋吉町長は委員を辞任し、調停は不調に終った。町議会も事態を重視し一〇月三日、臨時町議会を開いて対策をたてた。

八月一七日、新屋敷支部では小松町宝寿寺住職の仲介で調停が成立した。新宮支部では、一〇月一九日、小松町南川香園寺住職山岡端円が調停にのり出した。同一〇月二四日、地主・小作代表が香園寺に集まり会合を開き、次のような協定書をかわし、大正一五年・昭和二年とつづいた小作料三割減額要求に関する争議は終結した。新屋敷・川原谷の協約書は不明である。

協約書

周桑郡小松町大字新屋敷字新宮所在耕地所有地主森田恭平外弐拾四名及関係小作人玉井教一外拾五名ニ係ル小作粉議事件ニ関シ協約スル事左ノ如シ

第一条　地主・小作人間ノ融和親善ヲ期シ農事ノ発展振興ヲ図ル為メ、地主・小作人ヲ組合員トスル協調組合ヲ組織スル事。（中略）

第二条　（略）

第三条　昭和参年度ヨリ凶作其他ニ依リ、小作料減額ヲ要スル時ハ、小作人ハ稲刈取前地主ニ申出テ検見ヲ受ケ、免引額ノ協定ヲ為ス事。（中略）

第四条　（略）

第五号　（略）

第六条　大正一五年度稲作ニ限リ地主ハ害虫駆除費補助トシテ、一反歩ニ付金弐円ヲ小作人ニ交付スル事。

第七条　（略）

第八条　小作米二斗未満ノ端数ニ対シ従来行ハレタル一斗ニ付五合徴収ノ慣行ハ爾後廃止ス。

第九条　本争議ニ関スル滞納小作米ハ昭和参年拾壹月弐拾参日迄ニ納付スル事。

第十条　前項小作米ハ金納スルモノトシ換価金ヲ一石金弐拾八円五拾銭ト定ム。

第十一条　小作滞納米ニ対シテハ利子ヲ免除スル。

第十二条　（略）

第十三条　（略）

第十四条　昭和参年以降小作米ノ納期ハ毎年陰暦拾弐月末日限リトス。

右協約ニ同意ヲ表シ、之レヲ保証スルタメ双方代表者及関係者記名調印シ、地主代表者、小作人代表者、壬生川警察署長各々壹通ヲ領有保管ス。

昭和参年拾壱月弐拾四日

地主代表者　森田　恭平
池原　彦八
佐伯　春富
玉井嘉平太
眞鍋　庄平

小作代表者　玉井　教一
尾上　兵吉
戸田広三郎
桧垣源次郎
堀江　新一

立会人　仙石　信明
山岡　瑞圓
眞鍋重太郎
安藤　丞

（玉井教一編日本農民組合愛媛県連合会「農民運動史

表23　周桑郡内に結成された協調組合一覧

結成年月日	組合名	組合長名	組合員 地主	組合員 自作	組合員 小作	組合員 計
昭和2.4.11	壬生川農事協調会	一色　耕平	81		46	127
昭和2.5.11	多賀村三津屋農事協会	越智孫太郎	21		55	76
昭和3.5.8	周布村戊辰農事協調組合	門川　益雄	51		70	121
昭和3.8.29	国安村農事共助組合	越智　通清	42		271	313
昭和3.9.8	田野村長野農事改良組合	沼田　頼恵	63		110	179
昭和3.9.19	周桑郡吉岡村振農会	長井幸太郎	57	61	135	253
昭和3.9.28	楠河村農事共栄会	芥川　　錡	37		315	352
昭和4.1.28	小松町新屋敷農事改良組合	新名　鍋吉	35		52	87
昭和4.3.22	石根村大頭親農会	戸田　聞弌	20		102	122
昭和4.8.1	住友壬生川小作人報徳会	秋川　亀造	1		390	391

（愛媛県庁資料「小作争議綴」より作成）

資料」玉井三山所蔵）

調停成立後、全農小松支部（昭和三年七月二九日結成）・小松昭和会の双方は解散し、昭和四年（一九二九）一月二八日、町長新名鍋吉を組合長として、協調組合である農事改良組合が成立した。

昭和五年（一九三〇）までに県内では四七の協調組合が結成された。

周桑郡内に成立した協調組合は表23のとおりである。

協調会成立後も警察当局の農民運動への取り締りはつづけられている。昭和四年（一九二九）四月一六日の四・一六事件で、林田哲雄・矢野一義・小川重朋が治安維持法違反で逮捕された。翌五年二月七日に判決が出され、林田哲雄と小川重朋は無罪となった。だが、同年八月一四日の八・一四事件で林田哲雄は二年八か月の刑を科せられ松山刑務所に入獄した。

つづいて、昭和七年（一九三二）一〇月一〇日の一〇・一〇事件で小松無産青年同盟で活躍した真鍋光明・岡本義雄・河渕秀夫・篠原要が逮捕された。このようなあいつぐ弾圧で指導者を奪われた農民運動は急速に衰えていった。

小松町における農民運動は大正一三年（一九二四）から昭和三年（一九二八）のわずか五年間であったが、農民組合の取り組んだ小作料減額・耕作権確立の要求は一定の成果をあげた。特に耕作権確立については、昭和二一年（一九四六）の農地改革において、小松町は他の地域に比べ小作人の耕作権が高く評価され、（小松町では地主の所有権と小作の耕作権が五対五とされた。県内の他地域は六対四か七対三が多かった）、小松町の農民に多くの恩恵をもたらした。

小松町の地域住民は、昭和二一年（一九四六）の衆議院選挙で林田哲雄を国会議員に選出した。林田哲雄の死後、昭和四一年（一九六六）玉井教一・林田進・矢野一義を発起人に、国道一一号線と一九六号線の交わる三差路に「林田哲雄顕彰碑」を建て、その功績を讃えるとともに、愛媛県に於ける農民運動発祥の地としての小松町を記念している。

第三章　研究ノート「昭和初期における林田哲雄と仲間たち」とその後（遺稿）

今井貴一

一　はじめに

昨年（二〇〇九年…編集者注）五月、町田市の廣畑研二氏から近代史文庫宛に林田哲雄（以下、林田）に関する一通の問い合わせの手紙が届いた。

その要旨は、「日本社会主義同盟（一九二〇年結成）の名簿が出現した。その中に〈林田哲雄〉の名前があった。林田に関する先行研究に静山社出版、近代史文庫編輯の『郷土に生きた人々』にたどり着いた」ということであった。

文庫ではその執筆者が今井であることから、手紙は私の所に届けられた。

『郷土に生きた人々』はもう二〇数年も以前に出されたものであり、それ以来、当時使った資料なども整理されてなかった。そのため、廣畑氏には取りあえず自分の手許にある「林田哲雄関係年表メモ」を他の資料と一緒に、文庫を通して送ってもらった。

こんな事があって、主事から「林田」について研究報告をしてほしい、と言われた。長いこと研究活動から遠ざかっていたため、今更という感じもあったが、思い切って取り組んでみることにした。

テーマは後から付いてくる。そんなつもりで手を付けたのが、『郷土に生きた人々』執筆以来、農民運動・林田関係の未整理の諸資料が残してあった中から、「法政大学大原社研蔵」の「農民運動・農民組合関係史料コピーファイル」を翻刻整理することにした。このファイルはかつて、篠崎勝代表が大原社研へ行っての「農民運動・農民組合」関係の資料をコピーしてこられた資料である。自分の執筆担当している林田に関係のありそうな文書を、又コピーしたものをファイルして、執筆の参考に使ったものである。

今回は、そのファイルの中に混じっている書簡類の翻刻に取り掛かった。書簡は、書く人よって筆跡が異なり、癖もあり読みづらい。その上文書そのもののコピーが不鮮明なところもあり、翻刻に時間をとられた。

この後、年月日・差出人氏名・受取人氏名などを出来るだけ正確に心掛け、諸資料などを当たりながら編集した。推定したものについては（　）で囲んでおいた。

二　研究報告

三月一三日（二〇一〇年…編集者注）、出不精の私のために主事の計らいで、地元、小松公民館で研究例会が行われた。テーマは表記の通りである。

(一)『大原社研資料』「書簡類」コピーの翻刻と整理について

今回の報告の中心はこの翻刻と整理についてであった。当日までに充分な見直しをする間もなく、添付資料は「草稿」という形で報告をさせて貰った。書簡類翻刻の全文は紙面の都合で省略するが、次表のような内容になっている。

★資料①　林田哲雄関係書簡一覧（一七二—四ページ）

これらの書簡類は、おもに日農・全農総本部と林田哲雄を始めとする県連関係者との間で行われたものである事が分かった。

以下少しばかり書簡の内容を紹介しながら、昭和初期の農民運動の概略を述べてみたい。引用した「　」内の文章は原文のまま。参考のために「略年表」を作製し添付しておいた（『えひめ近代史研究』六六号掲載）。

No.1　昭和二年三月七日、日農県連から総本部宛のはがきについて
これよりさきに、三月一日、井谷正吉らは日農を脱会し全日農に参加することになった。林田ら日農県連の三名が、これを阻止する目的をもって、南予出張所の井谷を訪ねていくのである。

説得工作に赴く「特別活動」な筈だが、文の内容は南予井谷グループにたいする中傷情報を本部に送っているのである。

No.16〜23までは一連の関係書簡である。

昭和三年に入ってから、警察の組合員にたいする脱退工作が始まり、組合員が脱退していくに従って農民組合は弱体化していった。

そんな背景の中で、昭和三年七月二七日、かつて分裂していた二つの組織が、再び合同し全農県連を結成。そこで、林田たち県連は、「全農合同記念暴圧反対演説会」を企画。その実施に向けて総本部との連絡調整に追われる。その過程でやりとりした書簡である。

昭和四年、四・一六事件で県連では林田・小川重朋・矢野一義が検挙される。

No.40　昭和四年五月一一日頃、林田末子は夫林田哲雄に代わって、総本部気付で色川幸太郎宛にはがきを出した。文面には、

「（上略）四月十六日・七日頃検束された岸田（注、小川重朋のペンネーム）・矢野両氏はまだ検束をとかれません。亀井さんも四・五日前出て来ました。（中略）十四日の事件には御出て下さいますか。皆さんが心配して聞きに来られます（下略）」とある。

幹部の抜けた県連本部の状況や、小作争議のための弁護士要請をしている。

No.41　同年六月一日、飯尾金次は「大至急」総本部に、「（上略）連合会は井谷氏と林田氏方にあるが、どちらが統制部ですか（下略）」、と四・一六事件以後、県連本部の統制の混乱を訴えている。

No.44　同年九月二五日、西川浄水は手紙で、「組合再建之為斗争を開始した。（中略）まだ大衆は動かない。（中略）本部には（愛媛県連）今僕一人しか居らないのと、僕が地理に不明な為思ふ様に活動はできない。（中略）併し万難を飛び越へて斗ふ。（下略）」

No.45　同年一〇月頃同じく西川は、「（上略）幹部は一人も今の処動いて居ない。（中略）亀井君が事務所へチョイチョイ来るが、再建運動についての方針についてはあまり明確な意見を発表したことない。（中略）事務所には金は一銭もないので紙を買ふことすらできない（中略）本部からビラ・伝単等（中略）一枚も来ない。（中略）本連合会は、今のところ大衆から絶縁されてゐるかたちだ。（中略）林田君は奪われ、おまけに弁護士が来なくなった（下略）」

と、弾圧によって機能の停止した「県連本部」の窮状を総本部に訴えている。

№46　同年一一月頃、亀井清一は前川（正一弁護士）に対し、

「二回ばかり御通知致しましたに、何の御知らせも有りません（中略）秋の検見の闘争も大体勝ちました。（中略）元の全農組織下で今、町村会改選に立候補して戦て居ります。（中略）東予に於ける選挙情勢は、是非中央部から君と小岩井氏にも来援してもらふ（中略）本日の電報で来援不能の旨（中略）こんな情勢ですから、出来るかぎり繰合わせて来て下さい。（下略）」

№47　同じ頃林田末子は前川宛に、

「（上略）今年は御天気が悪いため大変百姓は仕事がおくれました。（中略）不作をヨ想されて居ます（中略）今までに旧組合関係から立候補する様にきまって居る所は（中略）皆先ず町会から自分のものにと言ふ様にして、出来るだけ小作争議も有利に（中略）。このようなさいに、本部に誰も居ないことは本当に困ります。（中略）此の二十五日に小作争議の裁判があるので、小岩井さんにお出でて頂く様話してあるのですが如何でしょうあ（中略）これから出来るだけ地方の連絡をとって、情報をお知らせすることにします。（下略）」

末子の手紙からは、総本部の「町村議会闘争を以て小作争議を有利に」といった方針の転換に従って、県連（東予地方）の取り組みを報告している。

№49　一方、総本部から派遣された宮岡融は、同年一二月頃、前川正一宛に手紙を送り、

「今朝十時に着きました。早速明勝寺へ来ました。林田夫人一人で何か心配してゐます。当地に於ては、本部の人が来るのを待ちかねてゐます。現在立候補者は左の如しで、絶対的に当選を期してゐます。（下略）」

と「第一報」を総本部に送っている。

年明けて昭和五年二月七日、四・一六事件の判決があり、林田・小川は無罪、矢野は懲役二年執行猶予四年を言い渡され、同月一三日、三人ともに帰宅した。

№53　昭和五年三月一〇日、林田は杉山元治郎に手紙を送った。

文面には林田からの「無罪出獄」の挨拶と、今後の決意等が書かれている。

研究報告の中に入れてあった書簡では、一九三〇年二月末頃に宛先不詳の手紙としか分からなかった。ところが、研究報告が終わったあと、あらためて大原社研から追加取り寄せした資料には、先の便箋だけでな

く、封筒の裏表のコピーが付いていたのである。

封筒の宛先は、毛筆で「兵庫県武庫郡瓦木村高木杉山元治郎様」とあり、裏には「三月十日」と月日も記入されていた。住所は「大阪市天満区・・・弁護士小岩井浄法律事務所」と印刷された小岩井浄法律事務所の専用封筒を使っている。

この林田の書簡は、無罪とはいえ、その後も特高の厳しい目が光っているのを警戒して、法律事務所の専用封筒を使い、杉山の私宅へ送ったものと考えられる。


No.55　昭和五年八月四日の手紙は、西条地方の地主たちのつくった土地会社について調査し、その情報を報告。

「（上略）小作人に対抗すべく（中略）該土地会社は積立金四万円（中略）地主は土地会社をつくると同時に昭和振農会を挙って脱会し、今、昭和振農会は小作のみ（中略）ただ此上は一日も早く組合を再建するのみ（下略）」この差出人の住所は愛媛県小松町新屋敷とあり、その下の氏名をペンで消した跡がある。

文面から、当時総本部からオルグとして小松へ帰郷した者に、河渕秀夫が居る。差出人は多分この河渕ではないだろうか。


同年八・一四事件で検挙された者は約三〇余人。壬生川署で検挙された者は約三〇余人。林田・小川は再び検挙される。


No.56　同年八月二〇日、林田は葉書を前川正一に送り、

「昨一九日夜、帰って来ましたから御安心下さい。但、まだ青年及婦人が七、八名残ってゐます。一寸見当がつかないのです。中央委員会には行く考へです。」

文面からは検挙された後一旦家に帰されたようだが、この後、八年四月に出獄するまでの長い獄中生活を余儀なくされた。

No.58　同年九月二日全農松山出張所から総本部に宛てた手紙に、
「破壊された愛媛県の農民組合再建のため活動中止であった県連本部の林田君・岸田英一郎（注＝小川重朋）君・岡本・高井（青年部員）は、秋の闘争を前に、壬生川警察署に捕へられ、全農松山出張所では（中略）中心分子である高市赫君外四名は（中略）既に四十日に亘って松山警察署に留置され、凡ゆる拷問の魔手に曝されてゐる。」と報告した。

No.60　同年一〇月一四日、高市盛之助は総本部宛に
「（上略）私はもう二十日ほど病気にねて居ります。最初は急性腸カタルでしたが、胸に来たらしく（中略）

林田君等は（中略）接見禁止です。小岩井さんの言によると、七・八年は（下略）」など、林田等の情報も報告している。

№62　同年一二月頃、周桑郡楠河村では土地返還問題が持ち上がっていた。併し県連本部が林田等の検束などで壊滅的な打撃を受け、機能しなくなったために、楠河支部の役員をしていたであろう畑寅吉は、直接総本部宛に手紙を書き弁護士を要請している。

昭和七年、この頃中予では渡部国一が勢力を広げて活動していた。

№64　同年一月一四日、渡部は総本部宛に手紙を出して、

「（上略）大衆党松山支部では農民組合の組織と闘争は私が主として働いて（中略）現在の全農松山出張所は、左翼の篠原要君より他に働き手がない為に、私もお手伝ひをしてゐます（中略）それから、愛媛県連（小松にある）は総本部の指令に動いてゐますか、しかとお知らせ下さい。（下略）」

と書き、自分は大衆党員、篠原は極左として対比し両者の間の政治的意見の相違を強調している。

№65　同年一月一六日小松町愛媛県連（差出人氏名不詳）は、全農総本部にはがきで、

「（上略）再建斗争の途上、昨年末本県連は漸く独立事務所確立（中略）早速総本部に移転通知を発送して置きましたが、其の前後から総本部からは何等のニュース指令等の出版物の配布無く（下略）」

として最近文書発送の有無を調査するよう要請している。文中に独立事務所確立とあるのは、一時、石根村の瀬川和平宅に事務所を移転したことを指しているのだろう。

一方、県内の農民運動における主導権を巡る争いも発生している。

№66　昭和七年二月一日の日付で、全農愛媛県連本部（小松町）は、渡部国一に対し、

「（上略）貴下は、恰も全国区農民組合に関係ある者の如くよそおひ、温泉郡各町村を徘徊し『全農愛媛県連合会は確立されてゐない』とか、『総本部が認めてゐない』とか、松山出張所並びに同書記篠原氏に対する散々非階級的なデマを飛ばしてゐる由（中略）昨今貴下はエタイの知れぬ『全国農民組合中予協議会』なるものをデッチ上げ、（下略）」全農の拡大強化を妨害し、農民戦線を撹乱する計画を成しつつあるとして、中予協議会の即時解散、分裂主義的計画に対する陳謝を要求している。

№67　同日、同会名で全農総本部に対して、渡部国一に対する位置づけなどを問い合わせている。
№71　同年、二月頃作成されたメモがある。このメモは、「全国農民組合総本部」専用紙を使用している事から、総本部から渡部国一宛に送られた文書と思われる。県内、全農関係の「組織情報」等について報告している。

「愛媛県連合会、反対派、組合員　六十名
　本部は東予　小松町にあり、小松支部（六名）
長岡本某が常任書記としてゐる。
執行委員長は石根支部（十二）長　瀬川和平
反対派は中予地区に　北吉井支部（十二）支部長
　大西進五郎
河上支部（五）支部長　堀川喜十郎
篠原要。越智某。組合外に岡田。小林。等が散在
南予地区には松浦倹一、松岡駒雄、二宮好治、山本経勝等があるが、離散して無力
中心人物は篠原要（松山市千舟町）
中予地区協議会（本部ーー
結成大会　一九三二・二・十一　愛媛青年会館
協議会本部　松山市豊坂町一丁目五五、渡部国一
役員
執行委員長　上田時次郎（拝志村村会議員）
書記長　渡部国一
書記　渡辺忠一（党支部連合会書記長）
其他　木村源一
支部
一、拝志支部（四五、百八十名に増加する可能性あり）昭和三年組織　支部長　上田時次郎
二、浮穴支部（現在十名、五十名になる見込）支部　大野時太
三、三津浜支部（二十五名、見込八十名）支部長　上野春見
四、荏原支部（九名、見込三十名）支部長　森田甚松
五、北伊予支部（十一名、見込八十）支部長　松岡秀義
南予地区
　昨秋の県議戦に井谷正吉氏を候補として選挙戦を斗ったが、反対派青年分子のなすがままに放任し、総本部派は無抵抗主義をとってゐたが、反対派は自ら墓穴を掘って、大衆から遊離して離散して了った。
　再建可能支部八支部、五百名の見込。井谷氏を

中心に積極的に再建斗争を開始す。宇和島市を中心として
東予
ウルトラのため、皆滅の状態にあり、再建斗争は飯尾金次を中心として中予協議会より働きかけること。
新愛媛県連合会組織準備会を
中予協議会役員　井谷、増、皆川等により持つことに決定し、事務所を松山市上一万町　曽川静吉氏宅に設置す。委員長曽川静吉　組織準備委員左の如し。
中予地区
上田時次郎、渡部国一、木村源一、渡辺忠一、西内広幸、高橋栄、丹生谷百一、丹生谷善三郎、岡田好春、高須賀邦聖、天野時太、堀川国松、松岡秀義、門屋庄太郎、上野春見、岡本房五郎、内藤半四郎、森田甚松、曽川静吉
東予地区
飯尾金次
南予地区
井谷正吉、増田郷香、(北宇和郡旭村近永) 佐竹庄平、河野藤七、二宮彦太郎、中平寛一」

　このように総本部においては、東予の「愛媛県連」を疎外し、新組織作りの準備が着々と進められていたようである。

No.76　昭和八年四月、林田は出獄。このあと彼は、昭和一〇年四月一六日、杉山元治郎代議士宛に葉書を送っている。

　葉書の表（宛名書き）下の方に「付け足し文」がある。「私の入獄不在中に東予は全農派に屈し除名になりましたが、私は全農から除名に成ったのですか、成てゐないのですか？お知らせ下さい。（下略）」

　先に触れた、昭和七年の総本部は、「東予」をウルトラと分析し、切り捨てを計画していた事から、東予の除名は時間の問題であったのではなかろうか。

　私の書簡ファイルは昭和七年で終わっている。

　この年、愛媛県では一〇・一〇事件で約一三〇名の活動家たちが検挙された。

　林田の妻末子は、大阪市で働いていたが逮捕され、県連関係者では、岡本義雄・河渕秀夫・篠原要・高市盛之助等が検挙されている。

　林田と仲間たちの熱い農民運動の闘いはこれで事実上終わったようである。

以上、「書簡」を通して、愛媛県連本部を中心とした農民運動をみてきた。特高警察の厳しい思想統制と弾圧の下で、このあと、全農の新しい組織が何処まで運動を進めていったか、私には分からない。

差出人・宛先氏名、および役職などを参考までに挙げてみると、

①総本部関係者

杉山元治郎（全農中央委員長）、山上武雄（日農委員長、全農統制委員長）、浅沼稲次郎（日農中央委員、全農中央委員）、前川正一（日農香川県連会長、日農中央委員、労農党中央委員）、色川幸太郎（日農顧問弁護士）、辻本菊次郎（全農中央委員）、小岩井浄（全農中央常任委員）、川出雄次郎（足尾銅山鉱夫組合主事）、宮岡融（所属役職等不詳）

②県連関係者・・・但し、括弧内の氏名は推定

林田哲雄（日農県連書記長、全農中央委員、労農党中央委員）、井谷正吉（日農予土連合会書記長、全農中央委員）、児玉熊夫（日農県連青年部）、林田末子、飯尾金次（別子労働組合）、西川浄水（東予水平社執行委員）、亀井清一（新居郡水平社執行委員、氷見水平社）、高市盛之助（松山合同労組政治部長、「大衆時代社」主幹）、畑寅吉（日農楠河村支部）、渡辺国一（全農中予地区協議会書記長）、篠原要（日農県連書記、全農中予代議員）、岡本義雄（慶応大学予科中退、氷見町、全農東予代議員）、河渕秀夫（盛岡高等農林中退、小松町新屋敷）。

（編集部注）林田史江氏の聞き取りでは、林田末子はこのとき、大阪の無産者診療所（三島無産者診療所昭和六年開設）に勤めており、史江も連れて行かれた。

(二)　聞き取り調査メモから

㈠矢野一義氏　「二つの旗（水平社・日本農民組合を掲げて」――これは、書簡には見られないが、水平社と日本農民組合の二つの組織の役員を兼ねながら活動をしてきた「なかま」の一人による証言。

「農民組合の仕事などで家を空けることが多かったが、農繁期に家をあけるときは、農民組合の旗を家の庭に立てておいた。すると、留守中に他の組合員がやってきて、彼の分の農作業をやっていた。」

また、実際に使っていた二つの旗を出して広げて見せてくれた。（注、一九七六年二月、周桑歴研主催、矢野氏宅にて、詳細は歴教協『歴史と教育№９』）

㈢林田史江氏

林田遺品の一つ戯曲「鳩那羅王子の出家」

一九八二年頃、新居浜市の林田氏宅にて聞き取りの際に見せて貰ったもの。

獄中で綴った戯曲『鳩那羅王子の出家』は静山社の本でも紹介しておいた史料である。

一ページ目を紹介するとこのような書き出しで始まっている。

これは、当時胃を病んでいた林田が獄中に差入れられた「粉薬」の包み紙に小さな字で鉛筆書きしている。一見したところ、約五十枚をこよりで綴じており、それが四綴（中にはこよりも切れている？）で約二百枚余りもあったと思う。彼にとって唯一の「文学作品」かもしれない。

その後どうなっているか気になりながら、報告の一つに加えておいた。

三　その後（林田哲雄関係史資料の収集と整理）

㈠　書簡資料の追加、補充

「大原社研書簡データーベース」には自分のファイル以外に、氏名や年月日のはっきりした資料があるのがわかった。研究報告の終わった後、あらためてコピーを取り寄せ、翻刻資料に追加した。

先に挙げた表の、No.23、26、28、52、64、65、68、72、73、74、76がそれである。

㈡　林田家の史料二点

冨長主事の提案で、主事と私と越智順一会員の三名が新居浜市の林田家を訪問した。林田家では長女の史江氏と長男の大蔵氏が東京からわざわざ帰ってこられて迎えてくださった。そこで遺品の中から二点を主事が選び、コピーのために了解を得て借りて帰ることが出来た。

その一つは、報告の際にも紹介しておいた戯曲「鳩那羅王子の出家」の全て。戯曲の方は以前こよりで綴じられていたものが、もう古くなってちぎれてしまい、散逸を防ぐために「クリア・ブック」に一枚のシートの中に4ページずつはさんで整理されていた。

林田の書いた戯曲のページには左上隅にページを表す数字が書かれている。その最後の数字は三〇八であった。戯曲の構成は第一幕が一二二ページ迄、第二幕が一二三から二五八ページ迄、最後の第三幕が二五九から三〇八ページ迄となっている。この三〇八ページの終わり余白には「昭和六年八月二〇日脱稿」と記されている。

ところが実際は、ページの脱落が多く、第一幕の場合、幕の終わり一二一、一二二ページが脱落。第二幕は第一場では三ヶ所（三ページ）が脱落。同第二場になると一八八から二五八ページ迄全部が脱落。第三幕は一ページだけが脱落。

実際に残されているのは全体の約三分の二、二〇〇枚余りである。しかもこのうちにも何枚かは液体のかかった後のシミが付いて、その一部が破損し、ちぎれかけているものも含まれている。

このことから、その多くは特高の手によって「ちぎり取られた」残りであろう。

林田は、なぜこの文学的な価値は「無」に等しい「戯曲」を大事に保存し、遺族に託して現在に残していったのだろうか。特高との関わりを考えると「貴重な史料」の一つである。

もう一つは、一冊の「ノート」（『林田ノート』）である。ノートの表紙にはドイツ語で書かれた「名称」があり読み切れないが、その右の方に「更生の輝」とペン書き？が見られる。

ノートの中身をざっと見たところ、一ページは七月二六日（日）から始まり、一〇月三一日までの「七曜表」と、その下にもう一つの表がある。その表には日ごとに区切られた記入欄があって、其処に、左から「E、二二、ウズラ」などの記号や数字、食品名などが記入されている。この表は七月二六日に始まって一一月一三日まで記入がされている。（七月二六日が日曜日となる年を調べてみると昭和六年のようである。）

二ページから二一ページまでの中にはドイツ語で書かれた原書も含めた書籍名（欄外に希望書籍とある）、俳句、短歌などが書き込まれている。

この書籍の中に書名『鳩那羅物語』が目についた。おそらく「戯曲」執筆の参考にしたものであろう。

また、俳句や短歌は、初めから通し番号を頭に付け一一九までである。年月日順に書き込まれてはいないで、詠んだ年月日で集められている。いくつか句を挙げてみたい。

（昭和四年在獄中）獄庭の箒の音や秋日和
（注4・16事件関連？）

（五年秋）世をすつる身のかろやかに秋の風
（注8・14事件関連？）

（六年元旦）獄窓に初日の光うつろへり判決日

（十月六日）父ちゃまとよばれてあはれ愛しさの

いやまさりきて心つまりぬ

二二ページからあとは、全て裁判関係と思われる記録等が書き込まれている。林田の獄中の記録を出獄後まとめたものと思われる。

（三）小松町温芳図書館に寄贈された「林田文庫」（遺品）

これは、図書館の奥にある書庫の移動式書架の一つに収納されている（温芳図書館と林田哲雄とは縁の深いもの故に寄贈されたのだと思われる）。

書架の棚には、仏教関係の図書が多いのは勿論のこと、社会科学関係の図書も多く見られる。その中から、農民運動に関係ありそうな、昭和初期までに出版された図書を重点的に選りだしてみた。

それらの中に、二種の貼り紙の貼られた図書が見つかった。

貼り紙Aは表紙に、縦八・五㎝、横四㎝の大きさで「番号、被疑者、差出人」を記入する形式の紙が貼られている。この場合は差出人「林田哲雄」の氏名が記入されている。これは、おそらく検挙されたときに押収されたものではないかと思う。

もう一つの貼り紙Bは、表紙見開き一ページに、縦一〇㎝横七・五㎝の大きさに「年月日、番号、氏名基調番号、検閲者など」を記入する形式の紙が貼られている。この事からして、獄中で差し入れられた本のようである。

こちらの方の著者を調べてみると、どれも大谷大学関係者のようである。また、『美乃里の友へ』の本は「昭和八年松山刑務所において著者より」貰っている。著者は金子大栄、彼も真宗大谷派の僧侶である。著者金子は、収監中の林田に対して教誨師の役割を持って接していたのではないか。・・・等々

この「林田文庫」についても、機会をとらえてもっと時間をかけて調べてみたいものである。

四　終わりに

今回は、主として「林田哲雄とその仲間たち」の書簡類の翻刻を通して、昭和初期農民運動の一端を取り上げてみた。書簡の全文を紙面の都合で紹介できないため、充分な意を尽くせない点はご容赦願いたい。

昭和初期農民運動における、林田哲雄に関する資料

は非常に少ない。それでも、先に挙げた林田家の二点については、研究の上で貴重な史料である。早い段階で整理し、公開する事が望まれる。

最近の研究によって、林田が大正九年頃には「日本社会主義同盟」に加入していた事実が明らかになった。

このことから、林田が大谷大学を中退し、帰郷して「労・農・水三角同盟」をめざした活動に精力的に取り組んでいった大きな「動機」を見いだすことが出来た。

また、愛媛の農民運動において林田の外、井谷正吉（南予）、高市盛之助（中予）といった活動家が、同じ「同盟」に加盟していた事実も判明した。このほか、徳永参次・渡辺満三などの名前も見受けられる。今後の愛媛における農民運動・水平運動などの研究の上において大いに参考になることと思う。

（編集部注）

本稿は、故今井貴一氏が、二〇一〇年一二月頃執筆していたものと思われます。残された「林田哲雄と仲間たち書簡ファイル翻刻」には二〇一〇年一一月二三日の日付を記載しています。この頃、今井氏は小松町温芳図書館の書庫にある「林田文庫」の中から、「林田哲雄の遺品（図書）」や「林田哲雄　獄中詠　俳句・短歌」などをまとめています。（ここと、167ページ下段の注で編集部というのは、今井氏の本「研究ノート」の編集者を指す。――本書の編者）

資料①　林田哲雄関係書簡一覧（昭和２年３月～７年３月中旬）

No.	年.月.日	種　類	差出人氏名	宛先氏名等
1	S2. 3. 7	葉書	日農愛媛県連本部	日農総本部
2	S2. 3. ?	手紙	不詳	(総本部？)【南予出張情勢等】
3	S2. 8. 8	手紙	日農県連本部	日農総本部【本部員派遣方申請書】
4	S2. 8.12	手紙	井谷正吉	杉山元治郎
5	S3. 1.13	葉書	林田（哲雄）	総本部　山上武雄
6	S3. 3.14	葉書	日農県連本部	総本部気付農民団体懇談会
7	S3. 4頃	手紙	不詳	(県本部役員？)【組合合同に関して】
8	S3. 4.23	葉書	日農県連本部	日農総本部
9	S3. 5頃	手紙？	（日農県連 林田哲雄）	日農総本部【情報報告】
10	S3. 5頃	手紙？	（林田哲雄）	日農総本部【追報】
11	S3. 6.14	葉書	林田哲雄	全農総本部 前川正一
12	S3. 6.22	手紙	林田哲雄	全農総本部 前川正一【返信】
13	S3. 7.29	メモ	傍聴人前川正一	全農総本部？【「報告」「全農県連合同協議会」】
14	S3. 7頃	手紙	林田哲雄	全農総本部（返信）
15	S3. 7頃	手紙	児玉熊夫（小松町）	前川正一
16	S3. 8.11	手紙	林田哲雄	全農総本部　浅沼稲次郎
17	S3. 8.13	手紙	辻本菊次郎	(全農総本部）組織部
18	S3. 8.14	手紙	林田哲雄	(全農総本部）杉山元治郎
19	S3. 8.14頃	手紙	(林田哲雄)	前川正一
20	S3. 8頃	手紙	林田哲雄	(全農総本部)
21	S3. 8頃	手紙	林田哲雄	全農総本部宛名不詳
22	S2. 8頃	手紙	林田哲雄	全農総本部宛名不詳【上記関連？】
23	S3. 8.25	絵葉書	浅沼稲次郎	全農総本部
24	S3. 9. 6	手紙	林田哲雄	杉山元治郎
25	S3. 9. ?	手紙	林田哲雄	全農総本部宛名不詳
26	S3. 9頃	手紙	林田哲雄	(全農総本部)
27	S3. 9頃	手紙	(林田哲雄)	(全農総本部）宛名不詳
28	S3. 9頃	手紙	浅沼稲次郎	林田哲雄、林田→浅沼（往復書簡）
29	S3.10頃	手紙	林田哲雄	(全農総本部）宛名不詳
30	S3.10頃	手紙	林田哲雄	(全農総本部）宛名不詳
31	S3.10頃	手紙	林田哲雄	(全農総本部）宛名不詳
32	S3.10頃	手紙	林田哲雄	(全農総本部)【弁護士要請関係（４行）】
33	S3.10頃	手紙	林田哲雄	(全農総本部）宛名不詳【弁護士要請の件】

34	S3.11.25	葉書	愛媛県連本部（林田哲雄）	全農総本部
35	S3.11 頃	葉書	愛媛県連（林田哲雄）	全農総本部
36	S3.12. 3	葉書	林田哲雄	全農総本部
37	S3.12 頃	手紙	全農中予役員（氏名不明）	全農総本部
38	S4. 2.17	葉書	予土協議会（氏名不明）	全農総本部
39	S4. 4 頃	手紙	全農県連	全農総本部訴訟部
40	S4. 5.12	葉書	林田未子	全農総本部　色川幸太郎
41	S4. 6. 1	葉書	別子鉱山支部（飯尾金次）	全農総本部
42	S4. 6. 9	葉書	愛媛県予土協議会	全農総本部
43	S4. 6.13	手紙	高市盛之助	（全農総本部）宛名不詳
44	S4. 9.25	手紙	西川浄水	（全農）総本部
45	S4.10 頃	手紙	西川（浄水）	（全農総本部）
46	S4.11 頃	手紙	亀井清一	前川正一
47	S4.11 頃	手紙	林田未子	前川正一
48	S4.12.27	手紙	松本清吉方（差出人不詳）	全農総本部
49	S4.12 頃	手紙	宮岡融	前川正一
50	S4.12 頃	手紙	林田未子	前田正一
51	S4. 末頃	手紙	飯尾金次	小岩井浄
52	S5. 1 頃	手紙	林田未子	前川正一【選挙結果報告】
53	S5. 3.10	手紙	林田哲雄	（全農総本部）杉山元治郎
54	S5. 5.26	手紙	高市盛之助	（全農総本部）宛名不詳
55	S5. 8. 4	手紙	小松町新屋敷（河渕秀夫）	全農総本部
56	S5. 8.20	葉書	林田哲雄	全農総本部　前川正一
57	S5. 8 末頃	手紙	篠原（要）	大衆時代気付宛名不詳
58	S5. 9. 2	手紙	全農松山出張所 （高市盛之助）	 全農総本部
59	S5.10. 9	手紙	（高市盛之助）	（全農総本部）受取人不詳
60	S5.10. 4	手紙	高市盛之助	（全農総本部）
61*	S5.10.19	手紙	全農北吉井支部	全農総本部
62	S5.12 頃	手紙	畑寅吉（楠河村）	全農総本部
63	S6 頃	手紙	別子労働組合（飯尾金次）	川出雄次郎
64	S7. 1.14	手紙	渡辺国一	全農総本部
65	S7. 1.16	葉書	愛媛県連（小松町）	全農総本部
66	S7. 2. 1	手紙	愛媛県連（小松町） （岡本義雄）	 渡辺国一
67†	S7. 2. 1	手紙	全農愛媛県連（岡本義雄）	全農総本部
68†	S7. 2. 3	手紙	篠原要	全農総本部
69	S7. 2. 3	手紙	県連本部（岡本義雄）	全農総本部

70	S7. 2.15	手紙	差出人不詳	（全国労働大衆党本部）【報告】
71	S7. 2頃	手紙	総本部	（渡辺国一？）
72	S7. 2頃	手紙	中予協議会	全農総本部
73	S7. 3. 5	手紙	全農県連	全農総本部
74	S7. 3.10	手紙	全農南予地区委員会	全農総本部常任委員会
75	S7. 3中旬	手紙	愛媛県連合会	全農総本部【抗議文】
76	S10.4.16	葉書	林田哲雄	杉山元治郎
77	S10. ？？	メモ		「愛媛全水県連再建」
78	不詳	葉書	喜多郡 大谷村三瀬元旦？	全国農民組合本部
79	S?. 6. 9	葉書	松山出張所	全農総本部「土地と自由」係
80	不詳	メモ		「北伊予支那争議調停」
81	不詳	メモ		「生石・北温土地取上」
82	不詳	メモ		「愛媛県無産団体協議会提唱」

【編者註】＊越智論稿（本書第二部第四章）の書簡61（212ページ）によって訂正。

†越智論稿（本書第二部第四章）の書簡69（221-23ページ）によって、篠原要から岡本義雄に訂正。

資料②　林田哲雄作の戯曲、表紙

「鳩那羅王子の出家」　林田哲雄作

三幕四場

時

紀元前三世紀頃所

> 阿育王
> 凡て「大王」と称す
> 「王」とせるを改むる事

中印度摩竭陀国　華子城《パトナ》人

阿育王《アソカ》　摩竭陀国王　五十歳位

鳩那羅王子　王第一夫人子　二十才位

那舎《ヤサ》大徳　鶏寺の僧国師　六十才位

干遮那　王子妃　十七才位

第四章　資料解題　林田哲雄関係書簡から見た昭和初期の農民運動
――今井貴一会員遺稿をふまえて

はじめに

二〇一〇年三月、故今井貴一会員が、文庫の研究例会で「昭和初期農民運動における林田哲雄と仲間たち」のテーマで発表し、法政大学大原社研所蔵「昭和初期農民運動関係資料」より翻刻した「林田哲雄及び関係者書簡類」を紹介した。その後、今井会員の収録した未発表の書簡や関係資料が残された。それらを富長泰行主事が今井家の了解を得てコピーし、遺稿集として残しておこうということになり、越智が書簡集のまとめを担当した。

翻刻された書簡は一九二七（昭和二）年から一九三二（昭和七）年まで、全八二通あり、主に一九二八（昭和三）年から一九三〇（昭和五）年にかけて、日本農民組合愛媛県連合会への弾圧、組織再編の取り組み、農民組合の分裂と合同などを、林田哲雄とその仲間たちが、日本農民組合総本部へ報告したり、オルグ派遣を要請したものである。

本稿はこれらの書簡がどのような状況のもとで書かれたものかを調べ、書簡の内容に関連する昭和初期の愛媛の農民組合運動を解説したものである。

書簡とその解説の前に、全国と愛媛の農民組合運動の概略を解説しておこう。

日本農民組合（日農）は、「全国の小作農民団結せよ」を合言葉に、一九二二（大正一一）年四月九日、神戸市山手キリスト教青年会館で全国から六八人の代表者が参加して創立大会を開き、杉山元治郎を組合長に、賀川豊彦、山上武雄等一〇名の理事を決めて結成された。

結成時は、全国一五支部、組合員二七二人にすぎなかったが、同年一二月、九六支部、組合員六一六六人、一九二三（大正一二）年二月の第二回大会では、支部数三〇〇、組合員一〇〇〇〇、翌年の第三回大会時、組合員二五〇〇〇と急速に組織を拡大し、最盛期の一九二七（昭和二）年には、六万二〇〇〇人を組織、支部の数は一〇〇〇に達した。

結成当初の綱領は穏健で地主との協調的色彩の強いものだったが、岡山県藤田農場争議、香川県伏石争議、新潟県木崎村争議など、各地の小作争議を闘う中で、耕作権確立、小作料永久三割減を要求し地主と激しく対立するなど、創立時の社会改良主義の立場から急速に戦闘的なものになっていった。

一九二五（大正一四）年三月、普通選挙法が成立し、小作農民にも政治参加の道が開かれた。同年六月、日農は来るべき総選挙に備え、各労農団体に単一無産政党結成を提唱し、同年一二月一日、わが国はじめての大衆的無産政党「農民労働党」が結成された。しかし、政府は「共産主義を実現する目的」をもつ政党ときめつけ、三時間後に結社禁止命令を出し解散を命じた。日農はただちに中央委員会を開き、ふたたび全国単一無産政党を組織することを決議し、翌一九二六（大正一五）年三月五日、杉山元治郎を委員長に労働農民党（労農党）が結成された。

しかし、同年一〇月、労農党の内部対立から右派の、杉山元治郎、賀川豊彦が脱退し、同年一二月、日本労農党を結成した。同じころ、先に労農党を離脱していた安倍磯雄、吉野作造等は社会民衆党を結成、無産政党は三党分立となった。

政党の分裂は、日農内の、貧農、小作農民、青年を中心とする闘う左派勢力と改良主義的な右派勢力の対立を表面化させ、一九二六（大正一五）年三月、日農第五回大会で第一次分裂が起こり、平野力三、岡部完介等が脱退し、全日本農民組合同盟を結成。翌一九二七（昭和二）年二月、第六回大会で、杉山元治郎が委員長を辞任し、賀川豊彦、浅沼稲次郎等と、同年三月一日、全日本農民組合（全日農）を結成した（第二次分裂）。全国的な農民組合は、日農（委員長山上武雄）、全日農（組合長杉山元治郎）、全日本農民組合同盟（会長北沢新次郎）に分裂した。

日本農民組合愛媛県連合会（日農愛媛県連）は、日農結成の四年後、農民組合や無産政党の分裂問題が起こったころに、東予の林田哲雄と南予の井谷正吉の尽力によって結成された。

周桑郡小松町明勝寺の二男に生まれた林田は、一九一八（大正七）年、京都の大谷大学に進学した。一九二二（大正一一）年三月三日、京都市の岡崎公会堂で開かれた全国水平社創立大会に参加し、学業半ばで帰郷、東予各地で水平社運動に取り組んだ。翌一九二二（大正一一）年四月、京都本願寺で開かれた社会問題講習会に参加し杉山元治郎の講演を聞き、水平社運動と農民運動の結合をはかろうと、日農本部から杉山元治郎、仁科雄一を招き、周桑郡小松町ほか数か所で演説会を開催し農民組合結成を準備した。

一九二四（大正一三）年三月、周桑郡国安村高田で小作争議がおこり、林田は壬生川水平社の矢野一義等とこの争議を指導した。争議の支援に日本農民組合香川県連合会（日農香川県連）委員長前川正一が来た。

同年八月二〇日、周桑郡壬生川町で水平社員、小作農民ら三〇〇人が集まり農民大会を開催、組合結成を決議し、同年九月六日、矢野一義を支部長に日農香川県連壬生川支部が結成された。

つづいて、同年一〇月、周桑郡石根村でも小作争議がおこり、翌一九二五（大正一四）年三月、瀬川和平を支部長に日農香川県連石根支部が結成された。同年一〇月、林田哲雄を支部長に小松町支部、佐伯茂支部長の新居郡氷見町支部が成立した。

愛媛県内の日農支部は、はじめ、香川県連に所属していたが支部の増加を機会に独立し、一九二六（大正一五）年四月二四日、日本農民組合愛媛県連合会（日農愛媛県連）を結成した。

創立大会は、周桑郡小松町の小松座で挙行され、日農本部から杉山元治郎が参加し、一七〇〇名の集会となった。林田は県連書記長に任命された。同大会で労働農民党（労農党）支部結成を決議した。

同じころ、南予では、賀川豊彦と親交のあった井谷正吉が、神戸で開催された日本農民組合創立大会に参加し、一九二二（大正一一）年四月、北宇和郡日吉村に帰り「明星ケ丘われらの村」を創設。南予各地を遊説し農民組合結成を呼びかけ、一九二六（大正一五）年四月二八日、日農本部から杉山元治郎を招いて、日本農民組合予土連合会の発会式を北宇和郡明治村松丸の松栄座で開催した。

同年五月一六日、宇和島で労農党南予地方支部創立委員会を各地代表者一一名が参加して開催、南予各地に労農党支部を結成し、支部連合会の委員長を井谷にすることを決めた。

県内各地に労農党支部が結成された一九二六（大正

一五）年一一月一四日、松山市の松前町で、林田哲雄（周桑支部）、井谷正吉（日吉支部）、越智清一郎（喜多支部）、篠原要・白川晴一・高市盛之助（松山支部）等が出席して、労働農民党愛媛県支部連合会を結成、県連事務所を松山市松前町（白川晴一方）、南予出張所を日吉村（井谷正吉方）、東予出張所を周桑郡小松町（林田哲雄方）に置いた。

当時の県警察部が「愛媛県下に於ける無産政党概況」で「南北相呼応シテ結党ニ向ケテ奔走スルニ至レリ」と報じたように、日本農民組合・労農党の全県統一組織が誕生した。

一　愛媛における労農党・日本農民組合の分裂

愛媛県で、日本農民組合・労農党の全県統一組織が誕生したのとまさに同時期に、中央で無産政党、農民組合の分裂問題が起こった。労農党南予支部評議会は、杉山・賀川の労農党離党の報を受け、一九二六（大正一五）年一一月、実状調査のため井谷を上京させた。翌一九二七（昭和二）年一月一六日、幹事会を開き、井谷の中央情勢報告を受け、「分裂は不可解、我々は中央の石合戦に与せず」と地方的無産政党樹立を決議し、労農党南予支部評議会を解体し（東・西宇和支部は反対）、同年八月四日、南予平民党を結成した。さらに、同年二月二二日、日本農民組合予土協議会に加入する南予四郡の組合は、井谷の呼びかけで日農を離脱、杉山・賀川の組織する全日本農民組合加入を決めた。

一九二七（昭和二）年三月七日、林田は分裂阻止のため南予に出向き、九日、明星ケ丘で井谷と会談したが決裂、同年八月一二日、井谷が全日本農民組合愛媛県連合会を結成した。

これにより、南予は全日農加盟（六支部・二九〇名）・日本労農党支持、東予は日農加盟（三五支部・二三一〇名）・労農党帰属と中央の分裂が愛媛にも波及した。

南予各支部は日農から脱退したが、日農愛媛県連は、第二回大会を、一九二七（昭和二）年三月一二日、日農本部から西光万吉、前川正一を招き、周桑郡小松町の常盤館、丹山倉庫、明勝寺の三か所で開催した。このとき全県の支部は三六、組合員二一八四名で組合員、支部数ともに増加している。つづいて、同年八月一二日、南予の日農離脱を受けて臨時大会を小松町明勝寺で開催した。南予の四支部は脱退したが新たに三支部が加入し、組合員数も二三一〇名に増加した。

一九二七（昭和二）年四月二二日、小松町で無産青年同盟愛媛県連合会発会式、同年六月一九日、東・西宇和、喜多、松山、越智、今治、周桑、新居の各支部から代議員五十一名が今治市に集まって労働農民党愛媛県支部連合会の発会式を開催した。

労農党愛媛県連は七月上旬、南予平民党排撃の遊説隊の派遣を決めた。

【昭和二年三月〜三年三月一四日の書簡】

翻刻された一九二七（昭和二）年の四通の書簡はこのような状況の中で書かれたものである。

01　昭和二年三月七日　はがき　日本農民組合愛媛県連合会→日本農民組合総本部

（表）大阪市此花区西野田水成町一八六
日本農民組合総本部御中
愛媛県小松町日本農民組合愛媛連合会本部
（裏）全国大会の節、当県代議員が、其実弟が松島で女郎屋を営んでゐる宅へ他の同郷代議員と共に宿泊した。其節其楼主曰、『吾々としても、賀川と言ふ人の御機嫌を取っておかなければ都合がわるいから、各戸から金を出して松島楼として一封を賀川氏に贈った』と
右御参考の為、御報告申上げて置きます。
（今から同行三人にて、南予出張所に特別活動の為に出発する途中です）

02　昭和二年三月　手紙　差出人不詳→（総本部）

南予出張所方面の情勢は先報の通りでありましたが、果して二十七日以来杉山ヲ迎へて此地に講演会を為し、本日同封の通りの脱退の届出がありました。

但し隣接せる高知県幡多郡津土村方面の形勢は、幾分の望みはなきにあらざる見込にて、本日打電致しました。

当県連合会として人並経済上、今后の特別活動は甚だ困難であります。総本部特別活動部として御考慮被下度御願申ます。右取急ぎ報告まで

03　昭和二年八月八日　手紙　日農愛媛県連→総本部

「本部員派遣方申請書」
一九二七、八、八　　日本農民組合愛媛県連合会
総本部御中
左ノ通り臨時大会開催候条、本部員一名派遣相成度、申請ヲ致シマス
臨時大会
一、開催日　一九二七、八月十二日午前八時

一、開催所　愛媛県小松町
一、開催ノ目的　県会議員選挙対策
本年度小作争議其他

04　昭和二年八月一二日　手紙、井谷正吉→杉山元治郎

（封筒裏）　伊予日吉局配達区内明星ケ丘　井谷正吉
八月十二日
杉山先生　侍史　　　　　井谷正吉
（前略）
十日青年部会合左翼四名の策動により分裂、我々の方は全日青年部として活動のことに決し候。

書簡の全国大会は、一九二七（昭和二）年三月二一日から三日間、大阪天王寺公会堂で開かれた日農第二次分裂大会となった第六回大会である。この大会には日農愛媛県連からも複数の代議員が参加し、そのとき聞いた女郎屋の楼主の話から、賀川豊彦の活動姿勢を批判する書簡を送っている。同年一二月上旬、井谷が計画した南予各地での賀川の演説会を阻止するため、労農党県連合会は周桑郡小松町で開いた代表者会で「賀川豊彦に愛媛の土地は一歩も踏ませない」という趣旨の声明書を出すなど、労農党から離脱した賀川への批判を強めていた。

日農本部は、組織の拡大、強化のため、未組織地域や他団体支配下の農民対策のために「特別活動委員会」を設け、特別宣伝隊を送る活動を行っていた。書簡中の「特別活動」は、林田ら日農県連の三名が南予各支部の日農離脱を阻止するため遊説隊として出向く記事である。

「南予方面の情勢は先報の通り」とあるが、この書簡が翻刻されていないので内容は明らかではないが、分裂の状況が報告され、日農本部に南予対策のためのオルグ派遣と財政支援を要請している。

井谷から杉山への手紙は、同年八月一〇日、南予無産青年同盟のメンバーのうち四名が、三間村の同盟事務所で委員会を開き、南予平民党を解体して労働農民党に復帰すること、全日本農民組合を解体し日本農民組合に復帰すること、などを、顧問として出席していた井谷に要求し、青年同盟が分裂した時のことを報告したものである。

しかし、日農分裂後の南予と東予の対立は敵対的なものではなかった。井谷は、労農党愛媛県連が送った南予平民党排撃の遊説隊のために会場を確保し組合員に参加を呼びかけている。林田も、日農総本部開催の農民団体懇談会にあて、農民団体の一大合同を要請

し、一九二八（昭和三）年二月に行われる衆議院議員選挙に、愛媛三区から無産政党の統一候補として井谷を推すことを報告する次のような書簡を送っている。

06 昭和三年三月一四日　はがき2　日農愛媛県連林田哲雄→総本部内農民団体懇談会

（表）大阪市北区堂島浜通三ノ一八
日本農民組合総本部気附　農民団体懇談会御中
愛媛県小松町日本農民組合愛媛連合会本部（※氏名無し）

（裏）支配階級強圧の前にわれ等は強ジンなる闘争力ある戦線の統一が必要である。総ての情実と感情を排し、階級的熱情を以て農民団体の一大合同力を結成し、意識的な弾圧と深刻な対立を闘ひ抜かむことを要望す。愛媛県は共同闘争を日常闘争に展開し、南予の全日と日農愛媛とは井谷君を推し選挙協定も出来てゐた程である。諸君の努力をわれ等は待ってゐる。祈健闘。

二　我が国初の普選、三・一五共産党弾圧、四・一〇共産党関連三団体解散令、周桑郡の日農支部総解散

一九二八（昭和三）年の書簡は日農愛媛県連への弾圧、組合の崩壊、再建の動きの状況を報じ、オルグ派遣を要請したものが多い。

一九二八（昭和三）年二月、我が国初の普通選挙による衆議院選挙が行われた。当局の激しい選挙妨害を受けながら無産政党全体で四八万票を獲得し八名の当選者を出した。なかでも労農党は一八万票を得、二名の当選者を出し無産政党第一党の力を示した。また、再建された共産党は、徳田球一はじめ一〇名を労農党から立候補させ、公然と党の主張を大衆に示した。

愛媛県でも、労農党は二区に日農顧問弁護士小岩井浄を立て、県連本部を松山から周桑郡小松町明勝寺（林田哲雄方）に移し選挙戦を闘った。三区は日本労農党から立候補した井谷を無産政党の統一候補としたが、井谷は選挙保証金の準備が出来ず立候補を断念した。

小岩井浄は落選したが、投票総数の一四％に当たる八四六八票を獲得した。

これら総選挙に示された無産階級の台頭に強い危機感を持った政府は、同年三月、各府県の警察官を大増員し、（全国警察官五万七千人の二割に当たる一万人を増員）無産運動への大弾圧をはじめた。

同年三月一五日、「日本共産党の主義行動は根本的

にわが国体を破壊せん」として治安維持法違反の名目で共産党を弾圧し、全国で千数百人にのぼる労働者・農民・共産主義者を検挙し（三・一五事件）、四八四人を起訴した。

つづいて、同年四月一〇日、労農党、日本労働組合評議会、無産青年同盟に、共産党とのつながりが強いことを理由に解散を命じた。

県内でも、同年三月一五日、壬生川署は一〇数名の警官を周桑郡小松町の日農県連事務所に踏み込ませ、病気で寝ていた書記篠原要を検束した（林田は日農中央委員会出席のため不在）。今治署は制・私服巡査十数名が、今治市八幡町の労農党県連事務所で書記長中川哲秋、書記白田一郎を検束、松山署は「大衆時代」主幹高市盛之助を拘束した。

同年四月一〇日、県警察部は労農党支部連絡会及び県内各支部、松山合同労働組合、今治一般労働組合、全日本無産青年同盟県連絡会に解散命令を出した。

同時に、労農党の中心となって選挙戦を闘った日農愛媛県連の弾圧に乗り出した。

日農県連本部の計画した小松町での第二回メーデーは、前日の四月三〇日、幹部二一名が壬生川署に検束されたため中止となり、同日開催の日農愛媛県連第三回大会は、小岩井浄と前川正一（日農香川県連委員長）が小松駅頭で検束され県外追放の処分を受け、多くの代議員も逮捕され参加者は五〇〇名に減った。

その後、日農県連本部の明勝寺は、連日一〇数名の警官に包囲され外部との連絡を絶たれた。同年五月一四日から、壬生川署員が小松支部を捜索し、三日間で幹部組合員四二名を拘引し、取り調べ、組合員宅を戸別訪問し組合脱退届に捺印させた。

こうした弾圧のため周桑郡内に組織されていた一五の日農支部は五月末までにすべて解散した。弾圧は新居郡、越智郡にも及び、東予の日農県連組織はほぼ壊滅し、県連は、温泉、松山の二支部を残すのみとなった。

警察は農民組合に弾圧を加える一方、争議の解決に乗り出し、同年五月一七日、日農県連本部の置かれた小松町の争議の調停を開始した。警察の調停は不調に終わったが、小松町の香園寺住職山岡瑞円の仲介で、同年一〇月二四日、調停が成立し争議は解決した。

以下の書簡は、林田から総本部に、弾圧の状況が報告され、反攻の取り組みへの支援を要請したものである。

【昭和三年一月～七月の書簡】

05　昭和三年一月一三日　はがき1　林田哲雄→総本部
山上武雄

（表）大阪市北区堂島浜通三丁目一ノ五
大阪市日本農民組合総本部　山上武雄様
愛媛県小松町日本農民組合愛媛県連合会本部　林田生

（裏）先日は失礼致しました。

御願申上げましたオルガナイザーの件、何卒大至急御世話下さる様に御願申上げます。指導理論の明確なる活動的人物を望みます。

右何卒至急に御願申上げます。組合を嵐壊から救ふ為に・・至急御援助下さい。

08　昭和三年四月二三日　はがき　日農愛媛県連→総本部

（表）大阪市北区堂島浜通三丁め一八
日本農民組合総本部御中
（※鉛筆書きで「祝電発送スミ」）
（※「愛媛県小松町　日本農民組合愛媛連合会

（裏）「檄文檄電の雨をふらせ」
来る五月一日本県連合会第四回大会を開催します。忘れないで檄文檄電の雨をふらせ
愛媛県小松町日本農民組合愛媛県連合会

09　昭和三年五月頃　手紙？（林田哲雄）→日農総本部

「情勢報告」

官憲の組合切り崩し弾圧は日と共に加り、各支部に署長、刑事巡査数名、毎日の如く出かけて、硬ナン両戦術を以て、脱退をカン誘しつゝあり。脱退書を作製して戸別訪問して調印を求め警察に誓約書を入れしめて脱退書を郵送し来たるもの続々。殊に頑強ナル小松支部に対しては業務横領ナリと称し、組合幹部三名を検事局に送り、組合員を悉く四日間検束し（一人残らず）、本部との連絡を断絶して脱退を強要しつゝある。

（欄外）本日釈放。全クオドシデアッタノガ明カニナッタ。

小松の組合員は、之にヒルムことなきも、本部との連絡を断たれ（本部を十数名の巡査で包囲）たる為、アジ不可能にて漸く青年同盟の勇敢なる活動に依って連絡をとり、果敢なる闘争を為しつゝあるも、組合員との直接の接触不可能ナル為、一応表面脱退する様なことがあるかも知れない。

青年同盟の活動はメザましい。

昨日、青年同盟のアジにて全組合員検事局におしかけた。

昨夜、青年同盟の連中にて組合員にアジビラを散布。

同夜全町をうづめて雪白にならしむるまで、一万のビラ『警察政治打破』を夜中三時頃に散布した。

全く香川式の弾圧で組合員もおそらくヘコたるだらうと

思はれる。殊に養蚕期の為困っている。

一応ヘコタレるかも知れないが奮激は益々高まり、田中反動内閣打倒にまで意識到達せること明かなり。

近日暴圧反対。田中内閣打倒演説会を開催する予定＝但し形になるまい。

新居郡方面にはまだ右の様な弾圧は現はれて来ない。蓋し組合は新居郡の方がもろいと思う。早晩やって来ること明。

殊に新居郡方面には社民の運動が起った。先に小岩井氏に報告しておいたから、それを見ていたゞき度いが、ダラ助連中三名に依って、社民の運動を起し、社民支部、及農民総同盟の運動を起さんと策動しつゝあり。決して問題ではなく、全く大衆を持たない。彼らは唯、組合員の弾圧恐怖性に乗ずれば、何者かを獲得することが出来るであらうと思ってゐるらしい。最近、けいきのいゝホラ情報を送って、大坂に応援を求めた。それに依って鈴木悦次郎君が収ったが、同君の意識は誤謬があるが、態度はかなり明かだ。今后の同君の態度は注目してゐるが、信じていゝかとも思ってゐる。

策動者は組合の組織外部の者にて、日常の闘争にも参加し居らず。外部から組合を切り取って何事かを為さんとするものである。

此際、断然葬らねばならぬ。彼等は明かに政友会と連絡あり。ケイサツと打合せてやってゐる。

弾圧、ダラリ運動、共に逆宣伝の乗する所は、先に監査委長あての報告の通りに「訴訟部のタイマン」に乗じてゐるものである。昨年以来連合会本部の「其日暮らし」のやり方は連合会の統制上□□面白からざるダラシなき収態《ママ》を出現し、不活動にて組織教育、闘争凡ての点に於て訴訟部のタイマンと相待ってハイタイシきって居ることは前川生も見たことゝ思ふ。僕としても腹一杯そうした不満を持って矯正に努力し来、今漸く其緒につかんとしつゝある際、腹背から逆実、切り崩しが来て弱ってゐる。

岸田君の活動と青年同盟の活動とで、漸く運動を続けてゐる。

松野尾君は此の急なる場合でも出て来ない。県に抗議しようとしても途が立たない。

総本部としても何かの方法を講じていたゞき度い。先づ至急抗議せられ度し。

○立禁勝ツ
小松町支部杉原虎一　田約四反に対し、地主日和佐
　某昨年立禁執行。
最近解決、小作料　三割引、訴訟費　地主負タン、
立禁ニヨル損害賠償　百五十円
右大勝利
○土地仮執行
ヒミ町青野経太郎ニ対し、伯父地主伊藤仁平、執行一丁一反、大衆的抗争に依って闘いつゝあり。□□近し

10　昭和三年五月頃　手紙（林田哲雄）→日農総本部

追報

連合会本部は包囲されて支部との連絡不如意にて綜合的情勢を知ること不可能なるも、一、二の報告に依るも、新居郡方面も、周桑郡同様の弾圧にて、殆ど各支部は切り崩された様子です。其潜勢力については、確実なる認定を下し得ず。全く香川県同様と思はれる。

11　昭和三年六月一四日　はがき　林田哲雄→前川正一

（表）大阪市北区堂島浜通三ノ一八
全国農民組合総本部　前川正一様

（裏）暴圧は一段落です。内実は決して楽観することはない。迫撃的抗議に官憲は殆んど撤兵した。寸分容赦せず、カミツキ犬の様にかみついてやる。さて再組織に取りかゝったらどうか。彼等はどうするか。目下農繁でなんにもやれない。農繁済み次第猛然とやる。御面倒ですが左記の本を送ってくれませんか

近マ（間）氏「農民運動と其の組織」　杉山氏「組合の理論と実際」

12　昭和三年六月二二日　手紙　林田哲雄→総本部（前川正一）

御手紙拝見、暴圧の事実は今、系統的に細密に調査中でありますから、調査表を整理して送ります。応援の程何分御願ひします。再挙の準備として

一、暴圧反対田中内閣打倒の運動をやりたい。で、其為七月三・四・五の三日間、小岩井氏が来ることになってゐます。同時に今度は何人か代議士に是非来てもらいたいのです。諸種の関係から代議士も絶対に来ていただき度いのです。兄から山本氏か水谷氏かに万難を排して来て下さる様御交渉下さい。御願ひします。

二、其後に於て一ヶ月以内に全国農民組合宣伝と、全国農民組合連合会創立大会との為に賀川豊彦・杉山元治郎・前川・辻本菊次郎の諸氏を四日間程来ていたゞき度いのであります。

此点も次いで至急御交渉御決定下さる様に御願ひします。

右二件、御面倒ですが兄に御依頼します。尚再挙に関し御意見等ありましたら御指示の程御願ひします。

14　昭和三年七月頃　手紙　林田哲雄→全農総本部

御手紙拝見しました。

再挙の前提として、現実の暴圧に対する反抗を組織化し、動員する目的で小岩井氏をよんだのですが、大事な晩に検束され、其留守で松野尾君が退却したので、計画が飛んでしまって困ってゐます。小岩井氏も一寸来られない由ですから、第二の方法を立てようと思ってゐます。

とにかく、一方の杉山・賀川・辻本氏等の計画の方、至急進めてくれませんか。一日も早く日程を決定していたゞき度いものであります。

八月一日に蚕が出ますから、それまでにやらなければならないんです。七月一杯にです。
右何分御願ひします。
再挙について、総本部に打合せに行き度いのですが、経済的にまいってるので何ともならないのです。

三　日農と全日農の合同による全国農民組合結成と、同愛媛県連合会の結成と活動

日農は総選挙後「戦線の分裂がいかに無産階級の闘争力を消滅せしむるかということが痛切に感じられ、全国農民団体の即時合同は目下の最緊急事である」と全農民組合に訴え、一九二八（昭和三）年三月一六日、全国農民団体合同懇談会を開催した。

同年四月二〇日、第七回大会（議長小岩井、副議長、林田、愛媛から二〇余名参加）で農民組合の合同が提案され、同年五月二七日、日本農民組合と全日本農民組合との合同大会が大阪で開かれ、全国農民組合（全農・委員長杉山元治郎）が結成された。

中央の組合合同をうけて、愛媛でも、同年七月二七日、林田が宇和島に行き井谷と会談、分裂していた二つの組織が再び合同、全国農民組合愛媛県連合会（全農愛媛県連・本部、周桑郡小松町）を結成した。

同年七月二九日、林田、井谷等が宇和島で開催した愛媛県連合会合同協議会の会議の内容を前川正一が全農本部に次のように報告している。また、小松町の児玉熊夫も前川正一に小松の組合員の状況を報告し、全農の誕生を祝し闘う決意を示している。

【昭和三年七月二九日〜九月の書簡】

13　昭和三年七月二九日　メモ　（※傍聴人前川正一→全農総本部？）

報告
愛媛県連合会合同協議会開催
七月二十九日午前十時ヨリ
宇和島市　花屋旅館にて
全日側　井谷・朝比那・福森・中村（園部代）
日農側　林田
傍聴　前川正一
議長　福森
一、合同　可決　単一連合会
一、名称　全国農民組合愛媛県連合

一、規約の組織は、委員長を設けず、七名の執行委員会を最高の決議及執行機関とす。執行委員は、南予三、東予三、中予一

一、合同声明書、起草　林田　（印刷後送）

閉会後政党問題懇談を為す

林田の提議により

一、構成　本部　地方協議会

中予〃〃

南予〃〃

一、事務所　本部　小松町

出張所　日吉村、松山

一、規約　起草　井谷　（印刷　後送）

但し、規約中に南予の要求により左の文句あり

※連合会は地方的特殊事情を尊重し、之を基調として指導することを認む。

15 昭和三年七月頃　手紙　児玉熊夫（小松町）→前川正一

過去、香川に資本家=地主及びそれ等の手先どもは、露骨なる方法と憎むべき手段に依って、我等が血と涙で築きあげた組合をたゝき崩さんとし、其の憎むべき悪風は、香川を越へて我が愛媛にも、其の魔手は延し、手先たる警察は、然も農家の最も多忙なる農繁期、養蚕期を目がけて、二日、三日と警察に引っぱり、色々なる口実を申して、我が組合を崩さんとして、無理矢理に組合を脱退せよ、脱退せよと申して、新に親農会とか何とか名を付けて、地主及小作人より各代表者を選で、合理的なる仲裁をすると申し、無智な農民を信用させたのです。

以上の如く、目茶苦茶な圧迫に会ひ、過去数年の間、最も我々農民の唯一つの武器なる農民組合を、口先なりとも組合を出なければならぬ様に成りたる事は、全国農民諸君と共に、私等心から怒りの涙、今に復讐の涙、兄弟は此の仲裁のやり様で、直に再度起て邁進すると申して、兄弟は手に手を握り合て居ります。

決して此の圧迫及我等小作人の唯一の武器たる農民組合は、口先ばかり脱会にて、少しも悲しんだり落胆したりする様な者は無く、警察等が合理的なる仲裁をすると申しても、決して出きる物では無い。我れ々々小作人への真の味方であるかどうか、といふ事を良く考へたなれば、決して警察等が、如何なる事を申しても、信用の出きる物では無いと申す事を、各農民諸君に聞かして居ます。

本部林田君方とも、れんらくを取りて居ります。各組合員は、前通り組合費も集めて居りますれば、何とぞ御安心下さい。

去る五月二十七日、全日・日農との合同して生まれたる、全国農民組合をお祝し、全国農民組合、拾万の兄弟と手に手を固く握り合い、凡ゆる困難を越へて進み行きましょ。

愛媛の農民再び起って闘て行くつもりです。

全国農民組合・日本農民組合万歳、

毎度御書面有難く存じます。貴兄も疲れた身体ですから、御身を大事にしてお務めあらん事を切に祈ります

愛媛県周桑郡小松町　児玉熊夫

全農愛媛県連が結成された一九二八（昭和三）年七月前後、林田は県内各地で演説会を開催した。同年六月一七日、今治で田中内閣打倒演説会、弁士、山本宣治、小岩井浄、林田。同年八月二四日、松山で、全農委員長、杉山元治郎、全農総本部、浅沼稲次郎、同、辻本菊次郎、代議士、水谷長三郎を弁士に、全国農民組合合同記念暴圧反対演説会。つづいて東予各地で、同年八月二五日から四日間、杉山元治郎を招き農村問題演説会を開催し全農県連の強化を図った。

小松町では聴衆五〇〇人を集め盛会であった。

次の数通は演説会実施に関する本部との連絡調整のためにやりとりした書簡である。

16　昭和三年八月一一日　手紙　林田哲雄→総本部浅沼稲次郎

お手紙拝見しました。杉山氏、二十四・五・六、来て下さる由、何卒間違なくお願いしします。

水谷氏とも、既に約束してあるのですが、間違いない様に、本部からも確かめておいて下さい。

賀川氏、何とか此の暴圧の実情に発プンしてでも、犠牲的に都合して来てくれないものかしら尚一応、御交渉下さる様兄に御願ひします。

浅沼氏・辻本両氏は今度は是非来て（以下半行読めず）

今度は少なくとも、杉山・水谷・浅沼・辻本氏等だけは、間違ひない様にして下さい。暴圧の時ではあり、二度まで弁士が宣伝通りでなかったのですから、今度は確実に御交渉下さる様、兄に責任をもって下さる様に御願ひします。

至急、其の点御交渉の上、御返事下さい。

17　昭和三年八月一三日　手紙　辻本菊次郎→全国農民組合組織部

冠省、愛媛県連合会主催の演説会に出演の義、林田氏よりも、直接手紙にて依頼が来ましたので、此度は何を置いても御邪魔致し度いと思ひまして、本日林田君へ承諾の返事を差出しました。

八月十三日　組織部御中　辻本拝

18　昭和三年八月一四日　手紙　林田哲雄→（全農総本部）　杉山元治郎

暑くなりました。

香川に次ぐ暴圧に、「組合員一人もなし」と称せられた、愛媛は再挙します

二十五日・六日・七日・八日、四日間大演説会をやります。

単なる愛媛の再起ではなく、香川に絶大の影響あり、引い

て全国に影響するものです。如何なる犠牲を払っても、全国的応援を願います。何事をおいても絶対に応援して下さい。

大阪天保山、4時半の船にて今治着、伊予小松駅下車何卒貴下のご来援を願います。此手紙着信次第、直ちに御来否御返電下さい

愛媛県小松町　林田哲雄

19 昭和三年八月一四日頃手紙（林田哲雄）↓前川正一

御手紙拝見しました。

今度の演説会を失敗したら、一寸困るのです・是非、賀川氏にも来てもらって下さい。（本日杉山氏に発信）

杉山氏は、先の手紙では、二十四・五・六、来てくれる様に書いてあったのだが、今日の兄の手紙では、まだ杉山氏も承諾してくれてないらしい様子ですが、どうしたのですか。今度失敗したら困るのです。

是非、杉山氏に来て下さる様御願ひ下さい。貴兄に弁士の顔ぶれを一任します。是非御願ひします

他に、浅沼・辻本氏等も交渉確実に御願ひします。浅沼・辻本氏が出来なければ、山上・宮向両氏を御願ひ下さい。

右すみませんが、貴兄に御一任申上げますから、確実に御願ひします。

今度失敗したら困ってしまふ。

20 昭和三年八月頃　手紙　小松　林田哲雄↓（全農総本部）

拝啓

先日は失礼致しました。御多忙の事と存じます。

八月二十四・五・六日程の御都合がつき、当地に御来援下さる様に前川君から通信がありました。

争議（ケイサツの仲裁）の進行、其他の関係上、急いで再起の運動を進めなければならない、絶対状態になってゐます。最近益々凶暴を加ふる暴圧に対し、あくまで闘はずんば之を認容することになります。実に天地許さぬ暴状であります。

何卒万難を排し、二十四日の午后までに御来着下さる様、御願ひします。

出来れば、二十三日の晩、是非松山にて演説会をやり、県下の与論に訴ふることが必要なのですが、二十三日に御越し願へませんでせうか。

右二点、何分の御返事を御願ひ申上げます。

尚、賀川氏は特に御多忙の様に承ってゐますが、此の暴虐の場合、特に万難を排して犠牲的に御来援下さいませんでせうか。

警察部長の言葉より察するも、貴下及び賀川氏に対しては、弾圧はやらないらしい言でもりますし、仮に弾圧をやるにしても、其処に賀川氏を立っていたゞくことは、非常に面白いと思ふのであります。

是非御願ひしたいのであります。貴下からも、其点何らか御依頼下さる様、御依頼申上げます。

右御願申上げます。

三回目です。今度、貴下及び賀川氏が来て下さらなかったら、一寸、今後の見当が立ちません。是非是非、特に御都合下さる様御願ひします。

21　昭和三年八月頃　手紙　林田哲雄→全農総本部？

啓上
香川に次ぐ愛媛の暴圧は、既に御聞きの事と存じます。最近、再起せんとするに方って、一層凶暴を加へてゐます。
来る二十四・五・六、三日間杉山氏等が来てくれる事になってゐます。其節貴下にも、是非来ていたゞき度いのであります。
此の暴虐を思ひ、再起の影響する時と、当県下の運動の将来を思って、絶対に来て下さい。御願ひします。至急御返事下さい。

愛媛県小松町　林田哲雄

22　昭和三年八月頃　手紙（林田哲雄）→全農総本部？

二十四日　松山
二十五日　県抗議、夜小松
二十六日　西条、橘、大町
二十七日　大頭、三芳
二十四日に高浜に上陸して、道後八重垣旅館まで来て下さい。

23　昭和三年八月二五日　絵葉書　浅沼（稲次郎）↓全農総本部

（表）大阪市北区堂島浜通三丁め
全国農民組合総本部御中　　道後の温泉　浅沼生
一松山の暴圧反対演説会大成功
一明日は小松町です。
一報告書の作成たのむ。
一昨日、温泉で旅の疲れを休めて
（裏）「伊予道後温泉神の湯」の絵

25　昭和三年九月　手紙　林田哲雄→全農総本部宛名不詳

御無沙汰致しました
前川君はどうしてゐますか、気にかかってゐます。まだ総本部へ帰りませんか。住所をお知らせ下さい。
当県下遊説の件、至急御決定の上御知らせ下さいませ。十月四日から十一日頃までは養蚕の為だめです。十月一・二・三日か、十二・十三・十四日かです。なる可く一・二・三日にして下さる様御願します。

先日御話しの顕微鏡の件、まだ発売してゐませんか。待ちかねてゐるのです。当県連書記が、大々的に行商致します。四国四県の特約を御願ひしたいのです。

右御返事下さいませ。

林田生

24　昭和三年九月六日頃　手紙　林田哲雄→杉山元治郎

御来援中より中央委員会中、色々御世話様になり失礼も致しました。

賀川氏及貴下等の御来援の準備の都合で、三十一日夕方帰途につきました。

其后電報を待ってゐましたが、それが来ないので、今月は不可能なのだろうと存じます。今月十日には、秋蚕がはき立てられる事になりますから、十月一日頃から食ひ盛りで多忙となり、十月十日前后には、あがる様な頃になります。

此の場合、是非共尚一度位は御力をかり度く、御援助を願はねばならないのです。

蚕の方が右様の次第でありますから、一日も早く来て下さる様に、御打合せ下さる様、御願申上げます。

止むを得ず、十月に入ってからでなければならないとすれば。一日・二日・三日頃にしていたゞかなければ蚕が多忙だし、十月以后になると、地方の祭礼が次から次へとあるから、都合がわるいと存じます。

然し、万止むを得ないとすれば、仕方がありませんから、何時でも遂行致しますが、切角来ていたゞくのだから、なる可く都合のいゝ時にしたいと思ふのであります。

尚、教会の方から、是非ついでにとの希望を命ぜられてゐますから、其点御考慮の上、賀川氏の日程を成る可く多く御都合下さる様にも、御願ひ申上げておきます。

連合会の再組織は、手をゆるめない様に、気ぬけのしない様にして行かなければなりません。是非最近に尚一度御来援を、絶対に御願ひしたいのです。

右、何分御考慮の上、今一度の御応援御打合せ下さる様に、至急御願申上げます

林田哲雄

杉山様

26　昭和三年九月頃　手紙　林田哲雄→総本部

先に御願申上げました当県下演説会の件は、十月十日・十一日・十二日が最適であります。是非其節、賀川氏・杉山氏・小岩井氏・前川氏等来て下さる様御都合下さい。

右御返事至急御願ひ申上げます。

先に御願ひした十月一日・二日頃は養蚕が少し早まった関係上都合が悪いのです。

27 昭和三年九月頃　手紙（林田哲雄）→（全農総本部）

次回演説会の件、電報を待ってゐたのですが、遂に来ませんでした。

是非、此際至急御来援下さる様、御準備下さいませ。

九月十日に秋蚕が出ますから、一日でも早い方がよいのです。

どうしても十月入ってでなければ、来ていただけないのでしたら、十月早々にして下さらないと、蚕が十月十日にはあがりますから、十月初旬は食ひ盛りで多忙です。

一日でも早い方がよいのです。右御含みの上、賀川・杉山氏等とも御打合せの上御通知下さる様至急御願します。

28 昭和三年九月頃　手紙　浅沼稲次郎→林田哲雄

林田→浅沼

（表）愛媛県連合会本部　林田哲雄様　浅沼稲次郎

先日は失礼致しました。その後、官憲の態度は如何です。岸田君は元気ですか。

エヒメ遊説の件ですが只今賀川氏と交渉中です。貴殿の方は大体何時頃がよいのか、何処と何処とで演説会を開催するのか、至急御通知を願ひます。本部としては十月の初めがよいと考えて居りますが。

次に別子の事、高梨の処に知らせてやりました。右要用迄

（裏）表書に対する回答

一日も早い方がいいのです。然し十月になってでしたら、一日・二日・三日・四日位の間がいいのです。

開催地は、今治・丹原・小松・西条・泉川等

準備の都合があるから至急決定の上御知らせ下さい。

会場の妨害をされるから、本部の方で新聞其他の発表をしない様に至急御願

四　林田哲雄の無産政党合同構想と、小松の小作争議

全農愛媛県連結成後、各地での演説会を成功させた林田は、一九二八（昭和三）年一〇月二日、新労農党準備会愛媛県連の支部代表者会を松山で開催したが、松山署に各支部代表者が全員検束された。林田は留置場内で支部代表者会を開き執行委員長に就き、同年一二月一一日、大洲で結党促進演説会を開くなど、新労農党結成に取り組んだ。

一方、南予では、井谷が日本労農党南予支部事務所を日吉から宇和島に移し、日本労農党愛媛県連合会（翌一九二九（昭和四）年一月、日本大衆党愛媛県連

合会に改称）を結成、中予への組織拡大を図っていた。

以下の書簡は、林田の農民組合と無産政党の合同（日本労農党と社会大衆党との合同）に関する意見と、弾圧を加える一方、争議解決に乗り出した警察の調停を蹴って、組織の再起に取り組む小松支部の状況を報告したものである。

【昭和三年一〇月〜一二月の書簡】

29　昭和三年一〇月頃　手紙　林田哲雄↓全農総本部
宛名　不詳

上阪中、色々御世話様になりました。厚く御礼申上げます。

三十一日夕方、帰る途につきました。まだ重要懇談中であったから、帰り度くはなかったのですが、今度の演説会の準備の都合があるものだから、残念乍ら帰ることに致しました。

本日の新聞によれば、組合の合同を拡充し（平野一派に対し）政党の合同へ進む。二つの決議が為されたことを聞きました。真に機会を得たものとして、喜びにたへません。

中央委員会にもあらはれたる如く
㋑、組合の合同のまだ完成せざるに、政党の合同へ進むは、地方に依ては組合□□の再分裂へのおそれさへあるが故に、先づ組合の合同を推進し、往年の農民組合の実力を再び作って後、積極的政治行動に出る。

㋺、組合の合同を促進する為に、政党の合同を促進する。

二つの潮流がありましたが、私は断然、後者を取るものであります。

一応前者の如く見ゆる地方はあるけれ共、それは認識の誤りであり、又政党合同の理論と技術の如何に依っては、当然促進される可きものであり、他方、組合の合同は、政党の合同の前提であり、沸然たる党合同の要求は、真の組合の合同の内包を拡充せんとする、輝ける要求であるにもかゝはらず、何等政党合同への誠意ある努力の現はれざるは、組合の切角の合同の真義を抹殺するものであり、此の大衆の政治戦線統一の熱望を裏切るものであります。故に此の場合組合合同の真議を一層戦ひ進める意味に於て、一回、平野一派への組合合同の前進を為すと共に、政党合同への真議を一歩おし進め、大衆の此の要求を統一する、政党合同と組合合同の交互作用此の今回の決議こそ、真に辯証法的戦略であり、近来の一大痛快事として、満腔の熱意を以て、今回の決議を支持することを表明します。

統制委員長の要求に依る答申『如何にして連合会を振興するか』此点、懇談会に於て具体的方法は論じ尽されてゐると思ひます。

（仁科説、山根説、大阪連合会教育部長の説）

唯実行であると思ひます。私は他県連合会の状態は知りません。愛媛県連合会は、過去一年間それが行はれてゐなかった。そして要は、それを実行するに方って、農民の心をつかみ、内的にアヂテイトすることに依て、それらを行ふ技術問題だと思ひます。

30　昭和三年一〇月頃　手紙　林田哲雄→（全農総本部）

次期遊説隊を待ってゐます。杉山氏はまだ治りませんか、賀川氏は如何？

是非、至急に来て下さる様に御打合せ下さい。もう蚕もすみました。二十日頃から刈込みにかゝります。それまでに是非来て下さい。

右、至急御願ひします。

31　昭和三年一〇月頃　手紙　林田哲雄→（全農総本部）

□□二十四日、支部代表者□□（会議カ）に於て、強固なる支部を結束して、連合会大会を開催し、基礎を築く可く決議し、先づ小松町支部は仲裁をけって抗争を宣し、別紙の如く猛然再起しました。今度は一寸破られません。然し乍ら、それと同時に、本部は再び十月四日から従前の如く重囲の中におち入りました。

32　昭和三年一〇月頃　手紙　林田哲雄→（全農総本部）

十一日　六件
十三日　二件
右、弁護士
必ずたのむ

33　昭和三年一〇月頃　手紙　林田哲雄→（全農総本部）

回答
杉山・小岩井・前川三兄を希望します
日程は十二・三・四・五・六日
右、至急御返事を願上ます。なる可く電報で至急

34　昭和三年一一月二六日　はがき1　愛媛県連（林田哲雄）→全農総本部

（表）　大阪市北区堂島浜通三ノ一八
全国農民組合総本部御中
愛媛県小松町日本農民組合愛媛県連合会本部
（裏）　賀川・杉山・小岩井・前川氏等の当県宣伝の件、かねて御願申上げてありましたが、再組織の関係及時機の問題からして至急御決定の上御願します。
組合員も期待してやかましい。
新しく未組織□・・□是非早く御願

35　昭和三年一一月頃　はがき2　（林田哲雄）愛媛県連→全農総本部

（表）大阪市北区堂島浜通三ノ一八
全国農民組合総本部御中

愛媛県連合会

（裏）
○松野尾弁護士は、何等機関の承認を経ず、セン別をもらひ集め、地主の犬から送別会をしてもらって、にげて帰りました。
○来る十二月十一日、口頭弁論が数件あります。何とか弁護士を都合して下さい。
右御回答、至急御願します。

尚、杉山・賀川・小岩井氏等の遊説、十二日。なる可く早く来て下さる様御都合下さい。

36　昭和三年一二月三日　はがき３　林田哲雄↓全農総本部

（表）大阪市北区堂島浜通三ノ一八
全国農民組合総本部御中

林田哲雄

（裏）
十一日、六件（二十四名）
十三日、二件（十五名）
右、事件弁護士派遣方何卒御願します。丁度本人を出してのばしたのですから、今度は是非出ていたゞかなければならないのです。何卒御願します。

当地到着日時お知らせ下さい。至急

37　昭和三年一二月頃　手紙（中予支部の役員）↓総本部宛

御健斗の事と存じます。

愛媛県連（東予）の中央機関は、漸次沈滞の傾向にあります。常任委員会はわづかに存在してゐるが、常任委員会としての職能はほとんど消滅してゐる。この傾向に当面して（それは必然だと思ふ。そうなるのが）私は次の様に考へて居る。

Ⅰ、連合会の執行機関が動かないのは何故か？

Ⅱ、支部の幹部が妥協的非階級的であるのは何故か？
イ、前にも言った様に、総べての斗争が意識的計画的に行はれなかった事。
ロ、それに関連して戦斗分子の計画的な教育訓練が成されなかった事。
ハ、幹部は常に中農が中心になり、真に貧農中よりの戦斗的有能な分子とのシンチンタイシャが行はれなかった事。
ニ、青年部に対する無関心。
ホ、各種新聞に対する無関心
等を主として挙げる事が出来よう。

従而現在の愛媛は、部分的には全然独立した支部の非階級的小ブル的斗争が行はれてゐるに過ぎない。「小作証書の書き入」（賃借証書）に対する斗争・電柱・煙害・町議等。

連合会と連絡する事は、支部として積極的にも消極的にも行はれてゐない。

その傾向を打破し、愛媛を奪還する為めに従来の機関に頼る事は不可能である。（之れを無視する事は絶対にさけねばならぬが）

一、下からの支部単独の争議を積極的に支持し指導し、教育する事。これは第一に従来の組織機関を通じて。

二、これを階級的に統一的に指導し発展せしめる為めに次の如き組織をもつ。

Ⅰ（全農愛媛県連）組合奪還前衛隊＝半非合法的組織

イ、隊員　二十名位

ロ、常任幹事　数名

ハ、青年部　数名

1、対外的にも対内的にも秘密に。

2、従来の機関とは別に。

3、戦斗的分子のみ！

4、労農同盟の三人組の組織に結びつける。

5、独立の指令ニュースの発行

これは組合奪還後も依然として存続するが、又漸次労農同盟の三人組の組織に変更され、組合としては公然と前衛隊としての活動をなさねばならぬ。

僕はこの組織のために精力的に活動したいと思ふ。愛媛の情態としてはこれは非常に困難であらう。けれどもこれこそ積立てゝゆかねばならぬ。組合の合法性獲得の為めにも林田君の言ふ様に「石の様に固い組合」を作る上にも、この基礎工事なしには不可能であらう。貴兄の御意見をうけたい。

三、一二、・・・

愛媛の事情を考慮し、林田君より上申せる様に、西条出張所へは本部の指令情報すべてお送願ひたし。

五　小松の小作争議調停成立と全農小松支部の解散、四・一六事件、全農県連幹部の逮捕

一九二九（昭和四）年三月三・四・五日、大阪で全農第二回大会が開催された。この大会で全農は「土地を農民に」のスローガンをかかげ闘う組織としての方針を示した。林田は中央委員に任命された。

このころ、全農県連本部の置かれた周桑郡小松町では、前年一〇月、三年間にわたる争議の調停が成立し、全農小松支部、小松昭和会（地主組合）双方が解散し、一九二九（昭和四）年一月二八日、協調組合である小松農事改良組合が成立した。同郡石根村でも石根村大頭親農会、同郡壬生川町に壬生川小作人報徳会が成立するなど、東予各地に協調組合が結成されていた。このような情勢の中で林田は愛媛の組合再建を急いでいた。

【昭和四年四月〜昭和五年一月の書簡】

次の書簡はその情勢を本部に報告し支援を要請したものである。

39　昭和四年四月頃　手紙　全農県連→全農総本部訴訟部

全農愛媛県連合会

全国農民組合訴訟部御中

前略

五月六日（西条）午前十時
五月七日（松山）午後二時（色川君承知）
右二日、事件ニ付イテ小岩井氏ニ来テモラウ様ニ交渉シタ所、（林田君ガ東京デ）三・一五事件ノ関係デ来ラレヌトカ言フ返事デ、再考ヲワズラワシテアルトノ事ダガ。尚、総本部訴訟部トシテ何ントカ方法ヲ定メテモラヒタイ。色川君モ、外ノ事件ニサシツカヘテ来ラレヌトノ返事デス。
ソレデ総本部トシテモ、更ニ両氏ト御相談ノ上、是非来テモラヘル様ニ定メ、此ノ手紙着次第返事ヲ下サイ。必ズ返事ヲタノム。

※　※

別紙、情勢報告ノ形成ニアル。今ハ最モ。。。。。重要ナ時機ダ。コノ機会ヲハヅシテハ、再挙ハ又トンザスルダラウ。ソノ為メダ。是非、愛媛ヲ守ツテモライタイ。詳シイ報告ハ続イテ送ル。目下大多忙中。

五月六・七日ノ訴訟ニ付イテ弁護士派遣ニツイテハ、東京ヨリノ帰途林田君モ相談スル事ト思フ。然シ一日モ早ク、ヨキ返事ヲ待ツテヰル。

小岩井・色川両氏ニ、モウ一度相談シテ下サレ

（添付文書）
情勢報告　全農愛媛県連合会
一、口米奨励米運動ハ目下最モ強力ニ闘争ヲ続ケテヰル。周桑郡ニ於ケル農民代表者会議モ近ク開カレル予定デアル。必ズ成功スルダラウ。
二、争議（小作争議）ハ続々巻キ起サレル様ナ形成ニアル。
目下　一、土地返還　二件（二名）　一、小作米請求　四件（八名）
三、メーデー斗争
演説会　組合再挙ヲ数ヶ支部デ宣言スルダラウ。目下　再挙ノタメノ協議会ガ力強ク進行シツツアル。
四、青年部
青年部ノ活動ハ益々進行シツツアル。

「目下再挙ノタメノ協議会ガ、力強く進行シツツアル」と報告されたように、林田は周桑郡で農民代表者会議の開催を計画した。しかし、一九二九（昭和四）年四月一六日、壬生川署は共産党弾圧に関連して、全

農県連書記長林田哲雄、書記小川重朋、常任委員矢野一義等の指導者を検挙した（四・一六事件）。

以下の書簡は、林田末子が収監された夫哲雄にかわり中央へ情勢を報告したものや、弾圧を恐れた組合員が動かないこと、南予の井谷との共同戦線が十分に取れないこと、事務所に金が一銭もないことなど、林田の仲間たちから幹部を失った県連活動の困難さが報告されている。

40　昭和四年五月一二日　はがき2　林田末子→全農総本部　色川幸太郎

（表）大阪市北区堂島浜通り三ノ八
　全国農民組合総本部気付　色川幸太郎様
　周桑郡小松町林田末子（至急）（十一日？）

（裏）皆様お変わりありませんか　四月十六日・七日頃検束された岸田・矢野両氏はまだ検束をとかれません。亀井さんも四・五日前出て来ました。其他の人も全部でました。

十四日の事件には御出て下さいますか。皆さんが心配してきゝに来られますので、御伺ひします。何卒折返し御返事御きかせ下さいませ。御願ひします。

41　昭和四年六月一日　はがき　飯尾金次→全農総本部

（表）大阪市北区堂島浜通三ノ一八
　全国農民組合総本部御中
　（大至急）新居郡中萩町別子鉱山支部地方委員会

（裏）御健闘を感謝します。

附きましては中萩村角野村・金子村方面を一丸とした支部を組織しつゝあります。約四・五十名位です。連合会の岸田君は、メーデー前から今に西条署に検束されてゐる。連合会は井谷氏と林田氏方にあるが、どちらが統制部ですか。次に、機関誌土地と自由は西条・大町の連中より都合をつけてもらったらと思いしが、少ないため総本部より若干部送り下されませんか。

42　昭和四年六月九日　はがき1　愛媛県予土連絡協議会→全農総本部

（表）大阪市堂島浜通三の一八　全国農民組合本部
　エヒメ県予土協議会（※4．6．9愛媛日吉局消印）

（裏）拝啓

田中反動内閣暴政の結果、都市農村を論せず我ら無産階級の生活は極度の脅威迫害を受けつゝあるとき、同志諸君不断の健闘を感謝します。

扨て本年度全国農民組合大会は来月三・四・五日大阪市天王寺公会堂にて召集されます。よって大会を前にし、緊急委員会を来る二十二日午前十時より旭村近永町ワタヤに開きます。奮って御出席を乞ふ。

昭和四年二月十七日

議案
全国農民組合愛媛県連合会予土協議会
一、大会提出議案決定及大会代議員の選出
一、県議補欠戦に関する件
一、電灯料値下げ運動に関する件

43 昭和四年六月一三日　手紙　高市（盛之助）↓（全農総本部）

昨日、松山区裁判所で色川弁護士や篠原君に逢って、種々相談いたしましたが、篠原君はおそまきながら、二十日頃に小松に行くことになりました。新居郡の塩田整理反対同盟の仕事は、亀井君に依頼してゐましたが、途中で検束されました。泉川の所にも組合が出来さうなのに、亀井君は行けないさうです。林田君は家族に手紙をよこして、「もう九十日になった。自分は肥えて帰るつもりでゐるから、三人も無事でゐて欲しい」と言ってきたさうです。

本県四・一六事件の犠牲者は、岸田・一色君ともにまだ起訴されて居りません。岸田君は先日、松山へ来て取調べられました。大衆時代五月十一日号は発禁になり、本代並に郵便局の分も全部押へられました。恐らく読者の手には一部も入ってゐないと思ひます。

五月十一日号は新聞紙法違反にかゝり、罰金五十円に処せられ、正式裁判を要求し、六月二十一日、第一回の公判があります。「土地と自由」の基金も送りませずすみませんが、近日中に少しでもお送りいたします。

六月十三日　　高市

44 昭和四年九月二五日　手紙　西川静水↓総本部

総本部殿

組合再建之為斗争を開始した。

旧連合会に不平を持った分子は多いのと、暴圧あることを予期して、まだ大衆が動かない。

再建の前衛隊として青年部再組織に着手した。二回程非合法的会合をやったが、二回共メンバーが全じで困ってしまった。目下秋蚕の繁忙期のせいかもわからない。

本部には（愛媛連）今僕一人しか居らないのと、僕が地理に不明な為思ふ様に活動はできない。大衆がまだ恐怖観念がある為、十分なアジもできない。再建運動は実に困難だ。併し万難をとび越へて斗ふ。

何分の御鞭達を乞ふ。

一九二九・九・二五日　　西川静水

45 昭和四年一〇月頃　手紙　西川静水↓総本部

批判と鞭撻して下さいまして有難ふ御座います。

早速御返事差上げる筈の処、色々と延引致しました。本県の再建運動は香川とは違ひ、確かに合法性がある。だが併し、今の処組合員が動かうとしない。又、幹部は一人も今の処動いて居ない。亀井君が事務所へチョイチョイ来るが、再建運動についての方針については、あまり明確な意見も発表したことない。会合は三回持って、一回一回と参会者が殖えるので有望だと思ってゐたが、四回目の会合の昼、僕が検束（一夜）されたため流会になった。

その後の会合もなるたけ多くの組合員を動員して、斗争にかかりたてなければならないと思って居るが、僕一人なので各支部との連絡も六ツヶしい。

再組織については、永い間訓練されてゐることなのだから、量的な組織よりも質的に地下的組織に着手すべく、青年部を動かそうと思った。そして、それを前衛隊として全組合の再建に迄発展させようと思ったが、まだまだそのような組織を持つまでには、可成永い間の教育をせなければならない。

要するに、旧組合員の大部分は協調主義に傾いてゐるのと、まだ恐怖心がコビリ付いて居るのとで運動も今のところあまり進展してゐない。事務所には金は一銭もないので、紙を買ふことすらできないのだ。

本部からビラ・伝単等を送った様な通知があったが、一枚も来ない。伝単は亀井君の方へ百枚位ひ来て居るそーだが、まだ本部へ持って来ない。ビラ・伝単をなる丈け多く送ってくれ。組合費を集めて金は送るから。今のうち林田末子宛で送れば大丈夫と思ふ。他へ送るとみながルーズで事務所へは持って来ないから。

本連合会は、今のところ大衆から絶縁されてゐるかたちだ。事務所へ来る人は一人もない。組合は破壊され、林田君は奪われ、おまけに弁護士が来なくなったから信頼がなくなった訳だ。第一僕の無力なことにも原因するだろう。

御健闘を祈る。　　　　　　　　　　　西川

このような困難な情勢の中で、全農愛媛県連は、全農総本部の「町村議会闘争をもって小作争議を有利に」の方針に従い、一九二九（昭和四）年末から翌年一月にかけて、東予の新居郡、周桑郡、越智郡を中心に、小作人代表として全農組合員を町村議会選挙に立候補させ、選挙戦を闘った。全農県連本部の置かれた小松町では、定員十二名中三名の組合員が高位当選した。

以下の書簡は選挙の情勢報告とオルグ派遣を要請したものである。

46　昭和四年一一月頃　手紙　亀井清一→前川正一

二回ばかり御通知致しましたに、何の御知らせも有りませんから、方法をかへて見ます。

全農の再組織も想ふ様に行きません。

秋の検見の闘争も大体勝ちました。問題は目下の所どこにも起て居りません。

元の全農組織下で今、町村会改選に立候補して戦て居ります。飯岡村（前ノ大町支部ノ一分）に一名、橘村に四名、氷見町に組合から僕一名、僕と同一立場から一名（前ノ支部長）、百性から四名、小松町が三名、石根村が三名か四名、田野村から二名、壬生川町から一名、桜井町から農一

名、労三名、越智郡の西部は、第二回選挙対策委員会の時は、決定していないけど、だれかゞ出て居ると想ひます。松山で篠原君が出馬して居ります。温泉郡も郡部から組合で立候補するらしいのです。

東予に於ける選挙情勢は是非中央部から君と小岩井氏も来援してもらふ事に（組合で元・執行委員会で決議）なって居るし、宣伝はしませんけど風説で、各選挙区共非常に要求して居るのです。無理でしょうが年末に是非出掛けられる様御願ひします。

本日の電報で来援不能の旨承りましたけれど、此の時をはずしては又の時が一寸来ないと想ひます。再起の方面では、西条支部が農業組合を作て戦て居りますが、特高ががんばって近かづけないけど、大体に連絡は付て居りますけど、今どうする事も出来ないし、又東新方面では一地主の土地取上げ問題で組織へと進んで居ります。此ノ地方の人は本日も沢山、小岩井氏・前川氏に会ふと言て本部迄来て居ります。

地主の方が裁判を起して来て居るのですが、負けてもかまんから、組合の弁護士にたのみ度いと言て居るのです。現在小作人の代理で、ブル弁がやっている事はいるのですけど。

まず大体こんな情勢ですから、出来得るかぎり繰合わせて来てください。

右御願ひ迄

亀井生

前川君

西原君が来ましたけど林田夫人だけ会て、僕は会て居ませんので　（以下一行欠字で読めず）

47　昭和四年一一月頃　手紙　林田末子→前川正一

おはがき頂きました。御達者の由をきいてよろこんで居ります。秋田から御帰りになられたそうですね。随分の御苦斗でしたでしょう。又たくさんの同志を牢獄に送ったことをさみしく思ひます。

資本家があがけばあがく程、墓穴は大きくなる。墓穴が大きくなればなる程、我々は今よりもっともっと苦しくなるでしょう。

秋田の同志のためにもと思って、いくらかづゝあつめて居りますが、仲々思ふようにいきません。ほんとうに済まなく思って居ます。

先日、私が不在中、伏原さんが御出になられた由を、帰宅后亀井さんにきゝました。今治へ行って居たのです。御目にかゝれず残念でした。

こちらの情勢も時々御知らせしたいと思ひ乍ら、何時も失礼して居ります。

今年は御天気が悪いため、大変百性は仕事がおくれました。まだ仕事のかたがつかないので、役員会でも開くか、村々の座談会等もひらきたいと、皆言ひ乍らその時が来ません。今少しして取り入れもすみ、年貢を持って行く頃になれば、少しは皆も考えさせられるようになるでしょう。麦作もこの分では、不作をヨ想されて居ます。

組合の再建に就いても皆色々と言って居ります。

新年早々の町会にことよせて、いくらかでもと思って居ります。

出来るだけ働きかけたいと思って居ります。

旧組合員の内でのしっかりした人を、今うごかして居るのです。

今までに旧組合関係から立候補する様にきまって居る所は、小松町三、ヒミ一、石根三、大頭二、田野四、テイズイ三、神戸三、吉岡一、桜井三、壬生川一、松山一、こんなものです。このうちで、はっきり名のりを上げたものわ、ヒミの亀井さん、松山で篠原要さん。小松玉井・高井・高橋、石根瀬川、大頭二名です。壬生川の垂水・其外も今日明日中には皆出るでしょう。

大てい二十日までか、おそくとも二十二日位までに、出揃ふはずです。

皆先ず町会から自分のものにと言ふ様にして、出来るだけ小作争議も有利にと言ふ様な気持でやって居ります。

大てい出馬した所は大丈夫当選と思って居りますが、仲々油断はなりません。

地主がわから地ばんの協定をたのみに来たりして居ます。皆かたっぱしから一蹴して、我等は我等だけでと言ふ意志でやって居ます。

今一週間もすれば、皆必死の火花をちらすようになるでしょう。大てい一月四日から六日・八日位までにすむようです。

まだはっきり情勢の解って居ない所もありますが、皆旧組合のあった所は、我等は我等の代表をと言ふ様な意志でうごいて居るそうですから、そのうちきまることゝ思ひます。

この様なさいに、本部に誰も居ないことはほんとに困ります。毎日二人や三人は話しに来ますけれど、解らないことがたくさんあるので困ります。

亀井さんが立候補して居ないのなら、出て来て貰って支部まわりもして貰ったら、連絡も取れていゝのですけれど、あの人も人のことどころでは今ないのですから、何とかならないものでしょうか。こうして熱の上って居る時をとらへることも大切だと思ひます。

私も解らない乍ら、青年部を動かして各候補の応援をする様努力して居ります。もっともっと再建にいゝ方法があればお教へ下さいませ。

本部からも、誰か来て頂けるとほんとにいいのですけれど、如何でしょうか。

此の二十五日に小作争議の裁判があるので、小岩井さんにお出て頂く様話してあるのですが、如何でしょうか。農民組合の立場から是非お出て下さる様話して頂けますまいか。

お出て下されば、同時に松山へも行っていただきたいと思って居るのです。

続いて国会・県会となることですから、出来るだけ努力して下さいませんか。

出来なければ誰でもいゝです。是非お願ひします。出来ることなら、貴方様に御目にかゝりたいと思って居ります。御目にかゝって色々教へて頂きたいことがたくさんあるのです。

先日から何度も上阪したいと思って用意はしてゐるのですけれど、仲々行けません。

近日、林田に会って其結果の様子で上阪する考へです。これから出来るだけ地方の連絡をとって、情報を御知らせすることにします。亀井さんがしなければ解にくいけれど私でも・・・

では失礼します　　末子

前川様

49　昭和四年一二月頃　手紙　宮岡融↓前川正一

今朝十時に着きました。

早速明勝寺へ来ました。相当忙しいのだが、林田夫人一人で何か心配してゐます。当地に於ては本部の人が来るのを待ちかねてゐます。現在立候補者は左の如しで、絶対的に当選を期してゐます。

氷見町（新居郡）秋山武松——御用団体となった元組合員。亀井清一

小松町　玉井教一、高橋喜右衛門、高井喜一
石根村　瀬川和平、外四人
壬生川　垂水紋次
田野村　曽我さん、一―二人　　以上　周桑郡
神戸村　伊藤音吉　外二人
橘村禎瑞　福田善右衛門（現在判明ノ分）
松山市　篠原　要

投票日
一月四日　松山市、氷見町、堀江村、壬生川、桜井町、神戸村
一月六日　小松町
一月十一日　田野村
一月十三日　石根村
以上（第一報）

前川大兄

48　昭和四年一二月二七日　手紙　松本清吉方（堀川一知？）↓全農総本部

昨日松山に帰りました。都合で小松に立寄り、林田君の奥様に会いました。小松は今は安全です。二十七日には小岩井氏の来る予定で、其準備をしてゐるとのことでしたが、それであれば、小岩井氏に会って帰ればよかったとも思ひます。京都演説会を終えて、その足で愛媛に来るとかの手紙が、小松の方に小岩井氏から来てゐるそうです。

氷見、亀井、小松二人、壬生川一名、禎瑞二名、神戸二人、石根二名、ざっとこれ位立候補してゐるとの話でした。選挙に関する詳しいレポは、林田君の奥様からいづれあることと思います。

松山では、篠原要が立候補してゐます。金を岡田金次君が頼母子を落として、それで二百円工面したのだそうです。

こん度の立候補で、高市君と其の他の人々とが、感情上に対立してゐるのです。

噂によれば高市君が立候補出来なかったのが不満だとか。光輝ある「大衆時代」の運命が実に危いのです。こん

なことで、「大衆時代」を殺し度くありません。
□□□の運動はだめ。拝志村に産米検査で反対運動が起きてゐるらしいです。それとなく、うまく、高市氏に手紙を出して、変なことにならない様、貴（殿？）からも注意してやって下さい。いつもつまらないことでごてごてしてゐては、発展の望はありませんからねえ。

氷見支部の例の勇敢で且有望であった闘士青野経太郎氏は、目下町会議員戦で町長派の地主の運動員になってゐるとのことでした。

西条は最近発展して、組合員一千名を算し、実に隆々たるものとのこと、本年の争議は開始してゐる。

事務所は西条駅前通り「西条農業組合」の看板を掲げてゐる。

常任を置き人件費に一ヶ月七〇円を出してゐる。弁護士は西条のブル弁を雇って、間にあわしてゐるらしい。

常任は、寺川薫次、（三十円）
　本多留次郎　（松野尾氏の人気悪し）
　加藤（名を忘れた）

旧連合会との連絡は全然とってゐない。連絡を取ることをきらってゐる。今では独立
　組合のかた、常任の□□寺川薫次は本部との連絡を取る可く心がけてゐる
とのこと。加藤・本多は連絡を極度にきらってゐる。そのほか、伊藤政治郎（西条町駅前）は、連合会に好意を持ってゐる。彼等に言わすれば、岸田・林田君等は進み過ぎたから、自分等は、ボツボツ進んで行くつもりだ、と。

要するに検束がこわいわけ。警察は積極的な干渉をしてゐない。一般組合員は幹部の意志の通り動くわけではないらしい。連合会との連絡を取らないかんといっとるらしい。連合会からは、通信・連絡なし。出来れば総本部か、貴□個人かで、土地と自由、全国的情勢、其の他、其の都度の印刷物の送附を、是非願ふ。最近西条町長・助役の選挙で、組合側から組合の同情者を推すらしい。当選確実。町会議員不信の声高し。町会議員総辞職の斗争が自然発生的に起きてゐる。いづれも三ヶ月にもなる。町長問題のためにだ。

西川君は追放されて三島に帰ってゐる。中央委員会の出席問題で、亀井君と感情的に対立してゐた由。□□闘志ー要、左の件を具備した斗士を至急一名送られたし。

一、農民運動に経験のある人
一、オルガナイザーたること。
一、極度の弾圧に耐へ得る人（住居の自由を戦い取るため）
一、多少小作訴訟を知ってゐる人
一、観念的な理論一点張りで実践的に活溌ではなく、動かない様な人でないこと。
一、自転車に乗れる人

こんな条件を具備した人は、全国的に必要として求めてゐるには違いないが、愛媛は特にそれを求めてゐる。客観的情勢はいゝらしい。林田君の奥様が生活位はどうにかするとのこと。生活が楽でないのは何処でも同じことだから、覚悟の上来て貰ふ。是非これを頼む。

曽我部さんは、二千《ママ》円位投げ出して、貴《ママ》を愛媛から総選挙に出したらいゝと闇に言ってゐるとのこと。

僕は松山か、今治か、まだ定まらない。然し当分はレポを左記へ

松山市北京町　松木清吉方

51 昭和四年末頃　手紙　飯尾金次→小岩井浄

拝啓　久しく御無沙汰をしておりました。

市会選挙の大勝利を御祝申し上げます。

愛媛県連合会の勇敢なる林田氏は獄に込り、西条出張所の主任岸田氏は、二ヶ月前頃から、西条署より壬生川署へ検束されてゐる。壬生川支部の矢野一義氏も検束されてゐる。

連合会の連絡機関は充分でない故。連合会本部の常任として、氷見支部の亀井清一君を当分の間事務を取る様に、総本部よりの指令として通報しては如何ですか。

農民組合

大町支部　加藤民次郎・伊東政治郎・藤原信一
西条支部　寺川薫次
禎瑞支部　福田善右衛門・後藤茂・高木友助
神戸支部　伊東音吉
泉川支部　高橋律市

新居郡高津村、藤田石松氏は組織及リーダーとなってゐる。曩に私より通報した、組織準備会を、東新方面の分子若干名集めてゐる故、土地と自由を出来次第送附下さい、と申しやりましたが、不幸にして発禁となって送ること出来ぬとのこと。この次こそ、うまくやって右記の連中へも、必ず月一回は御送発下さるよう。

南予の井谷氏等との共同戦線は、取りつゝあるも充分ではありません。

労農同盟の連中では

大洲町支部　冨永芳雄・越智清一郎
八幡支部　山本芳三郎
松山では　池田・堀川・小林・木ノ下・吉内
八幡浜支部　久保峰敏
長浜支部　井上良孝・山崎紫水
松山市では　高市盛之助氏

組合

今治一般労働組合　玉井・越智林平
松山合同労働組合　小崎君、外其の他
八幡浜一般労働組合　高田・大西

水平運動

第四回の愛媛県水平社大会をやりました。松山の徳永参次氏を議長に花々しくやりました。愛媛県の解放運動は、暴圧の風の吹きつゝある中を物ともせず闘ってゐます。

林田君は九月二日頃に出獄するでしょう。

右の様な次第です。くわしいことは彼より通報しましょう。では

新居郡中萩村　飯尾金次

小岩井浄様　十二月二十七日

50 昭和四年一二月頃　手紙　林田末子→前川正一

今朝、宮岡さんにお目にかゝりました。色々中央の様子も御伺ひしました。

御忙しい中ほんとに済みませんけれど、是非なんとかして御出でて下さいませ。

小岩井様が二十七日に御出て下さると言ふので、ちゃんと準備して居りましたのに御出て頂けないで、皆が失望して居るのです。

どんなにしても、是非前川さんにでも御出て頂いて呉れと言って来ますので、無理な御願ひしたわけなのです。

候補者の要求よりも、大衆が是非にと言ってきかないのです。

宮岡さんにも御話ししたのです。ぜひお願ひします。

一日か二日にお出て頂けるといゝと思ひます。四日が皮切りで六・七日頃に組合関係の所はすむのです。同じお出て頂けるなら、是非そうして頂きたいと思ひます。

用意もありますから、至急お返信下さいませ。電報でね。呉々も御願ひします。

末子

前川様

52　昭和五年一月頃　手紙　林田末子→前川正一

御忙しい中ありがたう御座居ました。

御帰阪されて色々御仕事が支へてゐましたことと思ひます。

小松もうまく行きました。三人共。

玉井教一さんが六十、高橋さんが五十七、高井喜市さんが四十五、で皆票数も大きい方でした。民政の六十五が高点で、玉井さんの六十が次点。高橋さんの五十七が三番でした。高井さんも中所でした。

神郷の支部から金が来ました。三十名分六円（半ヶ年分）御送金します。土地と自由は直接御送りして上げて下さい。中込書も封入しておきました。

林田末子

前川様

六　愛媛県初の治安維持法違反裁判判決とその後の農民組合再建運動

一九三〇（昭和五）年一月二七日、松山地方裁判所で、第二次日本共産党弾圧事件（四・一六事件）で検束された林田哲雄、矢野一義、小川重朋の公判が行われた。愛媛県初の治安維持法違反裁判として注目され、傍聴者は県特高課員や松山合同労働組合員など八〇名を超えた。弁護は小岩井浄が担当した。判決は同年二月七日出された。求刑は林田、懲役三年、小川・矢野は懲役二年だったが、林田・小川無罪、矢野は懲役二年（執行猶予四年）となり、三名とも二月一五日帰宅した。

同年二月末日、林田は杉山元次郎に次のような手紙を送り出獄の挨拶と今後の決意を述べている。

【昭和五年三月～八月四日の書簡】

53 昭和五年三月一〇日　手紙　林田哲雄↓（全農総本部）杉山元治郎

封筒（表）兵庫県武庫郡瓦木村高木
杉山元治郎様　（大阪天満教区消印）
（裏）大阪市北区天満橋筋3丁目三八番
小岩井浄法律事務所

三月一〇日

御無沙汰致しました。

一ヶ年の獄中生活を終えて『無罪出獄』致しました。貴下に於てもおよろこび下さることゝ存じますが、本当に終始好都合で、今后に対しても非常に好都合であります。

一ヶ年の間に情勢は変化しました。今私達として冷静なる考へを持って新しい気持で戦野をながめて方針を立てたいと思ってゐます。

私の従来並に今回の事件に関する立場は、小岩井氏から御聞き下さったことゝ存じます。私はあくまで農民運動の「林田」であると覚悟してゐます。それで凡てを赦していたゞけると思ひます。

●御願ひの用件

当県に於て、二ヶ所程大まとめに組合に獲得し得ることの出来る所があり、よほど其準備をすゝめてゐます。非常に重要地点です。

私達が『無罪』で『帰った』為に、組合は非常に好傾向になって来てゐます。

此場合、貴下を願ひ演説会を催したいのであります。新しく組織しようとしてゐる所では、是非共やりたいのであります。

御願ひは、四月中旬頃迄に是非、万難を排して来ていたゞき度う存じます。日程は四日間希望であります。是非、四日願ひ度いのです。

今度は今治でもやり度いと思ってゐます。

四日が都合わるければ、三日でも二日でも止むを得ませんが、是非、四日間欲しいのであります。

貴下の御都合御配慮の上何日頃来て下さいますか。大至急御返事下さいます様御願します。

講演予定地は、会場をいつでも借りることが出来る様に、そして変動することなき様に、既に準備が整ふてゐます。

右大至急御回答下さいませ。

林田生

54 昭和五年五月二六日　手紙　高市（盛之助）↓宛先不詳（本部？）

東予の農民組合再建運動は、一日も放っておけない問題でありますが、□□問題としては困ったものであります。

先日も、桜井村の曽我部さんが私の宅に来て、どうしても篠原君に本部へ来て貰ひたいと言ふ話でありました。色川君の来た時に執行委員会を開く筈であったのが、駄目になったらしいのです。今治の玉井君では、農民運動は六ヶしいでせうから、松野尾君に帰って貰ふか、篠原君に行って貰ふより外に方法はないでせう。西原君は東京にゐますか。帰ってきたいでせう。松野（尾）君は僕から出した手紙も、返事も来ませんが、妻君の郷里に帰ってゐるといふ線も□□□ます。斯うなると差当り、篠原君の外に人がおりませんか。今郷里に帰ってゐますから、直ぐに手紙を出しませう。君からも手紙を出して下さい。所は温泉郡立岩村　篠原要であります。

篠原君も家庭の都合で、東予へ行けない事情もありますか、之れよりも、亀井君の話にもあるように、東予へ行ってもどうして生きて行けるかと言ふことが先決問題であります。曽我部さんにも話して執行委員会を開き、具体的に決定して貰ひませう。

さうでもなくても東予の組合の中にも程々な分子が入って居さうですから、早く行かねばなりません。東京の白□君でも帰ってくれると、或はよいかも知れません。

五月二十六日　　高市

55　昭和五年八月四日　手紙　愛媛県小松町新屋敷（河渕秀夫）→全農総本部

毎日酷い暑さです。本部員諸氏お変りありませんか。

本部宛に着いた私への信書の類、前川氏を通じて御送付下さったことを有がたく思ひます。

帰郷後四日の今日、噂にきいてゐた西条地主のつくった土地会社なるものをたしかめに行きました。が、それが地主丸印の秘密会に依て訳したものであり、組織後一週間を出でないものなので、西条の組合員さへもはっきりとは知ってゐません。だが、同地方組合員のらしい附の言葉をきけばこうなんです。

八月に入ってすぐ地主（有力な部分の）は料亭福亭に於て会合なし、一段歩十円宛の積金をし、前記土地会社なるものをつくり、小作人に対抗すべく用意をとゝのへ、弱小地主をも糾合かとの事、噂では既に該土地会社は積立金四万円に達せりと言ってゐます。

地主は土地会社をつくると仝時に、昭和振農会を挙って脱会し、今、昭和振農会は小作のみに依てつくられてゐる形になってゐるとの事です。

彼等が協調的態度を捨てゝ逆襲の途を選んだ事は、彼等のもつ搾取の本質を曝露したものであって、同地方小作人諸君の奮起を促す好材料となった点に於てその意義は深い。

立派な扇動を以てすれば、西条支部は奪還なされるでせう。地主のこの逆襲は、やがて全県下を覆ふに至るだらう。私たちは、その煽動力の余りに薄弱な事をかなしみます。すぐにこの手紙がつき次第アヂビラを刷って送って下さい。

西条支部では特別に煽動性の強い文書を送ってください。西条が奪還されゝば他の地方は追々と奪還されるでせう。

政獲同盟が合法政党をつくるとの事。私は双手を挙げて賛成するものです。

合法的左翼政党をつくる事に依てのみ戦ひが強化してゆき、大衆を獲得出来得るから。私は理論は何にも知りません。

だが、プロレタリアの党を作る前に、左翼合法政党をつくって戦ひ、その斗争の強化と大衆の獲得後、初めてその真性プロレタリアの党と化すのが、転変自在なマルクスの理論ではないのかと思ひます。

アジビラの送先は、愛媛県新居郡氷見町　亀井清一

特別煽動の文書は、新居郡西条町玉津村　寺川薫次氏に願ひます。真相わかり次第御通知致します。

帰郷に際して列車の都合上、小岩井さんのお宅からすぐに駅へ向かった事を残念に思ひました。一応は帰って来て、皆様にお別れして帰る積りだったのですが、それに乗らないと田舎の終列の事だから、間に合はなくて致方がなかったのです。

悪しからず思って下さい。

其午後八時三十分無事着きました。

他事ながら御安心下さい。

たゞ此上は、一日も早く組合を再起させるのみです。それが私達に与へられた唯一の任務です。

皆々様の御壮健を祈りつゝ。

愛媛県小松町新屋敷　（※氏名抹消跡有り）

全農総本部御中

七　東予と中予における昭和五年八・一四事件

一九三〇（昭和五）年二月、四・一六事件で無罪となった林田等は帰郷、組合再建に取り組み着々と成果をあげていた。しかし、同年八月一四日、当局は三度弾圧を加えた。今治署・壬生川署は、林田ら三〇余人の「赤化運動者」を検挙、不敬罪並びに治安維持法違反で起訴した。松山署も八月下旬、「左傾分子の大掃蕩を行う」方針で関係者を検挙した。（八・一四事件）南予の井谷ら全国大衆党員は検挙を免れた。

【昭和五年八月末～一〇月の書簡】

以下の書簡は、一時帰宅を許された林田が前川正一に送ったものや、今治署、松山署での検挙の状況を高市盛之助等が全農総本部に報告したものである。

57　昭和五年八月末頃　手紙　篠原（要）→氏名不詳

（※欄外に大衆時代気付）

皆元気ですか。又やられましたね
今のやうな際にいかにすればいゝか私の考へも貴兄達の意見も交へて見たいと思ひますがね。何とかして何とかならないものかなあ。手紙ではだめだ。
殊更現在では本部の方も不足の上に更に抜かれて、手少で弱って居るだらうから。兄が只の一週間でもこちらへ来るなんてことは出来ないだらうなア
僕も実はあまり昔年の元気がない。気持ちに狂ひはないが、体が言ふことをきかぬのと、技術に方て全く行き詰るのです。
敵は益々戦略が巧妙になるばかりで、実際一寸も前進が出来ないのです。出来ないのでなくて、ないのだらうと言はれるかもしれんが、或は前進しやうとしないのかもしれん。しかし、前進せんとするその方向が見えないで、やみくもに進むばかりが能ではないと想ふ、等といふてはいけないかもしれないが、板囲ひの中に居るやうなもので、そのやみくもにも進めないのが今の実情だ。松山の人間が無性だからのみではないと思ふ。とくと話し合いたいなア。

篠原

56　昭和五年八月二〇日　はがき　林田哲雄→全農総本部　前川正一

（表）大阪市北区堂島浜通三ノ一八
全国農民組合総本部　前川正一様

林田生

（裏）御無沙汰致しました。
昨十九日夜、帰って来ましたから御安心下さい。但しまだ青年及婦人が七・八名残ってゐます。一寸見当がつかないのです。

58　昭和五年九月二日　手紙　全農松山出張所→本部

破壊された愛媛県の農民組合再建のため活動中であった、県連本部の林田君・岸田英一郎君・岡本・高井（青年部員）は、秋の闘争を前に、壬生川警察署に捕へられ、既に一ヶ月に亘って取調べを受けてゐる。
全農松山出張所では、青年部が未組織農村の組織のために活動し、農村ニュースを発行し、強力的に反帝運動を展開してゐたが、その中心分子である高市赫君、外四名は、既に四十日に亘って松山警察署に留置され、凡ゆる拷問の魔手に曝らされてゐる。

本部御中

59　昭和五年一〇月九日　手紙　（高市盛之助）→受取人不詳

大変に御無沙汰致して居ります。寧日のない闘争のため、定めしお多忙のことゝ存じます。本県に於ける運動状勢は、林田君等が帰ってから、着々として進んで居りましたが、八月末に、県連の本部で林田・岸田外五名がやられ

ましたが、目下壬生川に残って居るものは、林田・岸田・青年部の高井鹿一の三名です。官製青年団排撃のビラに、不敬なことがあったと言ひ、社会問題研究会が、秘密結社だと言ふのです。不敬罪と治維法によってデッチ上げようとしてゐます。五百の組合員と三百町歩の関係小作地を持つ、西条農業組合の争議は調停にかゝって居ります。東予の再起が目に見えて進んだために、林田君等がやられたのです。高い税金・電灯料・恥知らずな煙害賠償会議等、戦ふ場面のみ余りに多いのです。

今治は全協の問題で、玉井・白石の二名が治維法で松山刑務所に入ってゐます。松山は松高のストライキで、三名の革命的学生が治維法で起訴され、松山刑務所に入って居ります。全農松山出張所は、本年北吉井支部の田植に、他支部の応援を得て共同耕作をしましたが、八月末に農村の青年五名が、反帝の運動で捕へられ、治維法で起訴されんとしてゐます。私も之に関連して検束され、病気になって目下自宅に居ります。

当然なすべき積極的な救援運動も展開せず、秋の闘争を控へて困って居ります。

私も二回程、東予入りを企てましたが、警戒が甚だしく入れません。自転車に乗れないために、困って居ります。松山地方は秋の闘争を通じて二三、新支部を作り得ると信じて居ります。

60　昭和五年一〇月一四日　手紙　高市（盛之助）→全農総本部

久しく御無沙汰致して居ります。

お変りありませんか。私はもう二十日程病気にねて居ります。最初は急性腸カタルでしたが、胸に来たらしく良くなりさうで弱って居ります。

東予へも御存じでせうか。小松の本部に西川君がゐて、組合の再建運動につくしてゐますが、どうも追放になるらしい風があります。

先日亀井・西川の両君が自転車で松山に来て、荏原村で一夜座談会を開きました。

東予は、農民組合のデンタンは禁止だと言って来たさうですが、松山は張ったら検束すると言ひましたが、附近農村へ完全に張りました。土地と自由も配布して宣伝に努めて居ります。

今年は愛媛県は凶作の問題は多からうと思ひます。全農の中央委員会には在□らう□か、是非行ってくれと言ふておりました。

西原君は今大坂へ帰ってゐます。人手の不足の時ですから、大坂でも本県でも活動するように伝へて下さい。アドレスは大阪市住吉区阪南町東一丁目四二　佐藤方仲田芳夫です。

林田君等は引致□て接見禁止です。小岩井さんの言によると、七・八年は□入るらしいです。

篠原君は昨日から発行のことで松山署に検束されて居ります。

十月十四日　高市

61 昭和五年一〇月一九日　手紙　全農北吉井支部↓総本部

全農愛媛県連北吉井支部は拾月十八日突如、耕作地十参町歩の立稲並に苅稲の差押へを喰った。立毛差押を予想して、早稲の苅取は済ませていたのだが、苅取の早稲も全て差押へを喰った。

昨年の定米の件は、目下調停裁判斗争中である。組合員僅か七名であるため、と未組織農民を動員することが不可能であったこと、各支部とのレンラクが取れなかったことが、今日の結果を見たのだ。

六月中旬から、愛媛県の左翼陣営を襲った検挙で多数の犠牲者を出し、県連では林田・岸田の指導者を、再び奴等の手に奪はれて居る。

競売の時に備へるための準備は進めているが、至急本部の指令を仰ぐ。

一九三〇年十月十九日　　全農北吉井支部

総本部御中

（指令のアド　松山出張所宛）

八　世界大恐慌下の全国農民組合（全農）分裂、東予の全農支部弾圧で壊滅、南予の予土協議会活動停止

前年から始まった農業恐慌による農村の疲弊と小作農民の生活困窮から、一九三一（昭和六）年、小作争議の発生件数は過去最大となり、各地の争議は暴動化の傾向を帯びてきた。

そのような情勢の中、同年三月七日、大阪天王寺公会堂で開かれた全農第四回大会は、争議の闘争方針や政党支持で左右が激しく対立し、右派は暴力団を会場に入れ発言する左派代議員に暴行を加えた。これに抵抗する左派代議員を、配備された警官四〇名は暴力行為を理由に検束した。

同年四月二三日、全農拡大中央委員会が開かれ、右派は運動方針を修正、反対した左派は退場した。

総本部から追われた左派は全農青年部を中心に「全農改革労農政党支持強制反対全国会議」（全農全会派）を結成し、全農内革命的反対派として貧農中心の左翼的農民組合を目指した。

総本部派と全会派の抗争は全国的に繰り広げられ、各県の連合会は両派に分かれ全面的な対立状態となった。

この中央の対立は愛媛にも波及した。全会派を支持する東予の全農支部は激しい弾圧を受けてほぼ壊滅したが、弾圧を免れた総本部派の井谷は、一九三〇

（昭和五）年、全農予土協議会を（一七支部、組合員四七六人）結成して活動を続けた。

しかし、翌年、全農全会派を支持する松浦倹一、山本経勝等と井谷が対立、全農予土協議会は分裂した。井谷はこの年、農民運動休止宣言を出した。

東予の林田は投獄され、南予の井谷は農民運動を休止、指導者を失った愛媛の農民運動は混乱した。

一九三一（昭和六）から昭和七年にかけての書簡は、この混乱ぶりを示すものである

【昭和六年一二月～昭和七年一月の書簡】

62 昭和六年一二月頃　手紙　楠河村　畑寅吉→全農総本部

拝啓、時節柄次第に寒さに相成ました。御一同御勇勝にて御座いまする哉、扨、今度私等貴所に御伺ひ申し上度儀御座いまする。外ではありませんが、此度八名ばかりの小作人に、某地主より田畑をかへせと言てよこしました。皆の者は大変心配仕り居る次第です。御承知の如く、我県の組合は今の有様です。又、私としても相談相手が外になく、本部へ御願ひを申し上ます。現在の村に有る地主小作共栄会なる者は、少しの相面代と申すわずか一段百円ばかりで、地主に田畑をかへせと言ふのは明らかなので、畑などは小作人の手で「カイコン」して、ようやく畑になつたばかりです。わづかな金で返す事は出来ないと泣いて居るのです。私の所へどうかならないだろうか、本部の方の方にお願ひして下さい。費用全部当方でふたんするから、本部のベンゴシを御願ひ出来ないでしょうか。御願ひ出来るのがたしかなら、小作人も死力を持って戦ふと言って居ります。本部よりの御返（事）により、くはしき事はたれかが御伺ひに、大坂迄行くと言って居ります。なにとぞ、二度我等の立べき時節を、涙をのんで待って居ります。御手かづ乍、此書着次第大至急御返事下さいませ。御願ひ申上ます。

次に、小岩井氏は今おいでになりますか。御伺ひ申上げます。

私等朝夕我等の無産党の進出を祈り居ります。前の如く政治運動を致す時をまつて居ります。　敬白

エヒメ周桑郡楠河村大字河原津　畑寅吉

本部御中

63 昭和六年頃　手紙　別子労働組合（飯尾金次）↓川出雄次郎

上京中であった為め、話すことも出来ず引帰して来た。只今新居浜と中萩村・角野村とが組織の可能性が多分にある。西方面では、西条には小作組合、六百名の組織がある（単独組合としてある、旧日本農民組合関係ノ人々）。小松、氷見方面にも林田君の地盤がある。越智郡・周桑郡方面に

も二・三名の旧日本農民組合関係で、林田君地盤大事と左翼的撹乱者がゐて、常に戦線を破壊してゐる。然し是等は問題でないから、どしどし押切って我等の闘争の組織に向ふ覚悟である。

中予（松山方面）。温泉郡拝志村下林の住人（拝志支部全農大衆党支持、上田時次郎支部長、上田米吉）、松山市生石町（木村源一）、〃　竹原町（橋本鹿一）。何れも大衆党支持。

南予方面にも松浦・松岡の旧労農党関係の撹乱者がゐる。只今、井谷君排斥運動を起こしてゐると聞く。

故に愛媛は組織戦線は統一されてゐない。であるが故に是非とも時機を見て一応出張してもらはねばならないと思ってゐる。

何れ時機を知らせる。愛媛にも相当な人物がゐて、組織をやればきっと出来る。

桜井町の曽我部君や、其の他の二・三名の連中は、昔に戦線からはなれて没落した。

本月十六日、判決があった。林田君三年六月、小川君二年六月、高井君二年だ。

二伸

全農の機関誌　土地と自由を少々送ってほしい。代金は送る

新居郡西条町朔日市　寺川薫次
温泉郡拝志村下林　上田時次郎
〃　上田米吉
松山市生石町　木村源一
〃　竹原町　橋本鹿一

宛、時々連絡をとる必要があると思ふ。

（※別子労働組合之印）

64　昭和七年一月一四日　手紙　渡部国一→全農総本部

拝啓いろいろ有難ふ御座いました。大衆党松山支部では農民組合の組織と闘争は私が主として働いて居ります。現在の全農松山出張所は左翼の篠原要君より他に働き手がない為に、私も今年から御手伝いをしています。幸ひに大衆党の地盤の中に全国農民組合支部が二つ出来ました。拝志村支部と浮穴村支部の二つであります。組合費も松山出張所の方に収めました。之は温泉郡内でありますが、伊予郡内にも岡田村・北伊予村・南伊予村の三ケ村に手をのばして居りますから近々出来上がります。中予は未だ農民闘争の歴史は非常に浅い処ですが之から勇敢に進出します。別紙のとうり農村部の成績は非常に良好です。

それから、貴本部より調査票を入れといたとの事ですがはいって居りませんが、是非送って下さい。ついでに（加入申込書）も送って下さい。出張所の方には申込書がないのです。それから愛媛県連（小松にある）は総本部の指令に動いていますか、しかとお知らせ下さい。現在では松山地方農民組合は篠原君と私がオルグとして活躍していますが、政治的意見が私は大衆党員であるのと、篠原君が極左であるの違ひであります。未だ地主の手で法廷闘争に這入ってゐるのがありませんから、大丈夫ですが、近くにあるでしょうから、呉の高橋弁護士に依頼しませう。いろい

ろ有難う御座いました。県連確立に決死的に闘います。本部は一年収めいと言われて居りますが、此の松山出張所では一年はとても出来ないから半分でも良いと言われて居りゐます。此の方法の方が当地だは非常に良いと思ひます。来年の大会（二月）には参加したいと思ひますから組合いん獲得の為に大いに働きます。私の方にも出来る限り御通信御願ひします。新支部は殆んど私の方に出入りしてゐます。それは篠原君の方は警察の警戒がきびしいので全部此方に来てもらってゐます。お願ひします。敬具

65　昭和七年一月一六日　はがき（小松町）愛媛県連→全農総本部

表　大阪市此花区四貫島元宮町一番地　全農総本部御中
裏　御健闘を歓びます

苦難に満ちた再建闘争の途上、昨年末本県連は漸く独立事務所確立の運びに到、早速総本部に移転通知を発送して置きましたが其の前後から総本部からは何らのニュース指令等の出版物の配布無く、近時はそれらは発行されて居ないのかと思って居りましたが、他県連に照会して見ると発送を受けて居るとのことで、本県連にだけ発送されないこと不思議に思っております。或いは途中で抜き取られて居るかも知れませんから最近出発移発送の有無ご調査の上至急ご通知下さい。

九　林田投獄、井谷活動停止下の農民運動の混乱

一九三二（昭和七）年の数通の書簡から、混乱した愛媛の農民組合運動の状況を知ることができる。

全農県連本部の置かれた東予では、八・一四事件で逮捕された林田が、不敬罪並びに治安維持法違反で、一九三一（昭和六）年九月二八日、松山地方裁判所で有罪判決を受けた。林田は抗告したが、翌年二月九日、広島高裁で三年半の懲役刑を言い渡され松山刑務所で服役した。指導者を失った全農県連は本部を小松町明勝寺から周桑郡石根村に移し、瀬川和平を委員長に、小松無産青年同盟の岡本義雄、河渕秀夫等が活動を引きついだ。松山出張所は篠原要が担当し組織の再建に取り組み、この年、七三名が全農本部に組合費を完納した。

中予では、全農総本部からオルグとして派遣された渡部国一が、全国農民組合中予協議会を結成し、（委員長上田時次郎、書記長渡部国一）松山市、温泉郡を中心に、三津浜、久枝、浮穴、北伊予、南伊予、松前に支部を結成、南予にも組織の拡大を図っていた。

しかし、全農全会派を支持する東予の全農県連は中予協議会を認めず、渡部国一を「当連合会には関係無きもの」「資本家・地主の手先」と厳しく批判、全農総本部に、中予協議会の解体・渡部国一の県連中傷のデマを禁ずること、などを要求した。

南予は、農民運動休止宣言を出した井谷が大衆の支持を失い、井谷と対立する松浦倹一、山本経勝等が、全農愛媛県連合会南予地区委員会を組織し、全農全会派を支持して活動したが組織の拡大には至らなかった。

内部の対立により全県的な組織再建が進まない中で、一九三二（昭和七）年一〇月一〇日、一〇・一〇事件で、小松無産青年同盟で活動し、全農愛媛県連の中心となっていた篠原要、岡本義雄、河渕秀夫、真鍋光明が逮捕され、林田末子も大阪で検束され、全農愛媛県連は弱体化した。

一九三四（昭和九）年、第三回全農県連大会が開催されたが、それ以降、運動は次第に困難となった。

東予では一九三五（昭和一〇）年ころ飯尾金次、村上吉作が再建に努力し、林田も、一九三三（昭和八）年八月、出獄したが当局の干渉で成果は上がらなかった。

全国でも、一九三四（昭和九）年三月一一日、東京で開かれた全農第七回大会が最後の合法的な大会となった。

その後、一九三八（昭和一三）年、全国農民組合（全農）と日本農民組合総同盟が合同し、翼賛的な大日本農民組合が結成され農民運動は一時休止となった。

【昭和七年二月～昭和七年三月の書簡】

66　昭和七年二月一日　手紙　小松町　全農愛媛県連合会本部（岡本義雄）→渡辺国一

渡辺国一殿

過日、愛媛県連合会本部宛に松山出張所よりの報告によれば、貴下は、恰も全国農民組合に関係ある者の如くよそおひ、温泉郡各町村を徘徊し、『全農愛媛県連合会は確立されてゐない』とか、『総本部が認めてゐないとか』。松山出張所並びに同書記篠原氏に対する散々非階級的なデマを飛してゐる由に付、当連合会は一月某日の日附を以て、『渡辺国一は当連合会に何等の関係なき者に付き、見付次第放逐しろ』なる旨の警告文を各支部に配布したり。

然るに、昨今貴下はエタイの知れぬ、『全国農民組合中予協議会』なるものをデッチ上げ、愛媛に於ける全農の輝しき拡大強化を妨害し、農民戦線を撹乱する計画をなしつゝあるとの事に付き、当連合会本部は断固たる態度を以て、貴下に左の如く要求する。

一、渡辺国一は全国農民組合に何等の関係なき者なることを一般に声明し

二、似而非全国農民組合中予協議会を即時解散すべし

三、過去一ヶ月に亘る愛媛中予地方に於ける農民戦線を撹乱し、分裂主義的計画をなしたる行為を陳謝すべし

理由とするところは、別に述べる必要さへもなき程明白なり。

貴下も認められる如く（全農中予協議会の名による報告通告等の文書によって）『我が愛媛県連合会』の存在を認められ、『県連ニュース』の発行さへも認められるのである。そうして『我が愛媛県連合会』は過去十ヶ年の輝しき果敢な斗争の歴史と多数の組合員と、殊に中予地方には松山出張所を持ってゐるのである。再度の暴圧以来勇敢に再建斗争を捲き起してゐる現在、ヱタイの知れぬ愛媛に於ける全農の組織とは、何等の組織的連絡ない『中ヨ協議会の出現』こそ、『農民大衆をその去就に迷はしめ』『全農の拡大強化を妨害』する分裂主義的策動である。その意図の如何に不関、地主・資本家の手先であり、スパイ的、農民戦線の撹乱者である。

二つには、客観的主体的情勢の正しい認識は一切の合法政党を無用化してゐる。大衆は最早資本家・地主の承認了解による、合法性をもった似而非政党の何者たるかをよく知ってゐる。

然るに合法的労大党の強制支持を宣伝煽動し、農民大衆を欺瞞せんとする行為は明らかに資本家・地主の忠実な手先である。

三つには、貴下の如きものに光輝ある「全農」の名を濫用することは、吾々百姓の大きな恥辱である。見ろ！温泉郡一部に配布した『報告』『通告』なるイカサマニュースを。吾々はあの紙面に現われた貴下の意図の何者たるかを知ることが出来る。完全に地主に協力し百姓大衆を瞞着せんとしてゐるスパイであることを自白してゐるではないか。それが総本部派のオルガナイザ渡辺の指導する、『全農中ヨ協議会』の『通告』か又『報告』なのか。勇気あるならば、全国の戦闘的農民諸君の前に高く掲げて見ろ！

吾が愛媛県連合会は中ヨ・南ヨ・東ヨの百姓のガッチリした連結統制のもとに、革命的反対派としての全農・全国会議を支持し、その指導のもとに正しい下からの再建途上にあるのだ。それはあらゆる資本家・地主の暴圧にも合法政党、左から右までの社会民主々義裏切者の策動も吾々の前には物の数ではないのだ。

以上の理由により、全農愛媛県連合会とは何等の連絡なき、似而非中ヨ協議会を即時解体して、渡辺貴下はドウセ高の知れた大衆党の運動でもやって居るのが適当な仕事だ。

この通知到着次第何とか言って来い。貴下に少しでも階級的良心があるならば、何分の返信があるものと思ふ。

一九三二・二・一

愛媛県小松町全国農民組合愛媛連合会本部

67 昭和七年二月一日　手紙　全農愛媛県連合会（岡本義雄）→全農総本部

最近、松山地方に全農中予協議会本部なるイカサマ看板を掲げて、白テロの嵐を蹴って苦難に充ちた再建斗争の旗を戦ひ進めつつある本県連の活動に対し、ニュースや口頭を以て悪意に満ちた下劣なデマを飛ばし、毎日の様に松山地方の県連支部を徘徊しては、現総本部は愛媛県連を認めて居らないのだから、そんな組合は無力だから、加盟しても駄目だとか、総本部は労大党を支持して居るのだから、愛媛の組合員や一般の百姓も労大党を支持しなければならない。とか、労大党を排撃する様な左翼は共産党だから、そんな者の指導する組合に入ったら弾圧があるから恐ろしいとか言って、労大党の提灯持ちをし乍らデマと不信を撒き散らし、農民諸君を偽瞞して廻り、県連の戦斗的指導の下に争議に入って居る支部では貧農の止むに止まれぬ決死的要求と斗争の昂揚を抑圧し、争議を空巣狙ひ的に横取りしては地主に売り付けて、松山地方の本県連所属の支部破壊に狂奔して居る渡辺国一なる階級戦線の詐欺師がある。

過去十ヶ年に亘る吾が愛媛県連の輝ける斗争の歴史は、打ち続く暴虐な弾圧下にあっても、依然牢固として抜く可からざる農民大衆の信頼と影響力とを確保し、今や農民大衆の絶大なる支持と期待の昂まりの中に、戦斗的再建の歩武は着々と押し進められて居る。如何に渡辺輩が悪辣な裏切的策動を続けようと、本県連再建斗争の前進を一歩だに阻止することは出来ないであろう。

彼、渡辺個人は何等問題とするに足りぬ。要は彼が吾が光輝ある全農の名を詐称して居ることにある。彼は現在労大党松山地方支部の常任書記であって、傍ら前記全農中予協議会本部なる幽霊看板を掲げ、県連破壊に狂奔し乍ら総本部より県連再建の使命を受けて再建オルグとして派遣されたのだと自称して居る。

此んなエタイの知れぬ争議売買人に、全農の名称を使用せしめることは、光輝ある吾が全農の名誉の為に捨て置けず。過日松山出張所に命じて事実の真相を調査中の所、本日詳細な報告があったから、其れに基いて左の事項の真偽を、直接総本部宛お尋ねする次第である。

一、本県連に対立し組合破壊に狂奔して居る、前記渡辺国一なるものを、愛媛県連再建オルグとして派遣した事実ありや。

一、中予協議会本部なるものを、本県連と無関係に全農の一組織として承認したることありや。

一、渡辺国一は、現総本部は愛媛県連を県連として承認し居ないと言って居るが、果して真実なりや。

右至急ご回答をお願ひする。

尚、本年度大会に本県連合会より出席せしむ可き、代議員数及びその氏名に就いてご報告する。大変報告の時機が遅れたが、最近総本部より何の指令もニュース議事録の類も送達されないので、止むを得なかったのである。此の点に就き約一ヶ月程前葉書を以て総本部に対し、何の連絡も絶へて居る理由を質し、至急夫れらを発送して頂くよう要求したのであるが、其の后、何のご返答にもあづからない。

序で乍ら此れは至急やって貰ひ度い。
昭和六年度組合費完納組合員十五名に付き、一名の代議員の割当の由なるが、本県連は同年度組合費は五十三名完納してある故、三名を選出し得る資格を持って居る。氏名は左の通りである

中予代議員　篠原要
東予　仝　岡本義雄
仝　仝　松木喬
報告者　同前

以上

一九三二・二・一

全農愛媛県連合会

全農総本部御中

68 昭和七年二月三日　手紙　愛媛県連松山出張所篠原要→全農総本部

関西オルグ会開催通知ヲ受ケマシタガ、松山出張所ハ目下僕一人デ青年諸君ハ東予・大阪方面へ行ッテ居ルシ、全国大会ノ旅費ノ工夫中ニシテ此ノ会議ニ出席スルコトノ出来ナイノヲ遺憾トス。

一九三二・二・三

全国農民組合愛媛県連合会松山出張所　篠原要

70 昭和七年二月一五日　手紙　差出人氏名不詳→(全国労農大衆党本部)

報告

二月十一日無事総本部渡辺潜常任委員の来援を得て、結成大会を闘ひ取りました。南予協議会から青年部の増田郷香君を迎へましたので、南予との提携が取れました。南予の状勢を聞きますと(増田郷香君の話)、井谷正吉君の階級的な裏切行為をなして、官憲と妥協して農民大衆を惨敗に終らしめてゐた事が、三千の組合員を持ってゐた南予協議会を、今日二百に減じた原因であると言って居ります。

指導権が左翼全国会議派に移ったのは何も組織方針、闘争方針並びに指導方針を好んでの事でなく、井谷君の不法行為による反感が手伝ったもので、総本部排撃には決して大衆はゐないと言ってゐます。

井谷君が渡辺潜氏にどう言ふ様に話されたかは知りませんが、渡辺氏の帰られた直後、県の特高課に行って、南予協議会の青年部を弾圧して呉れとか申した相です。松山署の特高主任大野警部補の宅へ、飲みに行った事も事実であります。

我々中予協議会は決して斯の如き非階級的な人物とは、共々に行動は出来ませんが、今直ちにほり出せば悪らつな方法をとって、我々に警察と妥協の上如何なる手段をとるかも知れませんから、当たらず障らずの方法をとって、来るべき県連再建の大会には、重要な役割より除く考えであります。

若し、井谷君より如何なる報告があらう共、南予協議会に対して解体命令は出さない様に願ひます。我々中予協議会とは密接な連絡はとれましたから。

既に愛媛県連の本部を上一万の曽川君の宅に置いて、曽

川君が委員長にしたとか、井谷君自身を顧問にしたとか、各新聞に発表して、我々中予協議会をないがしろにする態度は、若し本部として之を認められる事は万々御承知ないとは思ひますが、特に御注意ありたいと思います。

南予では既に井谷君の信用は落ちて、豊岡支部の如きは増田君が行っても、お前は井谷の子分だらうと申してやかましい有様だ相です。南予協議会が井谷君が指導する間に三千から二百に減じた現状をみてもはっきり如何なる闘争方針かはうかがひ知る事が出来ます。増田君は井谷君の子分の様にして青年部からつけられた人です。現在井谷君の非階級的な行為が原因として南予には大衆党の党員は一人もなく、増田君や佐竹君は監視の役としてくっついてゐる状態だ相です。

大衆党や総本部を排撃するのではない。井谷君を認めてゐるからきらってゐるのだと申してゐるのです。我々中予協議会としては現在の南予協議会青年部と相提携して、ダラ幹から其のヘゲモニーを取って、正しい指導と闘争と組織の上に起ち、ウルトラ排撃、ダラ幹排撃、階級戦線拡大強化の為に総本部と相連絡の上に闘ふ事を誓ふものであります。

中予協議会の役員は左の通り決しました。

執行委員長＝上田時次郎、

書記長＝渡辺国一、書記＝渡辺忠一・木村源一

常任執行委員＝上野春見・丹生谷百一・松岡秀義・高橋栄・森田甚松・天野時太・西内広幸

執行委員＝門屋庄太郎・飛坂政信・岡本房五郎・内藤半四郎・岡田好春・河野清三郎・高須賀邦聖・堀川国松・青井清春・丹生谷善三郎・野首高春

大会議案（可決）一、小作料減免闘争ノ件、

二、借金支払猶予ノ件、

三、全国会議派ノ件、

四、全労大支持ノ件、

五、選挙闘争ノ件、

六、ファッショ反動粉砕ノ件、

七、帝国主義戦争反対ノ件、

八、全国大会代議員ノ件

71　昭和七年二月頃　メモ　全農総本部→全農県連（渡部国一）？

愛媛県連合会。反対派。組合員　六十名

本部は東予・小松町にあり、小松支部（六名）長　岡本某が常任書記としてゐる。

執行委員長は石根支部（十二）長　瀬川和平

反対派は中予地区に　北吉井支部（十三）支部長　大西進五郎。河上（川上？）支部（五）支部長　堀川喜十郎

篠原要・越智某、組合外に岡田・小林等が散在

南予地区には松浦倹一・松岡駒雄・二宮好治・山本経勝等があるが、離散して無力

中心人物は　篠原要（松山市千舟町）

中予地区協議会（本部――――

結成大会　一九三二・二・十一　愛媛青年会館
協議会本部　松山市豊坂町一丁目五五、渡辺国一
役員
執行委員長　上田時次郎（拝志村々会議員）
書記長　渡部国一
書記　渡辺忠一（党支部連合会書記長）木村源一　其他
支部
一、拝志支部（四五、百八十名に増加する可能性あり）
　昭和三年組織　支部長　上田時次郎
二、浮穴支部（現在十名、五十名になる見込）支部長
　大野時太
三、三津浜支部（二十五名　見込八十名）支部長　上野
　春見
四、荏原支部（九名　見込三〇）支部長森田甚松
五、北伊予支部（十一名　見込八〇）支部長松岡秀義
南予地区
　昨秋の県議戦に井谷正吉氏を候補として選挙戦を斗ったが反対派青年分子のなすがまゝに放任し、総本部派は無抵抗主義をとってゐたが、反対派は自から墓穴を掘って、大衆から遊離して離散して了った。
再建可能支部八支部、五百名の見込み。
井谷氏を中心に積極的に再建斗争を開始す。宇和島市を中心として
東予　ウルトラのため皆滅の状態にあり、再建斗争は飯尾
　金次を中心として中予協議会より働きかけること。
新愛媛県連合会組織準備会を、
　中予協議会役員　井谷、曽川等により持つことに決定し、事務所を松山市上一万町、曽川静吉氏宅に設置す。
委員長　曽川静吉
　組織準備委員左の如し
中予地区
　上田時次郎、渡辺国一、木村源一、渡辺忠一、西内広幸、高橋栄、丹生谷百一、丹生谷善三郎、岡田好春、高須賀邦聖、天野時太、堀川国松、松岡秀義、門屋庄太郎、上野春見、岡本房五郎、内藤半四郎、森田甚松、曽川静吉
東予地区
　飯尾金次
南予地区
　井谷正吉、増田郷香、（北宇和郡旭村近永）佐竹庄平、河野藤七、二宮彦太郎、中平寛一

69　昭和七年二月頃　手紙　愛媛県連合会（岡本義雄）→全農総本部

　総本部御中　　愛媛県連合会
二月三日付のレポ受取りました。
御返答を有難ふございました。大変遅くなりましたが返信を差し上げます。
一、連合会事務所は、所在地の変更される度に、総本部は勿論、各県連宛に移転通知状を出しました。現所在地へ引越したのは昨年十一月末でした。其れ迄は石根村瀬川和平氏宅に事務所を置いて居り、其の際の移転通知状は、総本部でも入手して居られるそうですが、同氏宅へ一時事務

所を移したのは、一昨年晩夏の全県的暴圧直后のことで、四・一六の犠牲者林田君等が同年春長期の未決拘禁の后、無罪出獄し、同時に奪はれた戦線の奪還で日常斗争の激発のため、懸命の努力を続け、漸く再建の芽を吹き初めた許りの所をやられたので、旧組合員はすっかり敗北主義と弾圧恐怖病に襲はれ、指導部を奪はれた県連は一時活動不能の状態に追ひ込まれ、暴圧の網の目を逃れた執行委員長瀬川和平氏が、個人的に県連の看板を維持すると言った程度に過ぎなかったのでした。

微力乍らも県連としての組織的活動が、戦斗的青年分子に依って開始され、旧組合員の一部と県連との連絡が恢復され始めたのは、県連事務所が現在の場所に移転された十一月末からでした。其れ迄も一部組合員及び数名の青年分子に依って、再建活動は不断に試みられては居りましたが、何れも分散的な無連絡なもので、統一ある組織的再建斗争に迄発展し得なかったのでした。此んな事情のため再建のための責任者も決定されて居らず、従って総本部との組織的連絡が杜絶して居たことも、止むを得なかったことを御了承願ひます。

但し其の后□□っても総本部との連絡の恢復のための努力が払はれなかったことは、幾分は指導部の手不足のためとは言へ、重大な誤謬であったことを認めます。今后は出来るだけ緊密な連絡を取る様に努力しますから、総本部よりも斗争の歴史に輝く吾が県連の再建のため強力な指導を与へて下さる様お願ひします。

一、渡辺国一が活動して居ることは吾々も認めます。だが、活動の性質が問題なのです。だから以前のレポでは徘徊と言ふ文句を使用しました。彼が本県連と無関係に本県連の統制を離れて、中ヨ協議会なる指導部的な看板を掲げ、而も先日のレポで報告した様な、本県連に対する農民の不信を高める為のデマを飛ばして活動して居る以上、其れは本県連に対立する活動であり、事実に於て本県連破壊の為の活動であります。

彼には組織大衆はありません。それを大衆を持つかの様に総本部宛報告して居るとすれば、それは県連松山出張所所属支部の大衆を自己の指導下にあるかの如く、偽って居るのだろうと思ひます。

吾々は単に政治的意見の相違から徒に彼を排撃する程狭量ではありません。政治的意見が何であれ彼が真に大衆の指導者として日常不断の斗争を指導し、全農の拡大と強化の為に活動する者である限り、只さへ手不足に苦しんで居る吾々には、決して強固な共同戦線の為の努力を惜むものではありません。

本県に於ける全農の分裂を阻止し統一を期する為、本県連は至急左の数項を実行して下さる様、総本部宛に要求します。

一、本県連の確認と連絡の廻復を渡辺宛に通告して頂くこと

一、中ヨ協議会を即時解体すること。

一、渡辺の活動を本県連の指導と統制に服せしめること。

一、渡辺の本県連に対するデマを禁じること。

一、渡辺の指導下に万一組織大衆があるとすれば、即時本県連支部に再編成すること。

同封で組織報告を送りますからお受け取り下さい。本年度総本部費は大会の篠原要君が大会に出席した際に納入したので、受領証は同君が持って居るので目下照会中です。返信の　あり次第報告します。

以上

72 昭和七年□月頃　手紙　愛媛県連中予協議会↓全農総本部

拝啓　総本部ニュースの中に十二、三，四と決定とも、一九，二十，二十一日に延期するとも書いてるがどちらですか、至急全国大会の日時並びに会場を御知らせ下さい。通告書十五部確かに受け取りました。パクパク大衆獲得並びに小松派の影響下の農民獲得に闘ひます。既に二支部は動きつつあります。

ぐんぐん力で押しましょう。訴訟事件が二つになりました。ぐんぐん後から来るでしょうが、あく迄貧農大衆は最後の段階迄闘ふと言って居りますから、面白い大衆行動が展開されると思ひます。

中予協議会

総本部御中

73 昭和七年三月五日　手紙　全農愛媛県連↓全農総本部

一九三二・三・五

全農総本部御中

全農愛媛県連合会

一、大会も目前に迫りましたが、本県連には代議員章は勿論大会通知さへ送達されず、先頃代議員数及び氏名を報告しましたが、其の后それに対しても何の音沙汰もありません。大会準備の都合もあり大変迷惑致します。代議員章を添へて至急ご返信をお願ひします。

尚、昨年度組合完納者は財務部では七拾三名と報告されて居る筈です。(以前のレポの数字は訂正します）大会前日中央委員会で財務部長が汐見・堀江・拝志・北吉井各支部で完納者五三名と報告し、大会直後の拡大執行委員会で小松・石根二支部で二十名を追加報告しております。組合費受取署は六年三月七日付堀江支部三円と、二月二十日付汐見支部五円七十六銭の二枚が手許に整理されておりますが、他の分が所在不明で目下調査中です。尚此の上当財政部に於いても調査を続けますが本部に於いてもお手数ですが念の為重ねて調査願ひます。

一、松山出張所へ発送のニュースに依れば大会期日が又しても変更するかも知れないとのことですが、若し事実とすれば代議員派遣の用意もありますから、確定次第ご通知下さい。

一、二月二五日第二回県連大会を松山市外の農村で開催しました。目下議事録作成中ですから、完成次第議案と共に発付致します。

一、中予地方協議会に対する総本部の態度如何。先頃一握りの農民を集めて松山市の真中で協議会大会を持ち、総本部からは渡部潜とか言ふ常任が出席し、大会の前後を通じて本県連に対するデマと中傷に終始したそうですが、本県連は左の事項に関し断乎として総本部の責任ある返答を要求します。

イ、総本部は中予地方協議会を承認したるや。先頃のレポで報告した通り、中予地方協議会は暴圧の嵐を潜って再建斗争の途上にある本県連の斗争と組織を妨害する官憲と握手した敵対組織である。此の組織を承認し、其の上大会に代表者まで派遣することは、総本部自ら本県連の再建斗争ブチコワシと戦斗的農民の抑圧に協力したことである。

ロ、先頃中予地方協議会の解体を要求したるに、総本部は本県連に対し何ら態度を明らかにせず、其の上忽然として大会に代表を派遣したのは、本県連の前記の要求を何ら取り扱う方針であるか、吾々は飽く迄解体を要求し、彼等地主官憲の手先共を光輝ある愛媛の農民戦線より放逐する為に徹底的に戦ふことを誓ふものである。

74 昭和七年三月一〇日　手紙　県連南予地区委員会→全農総本部常任員会

全国農民組合総本部常任員会御中

全農愛媛県連合会南予地区委員会

一九三二年　月二九日附通告に答ふ

一、全農愛媛県連合会ノ実体ガ調査ノ結果無キモノト認メラレタル件

吾ガ全農愛媛県連合会ハ吾々貧農ヲ中心トスル広汎ナル農民大衆ノ戦斗的ノ自営組織デアル従ッテ貧農ノ切実ナ諸要求ヲ踏ミ台ニシテ自己ノ野望ヲ貫徹セントスル議員病患者ヤ、争議ヲ売ッテ金モウケヲスル、或ハ官憲ト共同シ戦斗的貧農ノ陣営ヲ撹乱スル所謂無産政党（社民党・大衆党）ノ資本家地主ノ手先デアルノトハ全ク異ナッテ居ル。ソウシタ愛媛県下農民大衆ノ連合会ハ周桑郡小松町ニアリ全県下各支部ハ此ノ連合会ノ統制ノ下ニアッテ暴圧ニ抗シテ暫時拡大強化サレツツアル。現在三百ノ組合員ヲ持ッテ居ルノデアル。総本部ノ通告トハ全ク正反対デ少クトモ総本部ノ調査ノ誤リデアルト信ズル。

二、松山出張所モ大衆ナキ二三幹部ノ僭称ト言ハレテ居ルガ、松山出張所ハ現ニ北吉井・拝志其ノ他ニ多数ノ組合員ヲ持テ現在勇敢ニ活動シツツアルノガ事実デ、吾々南予各支部ハ緊密ナル連絡ヲ採ッテ井谷一派ノ大衆党ノ裏切リ者ヲ蹴トバシテ今ヤット全県的統一ガ出来タ所デアル。然ルニ渡部邦《ママ》一ト言フ者ト松山市内ノ大衆党一味（ホンノ寄セ集メ）二三名ノ者ガ戦線撹乱ノタメニ吾等ノ陣営ニノサバリ出テ、全農中予協議会ヲ作ッタト聞イテ居タガ、ヤハリ事実デアッタノカ。トモアレ全農愛媛県連合会ハ真ノ貧農ノ戦斗部隊トシテ立派ニ実体ヲ持ッテ活動シテ居リ、松山出張所モ同様ダ。然ルニ総本部ハ渡部邦一只一人ノ中予協議会ヲ認メテ吾々全県下貧農ノ要求シ支持スル県連ヲ認メヌ事ハ直チニ全エヒメ農民大衆ノ戦斗的要求ヲ無視スルモノデハナイカ。吾々ハ如何ニシテモ理解ニ苦シム者デアル。依ッテ吾ガ南予各支部ハ支部長会議ノ決定ニ基イテ再調査ヲ要求スルト共ニ渡部邦一ナル裏切リ者、分列策動者ニ対シ吾ガ全農県連ニ帰順シナイ限、直チニ除名サレン事ヲ要求ス。

1　全農愛媛県連否認、松山出張所閉鎖絶対反対

2　中予協議会ヲ解散シ渡部邦一派ヲ即時除名セヨ

75 昭和七年三月頃　手紙　愛媛県連合会→全国農民組合総本部

抗議

一、今回総本部発行ニ係ル連合会一覧表、愛媛県連合会ノミナラズ香川・徳島モ出テヰナイ。全国ニ先ジテ暴圧下ニ闘ヘル全四国ヲ脱落スルハ故意カ不注意カ此ノ暴圧ノ中心ヲ回避スルモノカ。四国三万ノ組合員ハマダ死ンデキナイゾ！

一、各方面ニ全国大会ハ伝ヘラレヰル。新聞ニモ出テヰル。然ルニ当県連本部ハソレヲ知ラナイ。ドウシテクレルノダ？

愛媛県連合会 ㊞

全国農民組合総本部御中

【昭和一〇年の書簡一通とメモ】

76 昭和一〇年四月一六日　はがき　林田哲雄→杉山元治郎

（表）大阪府下布施町　代議士　杉山元治郎様

小松町　林田哲雄

私の入獄不在中に東予は全会派に屈し、除名になりましたが、私は除名に成ったのですか、成っていないのですか、お知らせ下さい

（裏）大会の節は失礼いたしました。貴下にもゆっくり御会ひし、御意見を承りたる上、東京へも行き、熟慮の上再建方針を樹立致したく思って居りましたが、満州皇帝の来た為、大阪を追われて、其の意を得ませんでした。十日送りかえされました。いずれ出直します。其節は是非御伺いしたいと存じます。

甚だおそれ入る次第ですが、貴下の「農民組合の理論と実践」を一部御恵与下さいませうか。賞品ことヤボを願ふわけですが、目下の所御の御願

尚私は全農から除名になってゐるのですか、ゐないのですか、お知らせ下さいませ。

77 昭和一〇年頃　メモ　「愛媛全水県連再建」

常々勇敢に差別テッパイ運動の先頭に起って、全国水平社では、衰退していた愛媛県連合会の再建大会を、去る八月二十二日、氷見会堂であげ、委員長に矢野一義君がなり、我が県連より木村源一君参加した。

おわりに

翻刻された書簡は全八二通あった。これらの書簡は当時の愛媛県内の農民運動の状況を具体的に知る貴重

な資料となった。メモ程度のもの、年月日不詳・差出人、受取人の不明な数通を除いて、内容の重複するものもすべて掲載し、故今井貴一会員遺稿集として残し、その労に報いた。尚、翻刻にあたって、今井貴一会員が次のようなメモを残している。

1　差出人・宛先氏名などで推定できるものには（　）の中に記入した。

2　年月日についても出来るだけ詳しく記入してみた。（原史料所蔵元の大原社研書簡データーベースには自分のファイル以外にもより多くの史料がある事が分かった。参考になったデーターもあった）

3　書簡文は原文のままにしたが、漢字は当用漢字に直した。

4　主な参考文献

県労政課編『資料　愛媛労働運動史』

近代史文庫　愛媛近代史料No.32『小松町農民運動史料』

書簡は、一九二七（昭和二）年三月からのものであるが、日農愛媛県連が結成された一九二六（大正一五）年四月前後にも、日農本部と林田哲雄らとの間に書簡のやり取りが行われたと思われる。大原社研に残されているかもしれないこれらの書簡の調査が今後の課題となった。

書簡の内容に関連する国内・県内の農民運動については次の文献を参考にした。

補足資料として「年表　東予・周桑の農民運動」を添付した。

【編者註】

書簡67と69の差出人は、書簡69の文意から岡本義雄と推定し、そのように訂正、追加をおこなった。

参考文献

日本農民運動史　青木恵一郎著　民主評論社
日本の農民運動　井上清・深谷進監修　大衆の読本刊行会編
農民組合運動史　農民組合史刊行会編
愛媛県労働運動史　愛媛県商工労働部労政課編
民衆の集団　明星ケ丘小伝　篠崎勝著　井谷正吉生涯記編集委員会編
愛媛近代史料　三二　小松町農民運動史料　近代史文庫編
小松町誌　歴史編　近代・現代　小松町誌編纂委員会編

東予・周桑に於ける農民運動年表

	東予・周桑の農民運動	日本の農民運動
1884　M17	○住友別子鉱業所、新居郡金子村惣開に銅製錬所建設。	
1893　M26	○金子村の農作物に被害が出始める。農民住友と争う。	
1895　M28	○住友、四坂島を買収、銅製錬所移転決定。	
1896　M29		○足尾鉱毒事件問題化する。
1901　M34		○田中正造直訴。
1905　M38	○四坂精錬所本格操業開始。	
1906　M39	○越智郡・周桑郡に煙害広まる。 ○壬生川町長一色耕平　県庁に調査を請願。 9.21　周桑関係八ヶ町村長　壬生川公民館に会合。 11.17　同大阪鉱山監督署長・鉱主住友吉左衛門に陳情書を送る。 11.21　県農会技師、岡田温「煙害調査書」を越智郡の農会に送る。	
1907　M40	煙害拡大	○全国的に米穀検査確立
1908　M41	4.19　三芳村農民 150 名村役場に押し掛ける。 4,26　周桑郡大明神河原で被害町村農民大会開く。2000 人。 6.12　周桑各町村に被害調査会を組織。 8.8　県知事安藤、住友に視察員派遣を要請。 8.23　越智郡農民 1300 名頓田川原に集合。 8.24　越智・周桑農民、南光坊に集会。 住友本店理事中田に交渉、警官抜刀解散させる。 8.26　大明神河原に 2500 名の農民集合、農民大会開催。 住友本店との直接交渉を動議、午後四時行動開始。 4000 名の農民住友本店前に集合。 8.27　農民代表四三名、住友支配人と交渉。 住友、県双方が秋の取り入れ期に煙害調査始める。	
1909　M42	○尾道会談　住友代表３名、周桑農民代表、一色耕平、青野岩平、越智郡代表２名。	
1910　M43	○農民 3261 名の請願書を国会に提出。 10.25　第一回煙害賠償契約妥協会を東京で開く。	
1911　M44	○被害町村に煙害賠償金が支払われる。認定被害地、周桑 12 町村。その後も煙害は収まらず、契約期限が切れるごとに交渉賠償金は支払われたが被害農民には渡らず。 大正 2.8.11 年契約交渉を持つ。 ○昭和 14 年精錬所に中和工場完成。煙害問題解決。 ○米穀検査は全国的には明治 40 年に確立、実施県多く愛媛は明治 41 年県会で米穀検査実施の建議。	○大正１・２年は不景気で米価低落、米の売れゆきが悪く、小作地返還、小作拒否闘争を可能にした。
1914　T3	○深町県知事、産米検査を翌年より実施することを表明。 ○宇摩郡松柏村大地主森実義夫小作料増額。小作人約 80 人小作地１７町歩を返還上田 15 町歩を荒らす。 8.8　東予４郡の地主の代表者、越智郡で会合、地主会設立について協議、農事奨励会設立を決議。 8.21,22　新居郡地主代表者会開く。 8.27　周桑郡多賀村で反対運動起こる。	○米穀検査は各県で日露戦争前後より増加、大正３年までに 27 府県で実施。

	10.19 周桑郡小作農民大会が周布村の密乗寺で開かれ反対を決議。 10.19 周桑郡吉井村の小作人307名知事宛の陳情書を作成、12月に代表者が陳情。 10.17 東予各地で産米検査講演会開く。大町村で村岡技師問題発言。 11. 西条町で三町十三ヶ村が知事に反対の陳情。 11. 宇摩郡・新居郡の小作農民、代表を香川に送り調査、数字を挙げて反対を表明。 ○県当局は農会技師を各地に派遣し説明会を開く。訓示を各町村に指示、地主会組織を示達。	
1915　T4	1.19 県「米穀検査規則」と「愛媛県告諭」を公布し、10月1日からの実施を決定。 1.26 県、各町村に「産米検査に関する県通達」を出し、検査に関する細かい内容を指示した。 4. 越智郡で第二回四郡連合農事奨励会。 5. 西条で第一回新居郡農事奨励会。 ○宇摩郡小作連合会結成。小作地返還。不耕作運動、年貢不納運動確認。 ○西条大地主40名、農事奨励会の決定を守り、返還された小作地は共同で負担し、特定地主に対する反対に共同で当たるなどの地主協定を結び小作に対抗。 ○小作は地主に対し、口米の廃止、一石につき５升ー１斗の奨励米を要求。 ○周桑郡農民、9月8日・10月7日の暴風雨のため米の品質低下を理由に本年限りの検査中止か、不合格米の県外輸出の許可を求めて、郡役所に陳情。 11.4 周桑農民4000名、丹原町に集まり、県に陳情の為松山に向かう。一色耕平、巡査と共に不参加を呼びかける。 12.25 宇摩郡農民5000名郡役所に押し掛ける。 12.31 周桑郡長柳生宗茂、各町村長に「小作米納付ニ関スル件」を通達。	○日本経済爆発的好況。 ○農産物価格暴騰。 大正４年米１石１３円７銭 大正８年　１石４５円９９銭 ○米価騰貴の利益は地主に、小作との格差拡大。 5.25 自作農創設維持補助規則制定 9. 自作農創設維持資金貸与規定制定。 ○産米検査が集団的な争議となったのは、新潟・岐阜・愛媛。
1916　T5	1.20 同「小作米受け渡しに関する件」を通達。 2・4 同「小作米完納方注意の件」を通達。 5.24 新居郡農民大挙して九州に移住。 6.2 西条小作同盟、同盟を破るものは制裁を加えることを決める。 7. 西条で約２６０町の良田荒廃。 ○周桑郡小作人会発起による県農民連合会の組織化進む。 10 農事調査会設立。 この年、米大豊作前年度より23000石増収。	
1917　T6	○周桑郡石根村大頭の地主５名が小作人108名に対して、奨励米１石につき２升以上給与出来ないとして、小作米受取を拒否し、土地貸借取り止めの訴訟を始める。 7.17 新居郡氷見町の地主森広太郎は、小作人の２７町歩の小作地返還にたいし人夫約10人を雇、警察の警護で田植えを完了。 この年稲作は一部旱害ながら順調。10月気候急変して連日霧雨、実収91136石。前年より12000石減収。	○米価上昇はじまる。地主小作対立の要因になる。

1918 T7	○産米検査による小作争議は8月の郡長裁定で一応解決。 5.16 新居郡で郡長裁定が出され産米検査にもとづく小作争議解決。 ○林田哲雄京都大谷大学入学。	○小作争議増加 全国で256件(翌年326件)。 ○米騒動を契機に小作争議の質的変換。 ○不耕作、土地返還の戦術を転換し耕作権確立、小作料引き下げの要求に。
1920 T9	12.11 県下各農会又は農政倶楽部代表が会合米価の暴落防止策を協議。 ○農政倶楽部決議。米価一石35円をもって最低価格とする。 12.12 米価調整協議会、500石の買い上げと米の国家管理を政府に要望。 12.13 温泉郡農会主催米価調整対応策協議会開催、500名出席、米価最低価格1石35円堅持を決議、投げ売り防止実行を誓約。 12.14 伊予郡農会各町村代表者協議会開催。 12.15 越智郡農会米穀投売防止協議会開催。 12.16 温泉郡川上村農民大会開催。 ○温泉郡久米村農政倶楽部大会開催。480余名出席。 ○北吉井村農会農民大会開催300余名出席、1石35円以下で販売したものには制裁を決議。 12.23 周桑郡各町村農会会長、技術者、地主、その他農会関係者集合協議、24日各町村一斉に農民大会を開催することを決議。 12.23 南宇和郡農民大会開催２１０数名参加。 ○林田哲雄この年京都大谷大学中退郷里に帰り僧侶を継ぐ。	○この頃日本の人口の70%は農村人口。 ○小作農が自小作併せて全農家の70%。 ○この年、戦後恐慌と朝鮮米移入で米価大暴落、1年間で35000戸の農家減少。 1.13,14 帝国農会、全国各府県・県農会代表者協議会開催。米価調整対応策大会。 ○全国小作争議件数408件、愛媛県2件。 ○温泉郡南午渕 小作料改定反対争議。
1921 T10	1.23 越智郡鴨部村の渡辺豊五郎外35名の小作人が大挙して地主を襲撃しようとした。原因は米価暴落を理由に小作料の引き下げを地主に要求したが聞き入れられなかったことに憤慨して。 ○自作農創設に関する動き各地にあり、 温泉郡余土村。 ○喜多郡下の小作争議。五十崎町小作38名地主23名 関係約10町歩台風による籾の落下反当たり二斗減額要求で紛糾、新谷村 地主30名小作200名 反当たり2斗の減額要求、内子町 上と同じ。	○帝国農会、2月1日全国にわたる大宣伝を挙行、500万農家が大会を開き示威運動を行うことを提起。 1.22・23 帝国農会第2回米価調節協議会開催、3府36県54名参加。 ○第1回メーデー開催。 ○不作にもかかわらず米価下。 ○全国各地に小作人組合結成され始める。1918年88、1921年373、1922年525。 ○10・1の友愛会全国大会で日本総同盟に改称。 ○小作争議・1680件 愛媛県21件。
1922 T11	1.9 温泉郡久米村小作人昨年より霰害等凶作を理由に小作料低減を要求していたが調停を為すもの在り、地主小作会合し五歩減で解決。 1.8 温泉郡南吉井村大字北野田小作人四六名小作料削減要求。 1.19 温泉郡北吉井村大字樋口の小作人80余名は昨年12月中旬より会合し小作人組合を組織し地主が年貢米の引き上げをするので引き下げ方の交渉を村長に依頼したが解決せず、19日集合地主と談判。 3.3 林田哲雄全国水平社創立大会参加。	3.3 全国水平社結成。 4.9 日本農民組合結成、杉山・賀川。全国から99人の代表、神戸市キリスト青年会館にあつまる。井谷正吉参加。全国の支部14組合員253名。 7.15 日本共産党結成。 ○岡山藤田農場争議、群馬強戸村争議。

	4.20　井谷正吉「明星が岡我らの村」創設。 5.1　北宇和郡日吉村井谷正吉「明星が丘」でメーデー挙行34名参加。 5.7　北宇和郡岩松町高近村小作料値下げ運動起こる。 6.4　新居郡西条駅前で小作人に通知なく地主が小作地を埋め立て紛糾。 ○温泉郡北吉井村樋口小作80余名小作人組合を組織、5月中旬より小作一反歩の定米を最高一石六斗以下に引き下げるよう要求、地主，地主組合を組織して対抗。 11.　東宇和郡土居村 小作人70余名小作人組合結成、地主5名に小作料永久3割減を要求、不納同盟を結成して対抗日本農民組合に加入。	12.　日農支部96、組合員6166名に増加。
1923　T12	5.　北宇和郡日吉村大野小作争議68名参加。 6.　周布村周布の小作人80名が争議。小作人組合の結成はなし。 ○地主首藤、小作伊藤の小作地面積を調べ小作料引き上げを通告、小作側小作慣行を破るものとして反発、80名の小作が参加。 7.9　県水平社の徳永参次・松波彦四郎が周桑に来る。 ○矢野一義・玉井直助ら水平社壬生川支部を結成。 10.4　越智郡桜井小学校差別事件起こる。林田哲雄、西原佐喜一らと調査。 10.18 徳田村専念寺で水平社東予支部を結成。 ○県内小作争議増加 39件。	○日農第2回大会。代議員205名・全国300支部組合員1万人。「土地と自由」発刊。 ○日農の方針左傾化。無産階級解放運動に。小作料永久三割減、不納運動、共同稲刈り全国戦術に。
1924　T13	2.20　徳田村専念寺で第一回周桑郡水平社大会1000人参加 3.　国安村高田で小作争議起こる。 ○地主越智が小作人黒瀬に対し小作地返還を要求、200円で小作地を得た黒瀬は拒否、争議に。前川正一、林田哲雄、水平社壬生川支部支援。 8.20　壬生川町で林田哲雄・徳永参次の演説会が300名の農民を集めて開かれ、農民組合の結成を決議。 8.24　第二回周桑郡水平社大会が丹原町で開かれる。矢野一義、林田演説。 9.6　日農香川県連壬生川支部結成。支部長矢野一義。 10.20 石根村で瀬川和平等小作人20名、地主23名と争議。 11.15 井谷正吉、明治村に日農支部結成。	○小作争議調停法成立。 ○日農第三回大会。 代議員411名・2万数千人の組合員。24府県支部498。 4.9日を農民デーとすること、青年部創設を決議。 7.　政党組織準備会を持つ。 全国の争議2206件。 ○香川伏石事件起こる。 ○自作農創設維持法成立。
1925　T14	2.　日農香川県連氷見町支部結成。 3.15　日農香川県連石根村支部結成。支部長瀬川和平。 8.　日農壬生川支部、組合員１６名の小作米を不納。 10.20 日農香川県連小松町支部結成。支部長林田哲雄。 11.14 林田哲雄、小松町新宮部落清楽寺で座談会を開き、組合結成を呼びかける。玉井教一ら個別訪問をはじめる。 ○井谷正吉南予各地を遊説　農民組合結成を準備。	2.22　日農第四回大会、東京、代議員388名。 3.19　治安維持法成立、4.22公布。 3.29　普通選挙法成立。 ○立毛差押反対・立入禁止反対。 ○大日本地主協会成立。 12.1 農民労働党結成、即日解散。書記長浅沼稲治郎、総同盟不参加を口実に。

1926　S元	4.24　小松町小松座で日農愛媛県連合会結成大会開かれる。 4.28　井谷正吉　杉山元次郎を招き日本農民組合予土連合会結成。 ○北宇和郡明治村松丸松栄座で開催。 5.16　井谷正吉、労働農民党南予地方支部結成 12 名参加。 6.7　小松町小松座で労農党促進演説会開く。 8.20　小松町明勝寺で杉山元次郎を講師に農民夏季講習会。 9.7　新居・周桑郡労農党支部結成式、小松町明勝寺。 9.28　新居・周桑郡農民 800 名、西条裁判所に耕作権確立の請願示威運動、全国一斉請願運動に呼応。 10.29　小松町北川地主組合成立。 11.13　井谷中央での労農党分裂調査のため上京。 11.14　松山市で労農党愛媛県支部結成式が開かれる。各支部代表 11 名参加、県連事務所（松山）南予出張所（日吉村）東予出張所（小松町）を置く。 11.18　壬生川町地主協会成立。 11.25　小松無産青年同盟成立。 12.9　日農小松支部、地主に小作米減額要求書を提出、不納運動を始める。 12.24　大洲市で労農党愛媛県支部代表者会開かれる。井谷欠席。 ○分裂に抗して労働農民党支持の声明を出す。松山、周桑、喜多郡、新居郡、東西宇和郡支部。	3.5　労働農民党成立。総同盟・日農・全水中心　委員長杉山。 3.10　日農第５回大会（京都）支部 591 55000 人。総同盟に同調した平野力三、岡部完了脱退。 ○全日本農民組合同盟結成。 10.24　労動農民党右派脱退分裂。賀川豊彦、安部磯雄、三輪寿荘脱退。 12.5　社会民衆党結成　安部磯雄・吉野作造。 ○日本農民党結成。平野力三。 12.9　日本労農党結成。浅沼・須長・三宅。
1927　S2	1.16　労農党南予地方支部評議会、幹事会開催。労農党県連脱退。地方的無産政党樹立を決議。 2.22　井谷、日本農民組合予土協議会所属の支部に日農脱退全日本農民組合加盟を呼びかける。 3.7　林田哲雄分裂阻止のため明星ケ岡で井谷と会談。 3.12　日農県連第二回大会を小松町で開く。西光万吉来る。 3.24　日農予土協議会幹部会開催、日農脱退、全日農加盟、南予平民党結成を決議。 4.22　無産青年同盟愛媛県連合会成立。 5.1　周桑郡初のメーデー、参加人員 1500 名。 5.14　小松町の万歳事件起こる。 5.31　石根村に無産青年同盟石根支部成立。 6.19　労農党愛媛県支部連合会発会式を今治で開催。林田検束される。 7.15　万歳事件偽証のかどで林田西条刑務所の未決に収監される。同年 10.30 日保釈。 8.4　井谷正吉、全日本農民組合愛媛県連結成、日農県連分裂。日農 28 支部・2195 名、全日農 6 支部・290 名。 8.12　小松町で日農県連臨時大会を開く。 9.25　県会議員選挙、周桑から瀬川和平立候補。 10.24　小作米不納運動起こす。地主立毛差押始める。 10.26　日農小松支部、共同稲刈り。 11.15　小松町の地主、モミを差し押さえ競売にかける。小作落札。 12.7　井谷、賀川豊彦を呼び六日間南予各地で講演会開催。東予の労農党反発。	3.1　全日本農民組合（全日農）成立。日労派が結成。参加者 5000 人。 3.15　金融恐慌の始まり。 ○日農第二次分裂 ○日農第六回大会。杉山辞任、山上委員長。浅沼ら 12 名を除名。 代議員 199 名。

1928　S3	2.29　全国初の普通選挙、愛媛二区より小岩井浄立候補。 3.15　農県連の林田哲雄「農民組合全国的合同に関する声明書」を出し井谷らの全日農との合同を提唱 3・15 三・一五事件。小松町の日農県連事務所（小松町明勝寺）家宅捜査、林田哲雄日農中央委員会出席で不在。篠原要（日農県連書記）中川哲秋・白田一郎（労農党今治支部書記）高市盛之助（大衆時代主幹）検束される。 4.10　四・一〇弾圧。労農党支部連合会、各支部、無産青年同盟、松山合同労働組合解散命。 4.11　壬生川署林田哲雄、岸田英一郎、中川哲秋、亀井清一を検挙。 4.29 日農県連支部長会議。16 支部長集まりメーデーについて討議。 4.30　日農幹部 21 名検挙される。 5.1　第二回メーデー中止。日農愛媛県連第三回大会開く、参加者 500 名。 5.14　壬生川警察署、日農県連小松支部組合員の検挙を始める。三日で 42 名。 5.6　日農県連の周桑各支部相次いで解散。 5.17　壬生川署長、小松で小作争議の調停を始める。 6.9　小松の小作争議、第一回調停始まる。 7.27　林田、農民組合合同協議のため宇和島に、井谷らと会談。 7.29　日農・全日農県連合同し全国農民組合愛媛県連合会結成。本部小松町、会長林田哲雄。 8・4　調停決裂。 8.24　松山で全農合同記念暴圧反対演説会。弁士、代議士水谷長三郎、全農委員長杉山元次郎、全農総本部、浅沼稲次郎、林田哲雄等。 10.19 小松香園寺住職、山岡端円調停に乗り出す。 10.24 小松争議調停協約書作成。	2.29　初の衆議院普通選挙。労農党 18 万 9750　水谷・山本当選。 4.10　労農党・無産青年同盟は共産党とつながりが有るとの理由で解散命令。 4.20　日農第七回大会、大阪、161 名代議員、農民組合の合同を提唱。愛媛県連組合員 20 名参加　林田副議長。 5.27　全国農民組合（全農）成立。日農・全日農合同。委員長杉山。 10.　新党準備会全国代表者会開催。 12.20 日本労農党、社会民衆党など 7 党合同し、日本大衆党結成
1929　S4	1.6　井谷、日本労農党愛媛県連を日本大衆党愛媛県連に改称。 1.27　元新党準備会小松支部の林田哲雄、小川重朋、亀井清一ら政治的自由獲得労農同盟準備会設立。壬生川署これを禁止。 1.28　小松町農事改良組合成立。会長新名鍋吉。 4.16　四・一六事件、日農愛媛県連、林田哲雄、書記小川重朋、常任委員矢野一義を共産党弾圧に関連して検挙。 4.25　井谷、南予各地で日本大衆党演説会開催、弁士、河野密、麻生久。 8.4　井谷、全国大衆党愛媛県連結成。	3.3　全農第二回大会。林田哲雄中央委員に。 3.5　山宣暗殺。 4.16　四・一六事件。
1930　S5	1.27　松山地方裁判所、四・一六事件で起訴された林田哲雄、小川重朋。矢野一義の第一回公判を開廷。小岩井浄弁護、傍聴人多数。	○農業恐慌はじまる。

		2.7　判決言い渡し、林田。小川無罪。矢野懲役二年、執行猶予四年。2.15 日三名とも帰宅。 5.1　小松町明勝寺で林田哲雄のメーデー記念講演会開催。石根でも。	4.9　全農第三回大会 大阪天王寺公会堂。土地を農民に。
		8.14　壬生川署、林田ら 30 余名の「赤化運動家」を検挙。不敬罪並びに治安維持法違反で起訴される。 ○東予の全農組織壊滅。 ○井谷正吉、全農予土協議会結成　17 支部　476 名。	○各地の小作争議暴動化の傾向。
1931	S6	○全農予土協議会分裂。 全会派　山本径勝　松浦倹一、 総本部派　井谷正吉 9.28　松山地方裁判所、林田、小川、高井の不敬罪並びに治安維持法違反の公判をこの日から三日間開廷。 ○井谷正吉、農民運動休止宣言を出す。	小作争議最盛期。 3.7　第４回全農大会（大阪)、左右対立で激しい論争。右派会場内に暴力団配置・警官 40 名の左派代議員を検束。 4.23　全農拡大中央委員会、右派巻き返し、運動方針修正、左派脱退、指導部は右派の手に。左派、全農全会派結成。
1932	S7	1.　全農愛媛県連結成、社会大衆党の指導、中予中心。総本部派の指導で中予を中心に再建、委員長上田時次郎、書記渡辺国一。 2.4　広島控訴院、治安維持法違反事件判決。林田懲役三年六ケ月。 10.10　「１０・１０事件」で、愛媛県警察部、共産党員、同容疑者 130 名検挙、高市盛之助、検挙される。小松無産青年同盟の活動家、岡本義雄・河渕秀夫・篠原要・真鍋光明。林田末子大阪で逮捕される。	7.24　社会大衆党結成、戦争協力。
1933	S8	4　林田哲雄出獄。 ○東予各地の同志に呼びかけ社会大衆党支部結成に奔走（11 年)。	
1934	S9	○第三回全農県連大会開かれる。以降県内農民運動困難に ○東予、飯尾金次、村上吉作、組織再建に取り組む（10 年ころ)。	3.11　全農第７回大会。最後の合法的大会に。

第五章　資料紹介　林田哲雄の予審終結決定書

冨長　泰行

解説

大原社会問題研究所所蔵の林田哲雄に関する松山地方裁判所の予審終結決定書の翻刻である。

前掲越智論文にあるように、林田哲雄は一九二八年の三・一五事件では上阪しており検挙を免れた。しかし翌（二九）年の四・一六では検挙起訴されたが、翌（三〇）年二月には無罪となり出所した。

続けてこの年八月一四日「赤化運動家」として検挙されたが、本資料はこの事件に関して三一年六月に松山地裁での予審終結決定書である。林田哲雄と小川重朋が治安維持法第一条第二項後段（私有財産否認）と刑法第五五条（連続犯）違反として、また高井鹿一が刑法七四条第一項（不敬罪）と治安維持法第一条第一項後段（国体変革）等に適用すべきで公判に付するべきとされた。

【凡例】

カタカナはひらがなに変換した。ルビ、句読点、脚注は冨長による。

予審終結決定書

（表紙）

本籍並住居愛媛縣周桑郡小松町大字新屋敷甲三千八番地

僧侶

林田哲雄

明治三十二年十月七日生

本籍　島根縣那賀郡大内村大字内村三百四十四番地

住居　愛媛縣周桑郡小松町大字新屋敷

全国農民組合愛媛縣聯合会書記

小川重朋
明治三十六年四月十九日生
本籍並住居愛媛縣周桑郡小松町大字新屋敷甲八百五十一番地第二
農業
高井鹿一
明治四十一年一月三日生

右林田哲雄は、小川重朋に對する治安維持法違反、高井鹿一に対する治安維持法違反及不敬被告事件に付豫審を遂け決定すること左の如し。

主文

本件を松山地方裁判所の公判に付す

理由

日本共産党は労農露西亜に其本部を有する国際共産党の一支部として組織せられたる秘密結社にして、革命手段により我國家成立の大本たる立憲君主制を廃止し私有財産制度を否認し無産者独裁の社会主義社会を経て共産主義社会の実現を目的とし、日本共産青年同盟は同党と同一目的を有する秘密結社にして同党の指導下に立ち主として青年大衆に共産主義を扶植して将来の共産党員たらしむへく同盟員の獲得並訓練を任務となし、共に其組織の拡大政策の宣伝に努力せしところ、昭和三年三月十五日以来度々検挙により多数の党員並に同盟員を喪ひたるも纔《わずか》に検挙を免れたる残留分子により各其組織の整備拡大を図り其目的達成に努力しつ、あるものなるところ、

被告人林田哲雄は郷里西条中学校卒業後其家業たる仏門に入り京都市大谷大学に於て宗教学を専攻し其当時より社会科学の研究に興味を持ち大正十三年頃より農民運動水平運動に携り同十五年愛媛縣東部農民を糾合して日本農民組合愛媛縣聯合会を組織し自宅に其事務所を設置して自ら其書記長となり、昭和二年同組合中央委員に挙けられ翌昭和三年日本農民組合か、全日本農民組合と合同して全国農民組合か結成せらるるや同組合愛媛縣聯合会と改称し依然其要職を務め農民運動に盡瘁《じんすい》し、其政党関係に於ては昭和二年左翼政党たる労働農民党中央委員に就任し其愛媛縣支部を設置し之か執行委員長となり昭和三年四月十日同党か日本共産党と密接なる関係ありたるか為め解散を命せられたるより旧党員と共に新党組織準備会を組織し其幹事となり、更に同準備会か旧労農党の伝統を受け日本共産党を支持せし為め昭和三年十二月結社禁止処分に付せら

る、に至り其後身として成立し之亦日本共産党支持団体たる政治的自由獲得労農同盟を支持し居たるものにして、其間にマルクス主義レーニン主義に関する各種の文献を繙読し共産主義を信奉するに至り農民の徹底的解放を為さんとせしは土地私有制度を根本的に変革し之を没収して国有又は公有と為し生産物の分配を公平にせる所謂共産主義社会の実現を期せさるへからすとなし、日本共産党か前掲の如く私有財産制度否認を主要目的として組織せられたるものなることを知り深く同党に共鳴し昭和四年三月大阪に於て開催せる全国農民組合大会に出席したる際日本共産党員仁科雄一より同党機関誌「赤旗」の交付を受け之を被告人小川重朋に交付せる事実に付治安維持法違反として起訴せられしも無罪の判決を受け昭和五年二月出所せるものにして、

被告人小川重朋は郷里島根縣立濱田中学校第二学年を中途退学し大正九年より六箇年間小学校教員を奉職し居たるか、郷里に於ける農村の悲惨なる生活状態に刺激せられて農民運動に関心を有するに至り大正十五年十二月頃より農民組合に加入し島根縣聯合会並に大阪市同組合本部に於て書記として組合運動に従事し、昭和三年より愛媛縣聯合会常任書記として被告人林田哲雄方に同居し同人と其行動を共にし左翼政治団体たる労働農民党新党組織準備会に加盟し政治的自由獲得労農同盟をも支持し居たるか、其間マルクス並レーニン主義に関する文献を渉猟繙読し遂に共産主義を信奉するに至り現在の私有財産制度を変革して生産機関並に之を利用することにより得たる消費財貨の総てに付私有を禁し国有又は社会の共有となし分配の公平を計らされは到底労働者農民の解放を期し難しと確信し、日本共産党か前掲の如く私有財産制度否認を主要目的として其主義を最も忠実に実行し其目的とする社会実現の為めに邁進しつつある唯一の政党たることを知り深く之に共鳴し同党の指導方針に従ひ左翼農民運動に従事中、四、一六事件に連座し無罪の判決を受け被告林田哲雄と共に出所せるものなるか、

被告人両名は昭和三年以来衰退の途を辿り殆んと潰滅に帰したる全農愛媛縣聯合会の再建を企図し、先つ被告人両名か入所中大山郁夫等により創立せられたる新労農党に対する態度を決すへく共に文献を蒐集調査したるに指導部組織たる日本共産党の存在不明なりし為め、同党との関係を知る能はさりしか同五年四月上旬開催せられたる全国農民組合大会に出席して中央の情勢を探査したる結果新党は日本共産党に組織的に対立

し合法運動にのみ終始し左翼労働組合農民組合の強化の妨害し分裂主義に陥りたるものなること並に日本共産党及日本共産青年同盟の依然活躍せることを探知し共に同党並同同盟を支持し之と両立せさる新労農党を排撃すへきことを協議し、茲に同党指導下に一切の被圧迫階級解放に向つての農村に於ける闘争の中心たるへき農民組合を再建し之を共産主義的に指導し漸次同党に合流せしめて同党を拡大強化し究極の目的たる共産主義社会の実現を図らんこと及当面の急務として組合の指導者たるへき青年にマルクス理論を教へ次て共産党の戦略戦術を体得せしめて之を共産党支持下に獲得せんことを謀議し、

第一、雑誌戦旗は日本共産党及日本共産青年同盟を支持し其目的綱領を敷衍し階級闘争を激発すへきことを宣伝煽動せる記事を掲け毎号殆んと発売頒布禁止となり居ることを知りなから、

㈠　被告人林田哲雄

イ　東京戦旗本社に於て入手せる発売頒布禁止に係る雑誌戦旗昭和五年三月発行三巻四号及同年五月発行三巻七号を同年五月頃高井鹿一外数名に被告人居宅に於て交付閲讀せしめ、

ロ　其頃居宅に於て同様発売頒布禁止に係る同雑誌三月臨時増刊号三巻五号を岡本義雄に交付閲讀せしめ、

㈡　被告人林田哲雄小川重朋の両名は居町地方の農民特に青年に於て同雑誌購読慾の熾烈なるに乗し其支局を設置して発売頒布の処分を受けたる物をも入手して閲讀せしめんか為め、同年五月上旬頃林田哲雄居宅に於て真鍋光明、高井鹿一、藤原好男、岡本義雄等を招致して支局設置の件を諮り其共鳴を得て小松新屋敷、小松新宮、石根、氷見の各班を設置して其責任を選任し部数を三十五部と定め互に其購読者を勧誘して配布網を確立せんことを協議し、更に被告人林田哲雄は同月十日今治市[1]井手峰太郎方に於て玉井茂雄、白石忠夫と会見し同人等に戦旗配布に付今治班設置の件を諮り其共鳴を得て同班の部数を二十部と決定し、送本アドレスを田辺菊一方に定め相呼応して其配布網確立に努力せん事を協議し、

㈢　斯くして被告人林田哲雄は戦旗東京本社と連絡を取り同年六月より八月迄の間に発売頒布禁止の処分を受けたる同雑誌六月号三巻九号五十部、七月号三巻十一号及八月号三巻十三号各五十五部の逐号取寄せ其都度被告人両名並に各班責任者を通して夫々購読者に

交付閲讀せしめ、
以て共産主義意識の昂揚に努め、

第二、被告人両名は同年六月頃居町地方青年に共産主義を理解せしめ主義実現に付ての戦略戦術を授け、以て共産主義的闘志養成の目的を以て社会科学研究会を起し其講師は被告人両名自ら之に当り、教材として被告人両名は共同してマルクス主義の学理的骨子を説明せる山内房吉著マルクス思想読本を、被告人林田哲雄は単独にて資本主義社会制度を解剖し労働者農民へ賃金の奴隷なれば此搾取関係より解放するには共産主義社会の実現を期せさるへかさる旨平易に論述し、共産主義社会の実現を先導せる菊田一雄著「社会は怎（どう）なる？」（発売頒布禁止処分に付せられたるもの）を、被告人小川重朋は単独にて我国の原始共産主義時代より現時の資本主義社会に到れる発展段階を説明し現社会は再び社会的矛盾の終席に当面し社会的転換か開始されんとしつつある旨論述し共産主義社会の必然的実現を宣伝せる佐野學著日本歴史研究を各分担講演することとなし、被告人林田哲雄は七月一日より自宅及居町檜垣朝次郎、堀江真一方並に石根村伊藤久吉方等に於て青年を招集開講し聴講者に「社会は怎なる？」を交付し其伏字を起して講演し其席上現社会の欠陥を指摘して資本主義制度を変革するの必要あり之か為には青年は知識の向上を計り社会運動を為し将来理想の社会を建設せさるへからさる旨説述して共産主義社会の実現を扇動し、被告人小川重朋は組合本部事務所並に氷見町大字西の原の空屋に於て開講し前記日本歴史を講演し其席上或は現在の社会制度の下に於ては貧農及労働者へ地主並に資本家に搾取せられ如何に努力するも安楽幸福なる生活を送ること能はす故に現在の如き資本主義制度の変革する要ありされば青年は知識を向上し頭脳の基礎を作り然る後社会運動を為し以て将来理想的の社会を建設せさるへからさる旨、或は現在露西亜は革命によりて土地を国有となし農民は正当なる分配を受け幸福なる生活を送り居れるか我国に於ても土地を国有となさば生活の向上を期し得へき旨、説述し私有財産制度を否認して共産主義社会の実現を期すへき旨煽動し、

第三、雑誌農民闘争は雑誌戦旗と同様共産党支持の左翼雑誌にして主として農民に階級闘争意識を鼓吹するに好適なるものにして創刊号を除き総て発売頒布禁止の処分を受け居れるものなるところ、被告人林田哲雄

は同年五月より八月迄の間に於て同雑誌昭和五年四月号一巻二号八月号一巻六号各一部を藤原好男に、七月号一巻五号及八月号各一部を青野伊勢太郎に、同八月号一巻四号一部を瀬川龍太に、同八月号一部又は二部を十亀秋蔵、岡本義雄に交付閲讀せしめて階級闘争意識を旺盛ならしむへく努力し、

第四、雑誌インターナショナルは主として国際情勢を報道する共産党支持の雑誌にして同党の政策行動を宣伝せる記事を掲載する廉により殆んど発売頒布を禁止せられ居るものなるか、被告人林田哲雄は同年七八月頃各国に於ける共産党の情勢を知らしむる目的を以て万国の左翼運動情勢並に日本共産党の拡大強化を宣伝煽動し発売頒布を禁止せられたる同雑誌第四巻六号一部宛を高井鹿一、小川重朋に、又革命思想昂揚記事を掲載せる第四巻八号各一部宛を小川重朋、岡本義雄に、更に国際赤色デーに関しコミンテルン第六回世界大会に於て採用せられたる決議及コミンテルン執行委員会第十回に於て採用せられたる国際反戦デーに対する決議青年コミンテルン執行委員会決議並に激文等を蒐録し帝国主義戦争に反対し共産党の強大化並にプロレタリア革命を扇動し発売頒布禁止処分に付せられたる同雑誌反戦特輯號一部を高井鹿一に各交付して閲讀せしめ、

第五、被告人林田哲雄は居町地方の青年及社会科学研究心の旺盛なるを奇貨とし之に研究資料を提供し共産主義思想を涵養し併せて共産党の理論と其戦略戦術を研究せしめんか為め、同年五月より八月迄の間に於て東京市外渋谷町八幡通りファーニス書房同市小石川区小日向町マルクス書房より取寄せ又は自己の所持する書籍にして、

㈠　コミンテルンの発展を叙述して共産党組織の必要を強調しプロレタリア革命を扇動したるカバクチェフ著高山洋吉訳「コミンテルンの成立と発展」（発売頒布禁止処分に付せられたるもの）一部宛を高井鹿一、真鍋光明、小川重朋、津吉悦夫等に交付し、

㈡　世界革命を終局の目的とせる共産主義インターナショナルを謳歌しサヴエート同盟を守り共産主義社会への革命化の扇動したる「コミンテルン」編高山洋吉訳「コミンテルンの宣言、綱領規約」（発売頒布禁止処分に付せられたるもの）各一部宛の高井鹿一、真鍋光明、河渕秀夫、岡本義雄、矢野一義、津吉悦夫、小川重朋等に交付し、

(三)　共産主義を宣伝せるブハーリン、プレオプラヂエンスキー共著田尻都一訳「共産主義ＡＢＣ」（発売頒布禁止処分に付せられたるもの）一部宛を真鍋光明、藤原好男、中西嘉一、小川重朋に交付し、
(四)　右翼清算派を批判克服し共産党を支持し革命を扇動せるパナルメルケル著桑原悦夫訳「戦闘的組合戦略と右翼清算派」（発売頒布禁止処分にふせられたるもの）一部宛を真鍋光明、岡本義雄、津吉悦夫、小川重朋に交付し、
(五)　露西亜革命に於てレーニンの執りたる政策を強調し共産主義社会への煽動したるケルジエンツエッフ著田村清吉、秋山憲夫共訳「レーニンは何を教へるか」（発売頒布禁止処分に付せられたるもの）一部宛を高井鹿一、小川重朋に交付し、
(六)　共産主義青年同盟の任務と其共産党との関係、同盟の武装的闘争及プロレタリアートの独裁の為めの直接的闘争等を煽動したる青年コミンテルン著産労京都支所訳「青年コミンテルンの綱領」（発売頒布を禁止せられたるもの）一部宛を高井鹿一、真鍋光明、河渕秀夫、岡本義雄、津吉悦夫、小川重朋に交付し、
(七)　国際共産党の当今に於ける情勢及其戦略戦術を詳論し共産党を賞揚宣伝せる産業労働調査所訳論「現下の国際情勢とコミンテルンの戦略戦術」（発売頒布禁止の処分に付せられたるもの）一部宛を高井鹿一、真鍋光明、河渕秀夫、矢野一義、津吉悦夫、中西嘉一、小川重朋、に交付し高井鹿一、小川重朋等に対しては被告人所有の伏字なき原本を貸与して両名の書籍の伏字を起さしめ、
(八)　日本共産党結成後我国に於ける左翼理論の変選《ママ》を叙述し組合は共産党指導下に闘争すへき旨煽動せる小泉保太郎著「左翼労働組合運動」（発売頒布を禁止せられたるもの）一部宛を河渕秀夫、小川重朋に交付し、尚小川重朋に対しては伏字なき原本を貸与し同人の同書の伏字を起さしめ、
(九)　露西亜革命を遂行せる露西亜共産党の発展過程を詳述し万国の労働者を革命的に指導せる川内唯彦訳「ロシア社会民主労働党史」の伏字なき原本を真鍋光明に貸与して同人所有の伏字ある同所の伏字を起さしめ、
(十)　支那革命の最近の段階及之に対するプロレタリアートの態度運動方針を論述し中国共産党の戦略戦術を宣伝し日本プロレタリアートは中国共産党と相提携して革命を遂行すへきものなる旨煽動せる内田隆吉著「支那革命の前進」（発売頒布を禁止せられたるもの）を小川重朋に貸与して筆記せしめ、

⑾　ロシア社会民主労働党の執れる政策を叙述し貧農に対し共産主義社会の実現を宣伝せる竹尾弌訳「貧農に與ふ」一部宛を岡本義雄、児玉熊次、藤原好男、中西嘉一に交付し、

⑿　三・一五事件に於て検挙せられたる日本共産党員か官憲より暴壓拷問を受け居り無産階級の者は心底に銘せらるへかさる旨を記載し共産党員を賞揚援護し階級闘争の先鋭化を煽動セル小林多喜二著「一九二八年三月十五日」一部宛を河渕秀夫、瀬川龍太、玉置喜陸、藤原好男に交付し、

⒀　国家に関するマルクス主義の学説と革命時に於けるプロレタリアートの諸任務を論し革命を煽動したるレーニン著左翼書房編集部訳「国家論」一部宛を高井鹿一、真鍋光明に交付し、

第六、被告人林田哲雄は第二無産者新聞か日本共産党の準機関紙にして同党の目的遂行に関する記事を掲載し労農大衆に其政策行動を宣伝煽動し以て同党の拡大強化に任し殆んど発売頒布を禁止せられ又は非合法的発行を為し居れるものなることを知りなから発送先不明にて送付を受けたる同新聞第二十三号一部を同年六月頃居宅に於て高井鹿一に閲讀せしめ、

第七、被告人小川重朋は居町地方の農民特に青年に共産主義を理解せしめ組合闘士を養成し共産党指導下に組合運動を展開し同党の大衆的基礎拡大に資し理想とする共産主義社会の実現を図らんか為め、

㈠　「国家総動員演習を粉砕しろ」なる題下にサヴエート連邦を謳歌し日本共産党の拡大強化並に帝国主義戦争に反対し若し勃発せる暁は革命に誘導すへき旨宣伝煽動せる「反戦リーフレット」第六輯（発売頒布禁止の処分に付せられたるもの）一部を高井鹿一に交付し、

㈡　無産青年新聞は日本共産青年同盟の準機関紙にして同同盟の主義政策に関する記事を掲載し其拡大強化に貢献し共産主義を宣伝煽動セル為め殆んど毎号発売頒布を禁止せられ又は非合法発行を継続し居れるものなることを知りなから同新聞特別付録（昭和四年三月二十八日付発行）にして「我革命的プロレタリア青年運動当面の任務」なる題下に日本共産青年同盟を確立し一般の反動的青年団体と闘争し之を征服して農村青年を引入れ斯くして階級闘争の第一線に立つへき旨記載し共産主義を鼓吹し日本共産主義青年同盟を拡大強化すへき旨煽動せるもの一部を居宅に於て高井鹿一に交付閲讀せしめ、

(三)　前掲日本共産党の戦略戦術を宣伝せる「支那革命の前途」と題するパンフレットの写本を居宅に於て岡本義雄に貸与して筆写せしめ、

(四)　其頃居宅に於て共産党組織の必要を力説せるレーニン著青野季吉訳「何をなすべきか」と題する書籍（発売頒布禁止の処分に付せられたるもの）の伏字なき原本を真鍋光明に貸与し、

(五)　共産党の政治運動方針を論述し共産主義社会の実現を煽動せるレーニン著和田哲二訳「共産主義左翼小児病」の伏字なき原本を高井鹿一に貸与し同人所有の伏字ある同書の伏字を起さしめ、

(六)　資本主義社会崩壊の過程を分析し共産主義社会建設の一般的前提及プロレタリアート独裁政府樹立と其大勢等に関する記事を其内容とするブハーリン著佐野文夫訳「転刑期経済学」なる真鍋光明所有の書籍の伏字を自ら起して同人に交付し、

(七)　前掲共産主義社会実現を煽動せるレーニン著竹尾弌訳「貧農に與ふ」の伏字なき書籍を岡本義雄に貸与し、

(八)　国家に関するマルクス主義の学説と革命時に於けるプロレタリアートの諸任務を論し革命を煽動せるレーニン著岡崎武訳「国家と革命」（発売頒布禁止の処分に付せられたるもの）の伏字なき原本を真鍋光明に貸与し同人所有の之と内容を同しくするレーニン著「国家論」の伏字を起さしめ、

(九)　経済上より観察せる現時資本主義国家の段階を解説し其共産主義社会に転換すへき過程を論述せるレーニン著「資本主義最近の段階としての帝国主義」を高井鹿一に貸与して研究せしめ、以て被告人両名は孰（いず）れも日本共産党並に日本共産青年同盟の目的の為めにする行為を為し孰れも犯意継続に出てたるものなり。

被告人高井鹿一は小作農民にして居村尋常高等小学校卒業後農業に従事し傍ら農業補習学校に学び又は大学講義録等により独学し、大正十五年頃日本農民組合愛媛縣聯合青年部に入り全日本無産青年同盟か結成さるるや之に加盟し、当時其指導者たりし林田哲雄等の感化を受け社会問題に興味を持ち思想方面に関する文献殊に昭和二年十二月頃より大杉栄著自由の先駆等アナキニズムに関する多くの文献を耽読して無政府共産主義に心酔し、特に自由の先駆中の奴隷根性論に感激して我皇室に対し反感を懐き其存在を否認するに至りたるものなるところ、

第一、不敬の意思を継続して

(一)　昭和三年四月上旬周桑郡小松町青年団総会席上に於て同団は団員の自治すべきものなるをもって役員は総て団員より挙げざるへからすと諭し当時同団長たる居町小学校長砂田道太郎排撃の演説をなしたるも多数の者に排斥せられて自己の主張を貫徹すること能はさりしにより、之を快とせす同月十四、五日頃居宅に於て団長に宛団脱退の理由書草案を認むるに当り不敬の意思を以て「団長としての恩師砂田先生に対し団脱退の理由を略述して御了解を得たいと存しまして筆を取りました」と筆を起して「頑是《がんぜ》ない子供から天皇陛下へ一番勿体ないものだと云ふことを耳にたこが出来る程教えられたそして夫れを信し切っていました。然し陛下と団長とは主従の関係にあるか是は正しい事でせうか主たる陛下は奴隷を征服した酋長ではありますまいか従たる国民は奴隷と弱きが故にのみされた者ではありますまいか根本を正せは主も従もない自由人です。この意味て今の社会に適合せうがすまいが社会に怖る、ことなく特権階級を否定します陛下を中心とする酋長を中心とする団体から身をひいたのです。社会か覚めて来たら自然酋長はなくなります云々」と記し、

天皇陛下を酋長に比し連綿たる皇統を呪咀《じゅそ》し　天皇陛下の尊厳を冒涜し至尊に対し奉り不敬の行為を為し、

(二)　四月十七日自宅に於て右砂田道太郎に宛てたる信書を認むるに当り不敬の意思を以て「日本の皇室（皇室とは　天皇陛下並に其御一族を奉称せしめたる意）の存在を認めるにはどうしても天孫降臨を信しなければならない。然しこの説は余りにも架空的てあり空想的てある、皇室の存在は古代共産制末期の弱肉強食による酋長対奴隷の延長てあり、その遺物てある、彼等の穏和な暴力（崇敬せしめて搾取せることを意味せしむ）こそ認めるか彼等の他の何物も認めない云々」と記載し、

天皇陛下に対し奉り酋長の子孫にして搾取の外何ものも認めさる旨表示し以て皇統連綿万世一系の志尊に対し奉り不敬の行為をなし、

(三)　次て同年七月五日午後十時頃周桑郡小松町小松尋常高等小学校腰板に白墨を以て「人間には本来君臣（君とは　今上陛下を奉称せしむるの意）の別はない、人間の作った悪い制度た、悪い制度た君よ若し人間なれば此制度を破壊することを使命とせよ云々」と書し以て神聖なる皇室の尊厳を汚瀆し　天皇陛下に対し奉

り不敬の行為を為し、
其後林田哲雄、小川重朋等の感化に因り漸次アナキズムより転して共産主義に走り、

第二、昭和三年八月頃よりマルクス主義レーニン主義に関する研究に没頭し日本共産党並に日本共産青年同盟か前掲の如く革命手段により我国体を変革し私有財産制度を否認し無産者独裁の社会を樹立し以て無産主義社会の実現を企図せる秘密結社なることを知るに及んて、深く之に共鳴し無産者の解放は同党並同同盟によりてのみ其目的を貫徹し得るものと確信し之を支持拡大せんことを決意し犯意を継続して、

㈠　第二無産者新聞は日本共産党の、無産者新聞は日本共産青年同盟の各準機関紙にして夫々同党並に同同盟の目的遂行に関する記事を掲載し労農大衆に其政策行動を宣伝煽動し其拡大強化に任し発行の発売頒布を禁止せられ、又は秘密出版をなし居れるものなることを知りなから、之を他人に閲讀せしめて同党並に同同盟を大衆化し其目的達成に貢献せんことを企図し、昭和四年九月十月頃林田哲雄方に於て入手せる第二無産者新聞同年九月九日付創刊号、同月二十九日付第四号、同年十月一日付第五号、昭和五年四月より六月頃迄の間に園延モリエより入手せる同新聞同年三月五日付第十六号、同年四月九日付第十八号、同月十六日付第十九号、同月二十四日付第二十日号、同年五月七日付第二十二号、同月二十三日付第二十三号、同月三十一日付第二十四号、同年六月十一日付第二十五号、同月廿日付第二十六号、及前記小川重朋より入手せる無産青年新聞特別付録（昭和四年三月二十八日付）及右園延モリエより第二無産者新聞と同時に入手せる同新聞昭和四年六月一日付第六号、同年九月十五日付第十一号、昭和五年四月二十三日付第二十七号、同年五月七日付第二十八号、同月十六日付第二十九号、同年六月五日付第三十一号、同月二十一日付第三十三号を真鍋光明及実弟万吉実妹テル子等に数部宛を交付閲讀せしめ、且つ万吉、テル子に対しては随時日本共産党の目的綱領を説明し同党は労農者の解放に向って邁進しつつある唯一の味方なる旨申向け其支持拡大を煽動し、

㈡　日本共産党支持拡大の意思を以て昭和四年八月頃国家総動員演習を粉砕しろと題しサヴエート連邦を賞揚し日本共産党の拡大強化を宣伝煽動せる記事を掲載せる反戦リーフレット第六輯を真鍋光明、児玉熊次、戸田唯春、高井万吉、高井テル子等に交付閲讀せしめ、

㈢　雑誌戦旗か日本共産党並に日本共産青年同盟を支持し其政策行動を宣伝し階級闘争意識を鼓吹し大衆を共産主義的に啓発強化する任務を有し、毎号殆んと発売頒布禁止処分に付せられ居ることを知りなから、昭和五年二月頃より五月頃迄の間に日本共産党の政策行動を賞揚宣伝し発売禁止処分を受けたる同年二月一日付発行第二号、同月五日付発行第三号臨時増刊号、五月一日付発行第三巻第七号等を真鍋光明、児玉熊次、矢野益一、高井万吉、高井テル子等に交付閲讀せしめ、次て五月上旬頃林田哲雄方に於て同人より戦旗支局設置方協議を受くるや直ちに之に共鳴し自ら小松新宮班の第一責任者となり支局確立に努力し、翌六月より八月迄の間に戦旗社より送付し来りたる六月一日付発行第三巻第九号、七月一日付発行第三巻第十一号、八月一日付発行第三巻第十三号にして孰れも革命思想を昂揚すへき記事を掲載せるものを其都度戸田唯春、児玉熊次、矢野益一、真鍋荒太郎、秋山栄太郎、塩見信夫、近藤助一、園延モリエ、高井万吉等に勧誘して交付閲讀せしめ、

依て日本共産党の大衆的基礎拡大に努力し、以て日本共産党並に日本共産青年同盟の目的遂行の為めにする行為をなしたるものなり。

上叙の事実は孰れも之を公判に付するに足るへき犯罪の嫌疑ありて被告人林田哲雄、小川重朋の前掲所為は何れも治安維持法第一条第二項後段、刑法第五十五条に、被告人高井鹿一の不敬の所為は刑法七十四条第一項に、国体の変革を目的とする結社の目的遂行の為めにする行為を為したる事実は治安維持法第一条第一項後段に、私有財産制度否認を目的とする結社の目的遂行の為めにする行為を為したる事実は同法第一条第二項後段に各該当し、刑法第六十条第五十四条第一項前段第五十五条第四十五条等を適用処断すへきものと思料するを以て、刑事訴訟法第三百十二条に則り主文の如く決定す。

昭和六年六月三十日

松山地方裁判所

豫審判事　野田侃四郎

右謄本也

昭和六年七月四日

日雇裁判所書記　二宮恵行　㊞

1　井手峰太郎　林田末子の父親（戸籍より）

越智順一著作目録

Ⅰ 論文、史料編集

(1) 教育実践報告「日本の農業を教える中で資本主義の構造をどう認識させるか」、『歴史と教育』（愛媛歴史協議会機関誌）創刊号（一九六七年）。

(2) 「歴史編　近・現代　第２章　７節　大正期の地主小作関係」『東予市誌』一九八七年一〇月。

(3) 「歴史編　近・現代　第２章　８節　小作争議と農民運動」『東予市誌』一九八七年一〇月。

(4) 「第８章　第一次世界大戦後の郡町村と住民の動き　２節　地主と農民」『小松町誌』一九九二年一〇月。

(5) 「第８章　第一次世界大戦後の郡町村と住民の動き　３節　小作争議と農民運動」『小松町誌』一九九二年一〇月。

(6) 「新居郡産米改良の沿革　大正４年～大正８年」『愛媛県農民運動史料』第一輯(30)、一九九五年二月。

(7) 「愛媛県の小作争議（その１）大正11年～大正13年」『愛媛県農民運動史料』第二輯(31)、一九九六年二月。

(8) 「小松町農民運動史料　大正15年～昭和５年」『愛媛県農民運動史料』第三輯(32)、一九九八年二月。

(9) 「日農愛媛県連小松支部活動――玉井教一著「新宮農民組合日誌から」」『えひめ近代史研究』第66号（二〇一一年四月）。

(10) 「林田哲雄関係書簡からみた昭和初期の農民運動　今井貴一会員遺稿をふまえて」『えひめ近代史研究』第67号（二〇一三年八月）。

(11) 「中山川ダム建設反対運動の記録」『えひめ近代史研究』第67号（二〇一三年八月）。

(12) 「東予・周桑憲法９条を守る会　10年間の記録」『えひめ近代史研究』第69号（二〇一五年一〇月）。

(13) 『若もの会』の活動　『愛媛の勤評』後の若手教師たち」『えひめ近代史研究』第74号（二〇二〇年一一月）。

(14)「東予における近代的農民運動」『愛媛民報』（二〇一九年七月二一日～二〇二二年三月二〇日）。
(15)「報道新聞に見る愛媛の共産党弾圧の記録」『えひめ近代史研究』第76号（二〇二二年一一月）。

II　エッセイ

(1)「二人の美智子」『湧水』（愛媛退職教職員協議会機関誌）27号（二〇一九年）。
(2)「北海道の旅」『湧水』（愛媛退職教職員協議会機関誌）28号（二〇二〇年）。
(3)「被災十年」『湧水』（愛媛退職教職員協議会機関誌）29号（二〇二一年）。
(4)「中学のとき観た映画」『湧水』（愛媛退職教職員協議会機関誌）30号（二〇二二年）。

III　近年の近代史文庫例会での報告

(1)「新居郡産米改良をめぐる農民の動き」（川東浄弘と共同）……一九九五年四月。
(2)「愛媛県農民組合資料の編集」……一九九六年三月。
(3)「中山川ダム問題について」……二〇〇一年六月。
(4)「周桑の小作関係と農民問題」……二〇一〇年一一月。
(5)「中山川ダム反対運動の歴史」……二〇一一年一二月。
(6)「今井貴一会員の『林田哲雄書簡集』について」……二〇一二年一二月。
(7)「東予・周桑の9条の会　10年の活動」……二〇一五年七月。
(8)「若ものの会の活動について」……二〇二〇年八月。
(9)「治安維持法による愛媛県の共産党弾圧の状況」……二〇二一年一一月。

IV　短歌

(1)「回想の昭和」（「啄木コンクール最終選考作品」『新日本歌人』二〇二三年六月号。

越智順一さんを偲ぶ

澄田　恭一

越智順一さんが亡くなった。二〇二三年四月二四日の朝、退教協の田中明治さんからお電話をいただいた。ご葬儀は四月二七日だった。残念ながら参列できず、弔詞を送らせていただいた。

順一さんは昭和一三年生まれ、私より三歳ほど上である。最初の出会いは愛媛県南宇和郡御荘町で、一九六五年だった。もう六〇年近く前のことだ。

私が新卒で南宇和高校定時制教員になって二年目、二四歳のころだった。順一さんは郡内の柏中学校の教員だった。南宇和高校の同僚で、同じ教員住宅に住んでいた織田聰さんが案内してこられた。

初めての印象は、穏やかな口調で、相手を優しく見て話される真面目なハンサムな青年だった。この印象は六〇年お付き合いしてもずっと変わらない。

その時の話は愛媛の教育の現状とか、教員組合の活動のことだったと思う。私の未熟な定時制教育での苦労や悩みなどを真剣に聞いていただいた。

順一さんを含め私たちは一九六〇年「安保闘争」を体験した世代である。しかも、生徒の急増期で、中学校でも高校でも新卒の教員が多く採用された。南宇和高校では私と一緒に新卒一〇人採用される時代だった。全教員六〇人の中で、若い教員が職場に溢れていた。

若い教員は自分の未熟な授業に悩み、生徒との交流に苦しむことも多かった。それだけにお互いが話し合ったり、授業研究したりする欲求を持て余していた。

一方、愛媛県教育委員会はこうした若い教員の管理に頭を悩まし、「新採教員研修会」などを新設して、圧力を強めていた。役に立たない県教委の研修会に若い教員は抵抗していた。

順一さんや織田さんとの定期的な話し合いがもたれるようになり、教員だけでなく地域の若い人たちと一緒に、集まって歌を歌い、話し合う「若者の会」を結成しようということになった。宇和島の寺田さんなどとも連絡しあい、少しずつ運動に広がり始めた。そのリーダーとして越智順一さんが活躍され、みんなを引っ張っていただいた。

その後、「南予若者の会」として、南予全体に広がり、さらに「愛媛若者の会」へと発展していくことになる。この「若者の会」の活動を通じて、勤評で崩壊の寸前に追い込まれていた愛媛県教職員組合に、若い教師が一九七〇年代、加入していくことになった。私もその一人だ。

この「若者の会」の果たした歴史を、順一さんは「近代史文庫」で発表している。

順一さんに導かれたもう一つが「歴史教育者協議会（歴教協）」と「近代史文庫」への参加であった。順一さんは社会科教員として、豊かな識見と実践力を持っておられ、学ぶことが多かった。その源泉がこれらの歴史研究団体での活動だった。

一九六七年愛媛歴史教育者協議会の機関誌『歴史と教育』が、八幡陸郎、井上啓先生を中心に創刊され、順一さんは実践報告「日本の農業を教える中で資本主義の構造をどう認識させるか」を執筆した。中学校での授業の実践報告だが今読んでも、色あせない報告である。

また篠崎勝先生主宰の「近代史文庫」も紹介してもらい、導いてくれたのも順一さんだった。

『えひめ近代史研究』には順一さんの多くの論文が発表されている。「日農愛媛県小松支部の活動から」（66号・二〇一二）、「林田哲雄関係書簡からみた昭和初期の農民運動」（67号・二〇一三）、「新聞報道に見る愛媛における共産党弾圧の記録」（76号・二〇二二）など、地域に根差した実証的な歴史研究が多い。いつも学ばされることが多かった。

また、順一さんと同じ志を持って取り組んだのが、「9条の会」活動である。二〇〇四年、加藤周一さん、大江健三郎さんら九人の呼びかけで始まった「九条の会」。これに応え、全国にひろがった。

「東予・周桑憲法9条を守る会」は、二〇〇五年五月一五日、順一さん、田中寿三郎、川原光明さんらが呼びかけ人となり、四七人が集まり結成された。順一さんは事務局長として活動を支えた。

また学習会の講師として「今なぜ憲法改正か」（二〇〇五・一一）、「教育基本法改悪について」（二〇〇七・二）、「田母神論文を読む」（二〇〇九・一）などを講演している。また「東予・周桑憲法9条を守る会　10年間の活動」（『えひめ近代史研究』69号・二〇一五）も執筆した。

二〇〇五年五月四日、私たち「憲法9条をまもる大洲の会（大洲9条の会）」の結成とほぼ同じで、いつも「ニュース」や「会報」の交換をして、励ましあってきた。

「愛媛県退教協」の活動でもお世話になった。中でも『湧水』に執筆された順一さんの文章が心に残っている。「二人の美智子」（27号・二〇一九）は、皇太子妃の正田美智子と樺美智子を取り上げている。一九六〇年「安保闘争」をしっかり描いている。

ほかに、ご夫妻での「北海道の旅」（28号・二〇二〇）、東日本大震災・福島原発事故を書いた「被災十年」（29号・二〇二一）、また、戦後の映画の名作を評論した「中学生のとき観た映画」（30号・二〇二二）などがあるが、どれも順一さんの生きざまと結びつき、心に残る文章となっている。

コロナ禍が始まるまで、毎年一回、順一さん、織田聰さんと私の三人で、松山市で食事をしてお話をする会を続けていた。南宇和時代の思い出から始まり、近況を語りあい、楽しいひと時を過ごした。復活しようとしていた矢先、残念ながら、それもできなくなった。最後に、順一さんが詠まれた短歌の中から、私の好きな歌を二首紹介したい。

ワタスゲの花が揺れてるサロベツの　木道の向こふに利尻富士見ゆ

被災十年あらたな絆ひろがりて　みちのくの地にこぶし花咲く

敬愛する越智順一さんのご冥福を心からお祈りし、追悼の言葉としたい。合掌

（初出　『湧水』二〇二三年五月）

編者あとがき

佐伯　尤

新型コロナウィルスが猛威を振るっていた二〇二一年三月、本書の著者、越智順一さんから、『愛媛民報』に連載した「東予における近代的農民運動」の最初の二〇回分のコピーが送られてきた。私は、はじめの一〇回分ほどを夢中に読んだ。京都の大谷大学に行っていた若き林田哲雄が、社会主義思想にめざめ、郷里小松に帰って、愛媛県の東予で、水平社をたちあげ、農民組合運動を起こす話であった。私も、順一さんと同い年であるから、住井すえの『橋のない川』は読んだし、大学時代には、日本の寄生地主に東北型と西南型があるということは学んでいた。しかし、高校卒業までの一八年間、東予に生まれ育ちながら（順次、新居浜、周桑郡田野村、壬生川町をそれぞれ六年）、林田哲雄も、壬生川における水平社運動も、米どころ周桑郡の地主小作関係のことも、農民組合運動のことも、何にも知らなかった。私は、直ちに順一さんの生徒になった。早速愛媛民報社に電話し、愛媛民報購読者となった。

それから一年余、二〇二二年五月、順一さんから、連載全部のコピーが届いた。手紙が添えられていた。「読んで貰っていた民報連載の農民運動終了しましたので一〜三三までのコピーを送ります。御一読下さい。改めて読んでみると少々文章が堅く表現に工夫がいったと思います。文章を書くのは難しいですね」「コロナを理由に外出がおっくうになり家にこもる日が多くなりました。まだ、二、三年何かできればと思います」。私は順一さんに電話し、「本にせんといかんね」と言った。もちろん順一さんもそのつもりであった。

順一さんの死後、私は、奥様、静子さんの紹介によって、順一さんの三人の優れた研究仲間とお知り合いになることができた。御一方は、元愛媛県高校教諭、大洲や内子について造詣が深く、『大洲・内子を掘る　埋もれた人と歴史と文学と』（アトラス出版）の著者である澄田恭一さん、もう御一方は、愛媛医療生協に勤め、退職後、愛媛大学法文学研究科修士課程に入られ、二〇二二年に『農村協同組合医療の源流　愛媛県の産業組合医療』（筑波書房）を出版し、愛媛出版文化賞を受賞された、近代史文庫代表、冨長泰行さん、そして最後の御一方は、中学教師となった順一さんの早い時期の教え子で、愛媛民報の記者をつとめ、本書の「東予における近代的農民運動」が「愛媛民報」に連載されるのをお手伝いして下さった小島建三さん、である。

静子さんと御三方のお話や書かれたもの、あるいは、いただいたり教わって新たに入手したりした順一さんの書いたものから、私は、順一さんについて、私の記憶の空白部分を相当に埋めることができた。新しく仕入れた知識と順一さんとの付き合いで直に得ていた知識と合わせて考えているうちに、林田哲雄によって指導された東予における近代的農民運動の歴史は、「順一さんによって、書かれるべくして書かれたのではないか」、それは、「順一さんが人生の局面局面を真摯に生きてきたことの賜物でないか」と思うようになった。以下、私が知る順一さんの人生の局面局面を振り返ることによって、なぜそう思うか、その理由を考えてみたいと思う。

私と順一さんの小学校は愛媛県周桑郡にある田野小学校であった。入学は昭和二〇年四月であるから、まだ戦時中であった。三年から六年までクラス替えはなく、二人は同じクラスであった。一年から三年までの順一さんについての記憶はまったくない。順一さんが私の記憶に初めて登場するのは、四年生の冬の放課後の、学芸会の練習風景である。主人公になった順一さんが、「ひいらぎが目を刺した、痛い、痛い」と、まるで国語のテキストを読むように「喋って」いるのである。互いに大学三年の時、東京の阿佐ヶ谷で一緒に生活するようになるが、その時聞いた話を思い出すたびに、放課後残って劇の台詞の練習をしている順一さんのこの姿と、中学三年の一月、お家に会いに行ったとき見た、順一さんが柿畑で両親と兄弟七人の家族総出で働いている光景を思い出す。その話とは、「学校から遅くなって家に帰ると、家の仕事は全部終わっとるんよ。家族みんなで夕飯を食べる時、誰も何も言わんけんど、自分だけが手伝わなかったことが気がひけて、飯もまずいし…」。

私は、順一さんの家庭のこの光景を何度も思い出したが、なぜだか思い出すだけで、評価めいた判断をしたことはなかった。しかし、順一さんの死後、澄田さんがお書きになった「越智順一さんを偲ぶ」（『湧水』第三一号

（二〇二三年六月））のなかの、初対面の順一さんの印象を書かれた文章、「初めての印象は、穏やかな口調で、相手を優しく見て話される真面目なハンサムな青年だった。この印象は六〇年のお付き合いをしてもずっと変わらない」を読んだ時、私も同じ思いだ、そして、的確に表現するものだと思った。そして、そう思ったとたん、順一さんの家庭は、家族が多くとも、勤勉で、堅実で穏やかな家庭だったとの思いが突如湧いてきた。そして、次の瞬間、順一さんが、観察力があり、計画性、実行力、忍耐力に富み、必ず実のある成果を上げる力があるのは、順一さんが一五歳まで農家の、まさに順一さんのお家に育ったことによるとの考えがスーと浮かんできた。一五歳までに身につけた力が、それ以降の順一さんの人生をいたるところで支えたのだ。順一さんはもういない。私も八五歳を越えた。まことに遅きに失した認識だが、この認識は誤っていないと思う。

私は家庭の事情で、小学校卒業の翌日、あたふたと、同じ郡の瀬戸内海に面した壬生川町に移り住んだ。壬生川中学三年生の時の一月、周桑郡中学校駅伝競走で、アンカーとして一位のテープを切った時、順一さんが「モトくーん」と言って追いかけてきた。「高校に行けんようになった。グレるんなら、高校にやらんと親父が言いよる」と言った。「誰がグレるんぞ」と聞いた。すると、「兄貴がどうのこうのと親父が言いよる」と言った。トップでゴールしたので駅伝仲間がワイワイ寄ってきた。「明日会いに行く」と言ってその時は別れた。田野村川根にある順一さんの家に行くのに、長野―高松―川根コースでなく、初めて西山興隆寺入口の下の、徳田村の古田から川根にいたる道を通った。留守をしていた順一さんの祖母に柿畑を聞いて、そこで会った。順一さんは、家族総出で働いていた。

昭和二九年三月初旬の午前一〇時過ぎ、私は愛媛県立小松高等学校で入学試験を受けていた。科目は英語であった。何かの設問で、答えは、ワン、ツゥの、ツゥであると思った。そして、tow と書いた。何だ、これは。これはトウではないか。two と書き直した。ポ、ポーと汽笛が聞こえた（当時は予讃線はすべて蒸気機関車であった）。上りの汽車が中山川鉄橋にさしかかったのである。「あぁ、順一さんは、あの汽車に乗っている」と思った。

「金の卵」となった順一さんは、中山川鉄橋を渡った翌朝明け方、東京に着いた。初めての東京の印象は生涯忘れることのない光景として心に刻まれた。七〇年後、順一さんは、晩年に始めた短歌に、景色が目に見えるように詠んだ。

薄明に広ごる甍かき分けて　夜行列車は東京に入る
リヤカーを引きて社長の出迎えぬ　我が住む街の鵜の木駅前
千分の一ミリの誤差見落とさぬ　熟練工夫の眼鏡光れり
鉄板を磨く仕事も三日目の　外に降る雨眺めてゐたり
洗えども油の残る爪隠す　十五の吾は見習い工夫
終業の電源落ちて音も無き　工場にマッチする音聞こゆ
ぽつねんと裸電球点る部屋　気怠き夜学の授業は進む
白ペンキつけたる髪を頬に敷き　夜学の友は居眠りてをり
味気なき授業を逃れて多摩川の　土手に上がれば金星光る
悠久の流れは変わらぬ多摩に問ふ　吾の流れは何処目指すや
（短歌は、「回想の昭和」（「啄木コンクール最終選考作品」）『新日本歌人』二〇二三年六月号、一八ページ。）

言葉は八〇歳代のものであろうが、心は一五歳である。一五歳の自分を振り返っているのでなく、一五歳の時の気持ちをそのまま詠んでいる。正確に言えば、一五歳のとき言葉で表しきれなかった思いを、七〇年後に短歌という形式で形象化したのである。七〇年間、よくぞこれらの映像を心にとどめたと感心する。将来何になるか決める間もなく、いわば強制的に就かざるを得なかった町工場の見習い工夫。その工夫に、将来への不安が襲わない方が不思議である。「吾の流れは何処目指すや」。

以下は後日談である。五〇歳前のとき、順一さんに尋ねたことがある。「直ぐ上のお兄さんはどうしているの」「農協の組合長をしている」。立派になられていたのである。また、七〇歳を越えてからの順一さんの話である。「初めて勤めたところの年金をもらっている」。リヤカーを引いて駅で順一さんたちを迎えた町工場の社長さんは、遠い将来の年金の手続きと負担すべき積立金の支払をしっかりとやってくれていたのである。やはり同じ頃であったと思う。順一さんは言った。「親父は、兄貴がどうのこうのと言って、高校に行かしてくれんかったけんど、いま思うと、あと二人も子どもがいて、しんどかったんだと思う」。順一さんは七人兄弟、下から三番目であった。

集団就職だから、仲間がいた。工場の宿舎に入って一週間もした頃、夕食後みんなで散歩していたとき、東京高校定時制の新入生募集を見つけた。そして、その後、みんなで相談して入学手続きをした。後に再会してこれを聞いた時、順一さんは、昔は偉い人を出した学校だと笑っていた。次に再会するのは、順一さんと私が高校に入学してから七年後、二人とも大学三年になろうとする三月、東京は井の頭線の久我山駅、順一さんの下宿の近くであった。

どちらが会おうと連絡したのか、覚えていない。中学三年の駅伝のとき会った記憶は鮮明だが、実を言えば、小学校卒業以来それまでに会ったことがあったかどうか、思い出そうとしても定かでない。はっきりしていることは、会うといつも何の屈託もなく、昨日別れたように話していたことである。順一さんは言った。「いま武蔵小杉の法政短大に通っている。四月からは市ヶ谷の法政大学経済学部に編入学する」。バイトは、雪印のアイスクリームの配達をしている。小売店に配る」。私も、大阪で二年働いて、大学に入ったと話し、「兄貴と学習塾をやっているが、四月からは兄貴はできなくなるのでパートナーを探している」と言った。こうして、私と順一さんと彼の後輩の土田更生さんの三人が教える塾となった。私は四年間塾をやったが、最初の二年間より、後の二年間の方が楽だったように覚えている。楽だったと言うのは、家賃の支払いのことである。

増田四郎先生の「若い時は語学と歴史をしっかり勉強しなさい」という教えを知りながら、私は、当時大手の出版社が競って出していた世界文学全集に凝って、明け方近くまで濫読していた。普段の日、午前中の講義はまず「自主休講」、塾で教える日は、近所での買い物以外、外に出ることはほとんどなかった。この点、順一さんは非常にパンクチュアルであった。朝一の講義にちゃんと間に合うように大学に出かけていたし、塾で教える日も大学に行き、塾の始まる三時までに帰っていた。

順一さんは大学のゼミナールで農業経済学の大島清先生に就いた。ゼミに入るのに、ゼミの先輩の試験があったと聞いた。先生は、「名古屋大学に同姓同名の先生がいて、私が一冊本を書くともうお一人も一冊書く。そこで、私の名前の本が二冊になる」と面白く挨拶されたとも聞いた。順一さんは、ゼミで経済学の基本を習ったのではないかと思う。しかし、大学の勉強で最も力を入れたのは、クラブ活動、「農業研究会（農研）」であったと思う。「農研」の活動は、週一回の活動と年一回の会員全員参加の調査活動があったようだ。週一回の活動は、いわば公式の研究会であり、日本の主要な農業問題をとりあげ、報告者が調べて報告し、その後討論というゼミナール形式で進められていたようだ。もちろんそれだけでなく、日常常時顔をあわせて、議論していた。順一さんから聞いたテーマで私に強く残っているのは、戦後、戦前の寄生地主＝小作体制に替わって出現した農民層の分解の問題である。農地改革によって日本の農業で圧倒的多数となった自作農は、日本資本主義の発展とともにどのように変化していくのか。両極分解を遂げていくのか、それとも、中農標準化していくのか。この問題の意義を当時の私がどこまで理解していたか定かでないが、順一さんたちは、その問題を、日本の独占資本や国際経済などのかかわりで政策論的に追求していたと思う。

年一回、秋も深まった頃か初冬に行なう調査旅行は楽しかったようだ。三年生の時は秋田県か山形県か、どこか東北に行ったと記憶するが、間違っているかもしれない。四年生の時の行き先は確かだ。愛媛県は南予、みかん農家の調査である。収穫量、販売額、投下労働量、肥料・農機具代金支出。農家の経営状態を調査しつつ、農民層の分解の問題を考えていたのだと思う。

農民からいろいろな話を聞くのも楽しかったであろうが、子どもたちとの交わりはもっと楽しかったであろう。夕食後、「塾」を開いて、子どもたちの宿題を見たり、分からないところを教えたりする。調査を終えて東京に帰ると、子どもたちからお礼の手紙が届く。親御さんからはみかんが届く。

順一さんが、教師になるのを見ていたので、驚きはしなかったが、教師になったのはそれだけであった。石川達三の『人間の壁』を読んでいるのを見ていたので、驚きはしなかったが、教師になったのはそれだけであったか、ついに聞かずじまいであった。私が、塾での授業を終え、夕食のちゃぶ台を囲んだ時、順一さんは、「今日は山手線を一周した」と言ったことがある。一周約一時間。教員試験の過去問問題集を解いていたのである。知る人ぞ知るだが、騒音のある電車の中の方が集中できる。

それから一年後の冬休み前、大学を留年していた私は、卒論を書くという名目で、愛媛県は南予、南予は柏までやってきた。そして、順一さんの下宿に一週間ばかりころがりこんだ。夜、順一さんは、「教頭に出さんといかん」と、授業計画をしこしこ作成していた。私の方は、一枚も書かず、近くを散策するでもなく、寝るばかりで、帰京した。順一さんは二五歳、私はその直前、来たる三月、大学院の入試を受ける予定であった。

順一さんの研究の歩みについての私の知識は、本当に長らく、二五歳の時のままであった。四〇代の末に順一さんに会ったとき、愛媛大学の先生の研究会に出ていること、そして、六〇代の末に会ったとき、小松の「誰か」の手紙を読み解いていることを聞いてはいた。しかし、深く尋ねることはなかった。順一さんの研究の歩みについての私の知識の歯車が、静かに回り始めるのは、それからずっとずっと後、冒頭で述べたように、「愛媛民報」連載論稿のコピーが順一さんから送られてきてからであった。

私は当初、順一さんのこの成果を、一つには、大学の「農研」での研究の継続として、もう一つには、愛媛大学での研究会の活動の結果であろうと、単純に受けとっていた。それにしても、私が育った周桑郡に、戦前の地主＝小作制度や、小作争議や、農民運動や、共産主義運動が存在しなかったと信じていたわけではないが、周桑郡のこれらのことについて、中学、高校の社会科で学ぶことはなかったし、それらに触れる社会科の先生もいなかった。それゆえ、私にとって、順一さんの説明は新鮮で教わることばかりだった。しかし、どのような経緯からこのような研究を順一さんがはじめたかは、まったく分からなかった。

順一さんの二五歳以降の研究の歩みについての私の認識が急速に深まるのは、澄田さんが先に挙げた追悼文の中で、一九六七年に順一さんが執筆した『日本の農業を教える中で資本主義の構造をどう認識させるか』という教育実践報告を、「今読んでも、色あせない報告である」と評され、また、「篠崎勝先生主催の『近代史文庫』も紹介してもらい、導いてくれたのも順一さんだった」と述懐されているのを読んでからであった。私は早速、愛媛県歴史教育協議会機関誌『歴史と教育』創刊号に出ている順一さんの実践報告のコピーを冨長さんに送ってもらい、一読した。「日本の農業を教える中で資本主義の構造をどう認識させるか」というタイトルを見て思わず苦笑してしまったが、それは、私がこのような明確な問題意識をもって教壇にたっていたかの反省が頭をよぎったからである。それはともあれ、順一さんのこの実践報告は、何かの本を参考にして書いたというものではなく、自分の頭にあるものをそのまま順序立てて述べたものと思われた。澄田さんと同じく、私も、これは「今読んでも、色あせない報告」だと思う。拙くて大変恐縮なのだが、この報告を大まかに紹介しておきたい。

報告は、次の四つに分かれている。「はじめに」、「一　教科書でのべられる農業」、「二　農業をどのような観点でとらえ指導するか」、「三　地域を教えることの意味」、である。

「はじめに」では、まず、日本農業の問題の所在が提示される。日本の農業は工業の圧迫と国際経済の動きの影響をうけて打ち砕かれようとしている。兼業農家が増加し、農業から他産業へ労働力が流出している。この流出は、いっそう農業生産を荒廃させ、農業所得の低下をもたらし、それがまた出稼ぎ労働をうむ悪循環となっている。そして、この事態を正しく認識することによって、正しい社会の見方を身につけることができるのではないだろうかと、授業の目的が設定される。

「一　教科書でのべられる農業」においては、教科書（大阪書籍、三年、経済）の取り扱いが批判的に紹介される。教科書では、日本の農家の貧困の原因は、小規模経営（農家一戸当たり耕地面積の狭さ）に求められる。低所得なるがゆえに、資本投下も少なく、経営能率は悪く、生産性が低い。この事態を打破するためには、近代化が必要であり、経営規模を拡大し、革新的技術を取り入れる必要がある。他方、農業就業人口が多いのは、我が国産業構造の大きな問題である。

次の「二　農業をどのような観点でとらえ指導するか」において、日本の農業問題をみるべき観点が指摘される。農家の低所得も生産性の低さも全てを農業の特殊性の中に解消することはできない。つまり、農業問題を農業だけの問題としてみるかぎり、その問題は解決しない。農業問題は、つねに工業との関連の中でとらえられなければならず、また、労働問題としてとらえられなければならない。

「三　地域を教えることの意味」においては、1、生徒の感性的認識の場としての地域、2、問題発見の場としての地域、3、理論の検証としての場としての地域、の、3つの項目が立てられている。

そして最後に、これらの具体的授業内容として、「日本の農業の問題」のタイトルの下に、次のように諸項目が列挙される。

日本の農業の現状――戸数の減少（減少&農民層の両極分解傾向）／農業人口の減少（若年労働者の農外流出）／兼業農家の増加（農業だけでは生活不可）／衰える農業生産（米麦大豆生産量の減少&輸入増。農業生産の縮小）。

(1) 地域の農業の実態（地域的問題点――南予の特殊性＝零細農家が多い&低所得農家が多数）。

(2) 兼業農家について（形態――自営兼業とやとわれ兼業。業種――どのような兼業が増えているか。出稼ぎ先――出稼ぎ農民の労働条件。農業と工業の関係）。

(3) 日本の二重構造と兼業（兼業と中小企業――中小企業の低賃金と兼業農家の低所得の関連）。

(4) 地域の兼業について（真珠労働――真珠会社に働く母親の労働条件＝賃金その他の条件――労働組合・労

働基準法・労働組合・社会保険の必要性（とくに失業保険）と兼業出稼ぎ農民の生活との関係）。

(5)　日本経済の中での農業（貿易と農業――自由化と日本の農産物価格との関係）。（新産業都市と農業―日本の工業政策が農業を圧迫）。（農業基本法と農業―構造改善事業の推進によって農民層の両極分解、賃労働者が創出）。

(6)　今後の農業と産業構造（工業と農業、労働者と農民の関連の中で、農家、農民問題を考える）。

以上、順一さんの教育実践報告の概要を長々と紹介してきたが、それは、現在の日本の農業問題――食料自給率低下の中での高齢化・担い手不足、耕作放棄地の拡大、低所得、後継者難――を考える際の不可欠の観点を――農業内部に限定せず、工業や労働問題との関連でとらえるが必要――を打ち出しているからだけでない。それは、何よりも順一さんの大学以来の研究の歩みのなかで画期をなすと考えられるからである。もしこの報告を論文と呼べば、順一さんは単なる授業報告だと一笑に付すだろうが、彼にとってそれが処女論文のような意味を持ったことは認めると思われる。それは、内容的には順一さんが大学以来学んできた日本の農業問題のまとめであり、書かれたきちんとした論理と文章からすれば、中学以来孜孜と勉強して身につけた基礎学力の成果であった。そして、おそらくは、次の研究課題への取り組みへと進む跳躍台であった。

それでは、次の研究課題への挑戦台であると、どうして言えるのであろうか。

順一さんの日本農業についての具体的授業内容の大きな特徴は、日本農業全体の問題だけでなく、自分が住み生きる地域の農業の問題をとり上げたところにある。「地域」を、「感性的認識の場としての地域」「問題発見の場としての地域」「理論（＝法則）検証の場としての地域」という3つの観点から捉える捉え方に、それが見事に表現されている。ところで私は、順一さんのこの地域の捉え方は、順一さんが、愛媛大学教授、篠崎勝先生の提唱された「地域社会史論」を採用した結果でなかったかと考える。近代史文庫の創設者であり指導者である篠崎勝先生が「地域社会史論」を提唱されたのは、一九六三年一月発行の『愛媛近代史研究』創刊号所収の、「地域社会の歴史的研究」においてである。そして、順一さんが教師として愛媛に赴任するのは同じ年の四月、そして、上の教育実践報告が発表されたのは一九六七年である。したがって、これを書くとき、順一さんは、すでにこの篠崎理論を知っていたと考えて間違いない。私はいま、順一さんが一段高い地域研究を達成することができたのは、篠崎「地域社会史論」を我が物にしたことによると考えている。それでは篠崎「地域社会史論」とはなんであろうか。

私が、篠崎「地域社会史論」の存在を知ったのは、ほんの先だって、昨年一二月一一日、本書の編集の集まりで冨長さんからいただいた『愛媛近代史研究　特集篠崎勝先生追悼特集』六三号（一九九九年一一月）所収の島津豊幸「『地域社会史論』のころ」を読んだ時である。『愛媛近代史研究』の創刊号の編集に携わられた島津さんは、上に挙げた篠崎先生の論稿について、次のように述べられている。「…創刊号において近代史文庫の立場を明らかにするようお願いした…。…先生から渡されたのが、創刊号を飾った『地域社会の歴史的研究』の素原稿であった。現在では古典的労作として高い評価を得ている論文であり、先生が心血を注がれたものであった…」。

私は、再び冨長さんにお願いして、創刊号に掲載されているこの論稿のコピーを送ってもらった。難しい論文で明らかに私の力に余るものであるが、未熟を承知の上で、あえて内容を要約しておきたい。

篠崎先生は、「地域社会の歴史的研究」を、地方史についての三つの主要な考え方の検討から始めている。第一の考え方は、中央偏重の国史を改めるために、地方史を重視するもので、「国史の一部として地方史」という立場をとらなければ、真の地方史とはならないとする考えである。第二の考え方は、研究の過程で、地方史料を扱う歴史研究を地方史とするもので、地方の具体的事例を分析し、その特殊具体性のなかに、一般的＝歴史法則性を把握するために研究を推進する歴史研究者の研究過程の問題として、地方史研究を把握する。第三の考え方は、地方史を郷土史として押さえ、郷土史を人間集団の発展変遷の最も具体的な表現と解し、郷土史研究を歴史教育と地域研究の枢軸としてとらえるものである。

篠崎先生は、これら三つの考え方にはそれぞれ、「観念と論理のアンバランス」があると指摘される。すなわち、第一の考え方には、地方を中央の支配と影響の下に受動的にとらえ、中央と地方の歴史とが融合されて国の歴史が明瞭になるという安易な論法が適用されている。第二の考え方においては、地方の特殊性のなかに一般法則をつかむと言いながら、かんじんの「地方」についての論理的法則性の把握がまったく欠如している。第三の考え方では、地域の歴史を系統的に、しかも現実の問題意識に則してとらえようとする歴史方法論とヨーロッパで盛んな人文的地域研究の概念とを、地域開発の歴史に結びつけようとする観念が流れている。しかし、地域の近代化とか総合開発とか地域改善とかの名で呼ばれる最近の風潮に対処しようとする姿勢が立論の基礎にある。篠崎先生は、「これらの三つの考え方は、…われわれ自身の考えに含まれていることを認めるならば、…自己自身に自己批判を加える必要がある」と述べて、中央（国家権力）に受動的に対応する地方を考察するというような官僚主義的史学研究と、地域の実践的な問題意識から誘致した社会科学的方法論や地域社会の階級対立や不均等発展の矛盾を法則的に明確にし得ないような人文的地域研究が、地域社会の歴史研究から排除され、克服されなければならないことを指摘する。そして、篠崎先生は、上述の立論に立って、あるべき地域社会の歴史研究を打ち出されるのである。「われわれは、地域社会の歴史研究を地域社会の科学的総合研究の一環であると考える。地域社会の科学的総合的研究は、…地域の人々の生活と運動の諸事実を明らかにし、それが展開する諸条件と諸矛盾を究明し、社会発展の法則をとらえることによって、地域民衆・国民・世界人類の未来をつくる力を産み育て強めるための重要な社会的実践である」。ここで「地域社会」とは、「…共通した社会生活の、諸条件・諸矛盾（自然環境・種族・労働状態・生産関係・権力支配の形態などによって、規定され、特徴づけられる）のもとに存在し運動する民衆の生活圏である」。

近代史文庫の立場を鮮明にした篠崎先生の「地域社会史論」は、先生ご自身によって、近代史文庫の、「ここに生き、住み　働き、学び、たたかい　ここを変える」という生き生きとした素晴らしいスローガンに要約される。冨長さんに教わったところによると、これは一九七三年頃だという。これには、順一さんは、「我が意を得たり」の気持ちであったと思われる。

しかしながら、この研究方法が、順一さんにおいて直ぐに研究成果にむすびついたわけではない。成果を上げるためには、日々の研究の積み重ねが必要である。忘れてはならないことは、順一さんは、なりよりも中学教師であった。授業、授業内容研究、生活指導、部活指導（女子ソフトボール部を担当したと本人より聞いた）、教務と校務、父母との懇談等々、それに、組合活動、同僚や友人との様々な交流など、日々の生活は多忙であった。

順一さんの研究が実ったのは、『東予市誌』（昭和六二（一九八七）年）と『小松町誌』（平成四（一九九二）年）の「歴史編　近代・現代史」においてであった。執筆者への依頼は、それぞれ一九八三年と一九八八年であったから、双方とも論稿の発表までに四年を要したことになる。順一さんは、双方においてそれぞれ、周桑と小松町における、戦前日本経済の中心的問題であった「地主制・小作問題」と「小作争議・農民運動」にとりくんでいる（本書、第二部所収）。

篠崎　勝

ここで注目したいのは、『東予市誌』の「歴史編　近代・現代史」の執筆を担った人たちの研究の体制である。愛媛県中学教諭で、近代史文庫会員であった伊東正俊さんは、東予市誌編集委員長、岸田武治氏と同歴史編編集委員、武田三郎氏から近現代史の担当を要請されるや、属していた近代史文庫代表、篠崎勝先生に相談した。その結果、近代史文庫会員の、今井貴一（愛媛県小学校教諭）、越智順一、部落問題研究者、高市光男が執筆者となった。篠崎先生を囲んだ討論で、「近代・現代史」の書くべき項目（章・節編成）が決定され、四年間にわたる執筆者の共同研究が進められていったことは想像に難くない。最終的に、執筆分担が決められ、そして、提出された「原稿は篠崎先生の監修の下に全員討論に付し、昭和六二年三月に完成した」。『小松町誌』においても、責任者は今井さんに代わるが、同じ研究体制が採られたと考えて間違いない。なお、順一さんが、『東予市誌』と『小松町誌』における自分の分担分を執筆するのに使った原資料の整理はその後の仕事となり、次の三文献に掲載された。

一．「新居郡産米改良の沿革　大正四年〜大正八年」『愛媛県農民運動史料』第一輯（30）、一九九五年二月。
二．「愛媛県の小作争議（その一）大正一一年〜大正一三年」『愛媛県農民運動史料』第二輯（31）、一九九六年二月。
三．小松町農民運動史料　大正一五年〜昭和五年」『愛媛県農民運動史料』第三輯（32）、一九九八年二月。

『東予市誌』と『小松町誌』の「歴史編　近代・現代史」における順一さんの執筆部分を読むと、『愛媛民報』に発表された「東予における近代的農民運動」における周桑の「地主制・小作問題」と「小作・農民運動」の取り扱いの骨格が、すでにしっかり確立されていることがわかる。そして、近代的農民運動の主体の問題、すなわち、寄生地主制に抗する農民組織とそのリーダーの活動ならびにリーダーに対する国家の弾圧と農民組織解体についても、的確に指摘されている。不足しているのは、リーダーの中心人物、林田哲雄と彼の組織の具体的な活動の歴史の叙述である。

この問題へのアプローチを切り開いてくれたのは、今井貴一さんであった。今井さんはすでに、一九八三年、篠崎勝先生のお勧めにより著した「闘士と『出家』」（近代史文庫編『郷土に生きた人びと』静山社、一九八三年所収）において、農民運動のリーダーであった林田哲雄の生涯を紹介していた。本書所収の今井貴一「『昭和初期における林田哲雄と仲間たち』とその後（遺稿）」の「はじめに」によれば、それから四半世紀後の、二〇〇九年五月、町田市の廣畑研二氏から林田哲雄について近代史文庫に問い合わせがあり、それには、「探した結果、『郷土に生きた人びと』にたどり着いた」とあった。連絡を受けた今井さんは、手許にある「林田哲雄関係年表メモ」を他の資料と一緒に近代史文庫を通して送った。そして、これを契機に今井さんは、当時の近代史文庫主事富長泰行氏の強い勧めもあり、林田哲雄の研究に再びとり組むこととなった。

今井さんの手許には、『郷土に生きた人びと』の執筆以来の、「農民運動・林田関係の未整理諸資料」が残っていた。その中に、「法政大学大原社会研究所蔵」の「農民運動・農民組合関係史料コピーファイル」があった。これは、篠崎勝先生が大原社研へ行ってコピーしてこられた資料であった。今井さんは、『郷土に生きた人びと』の論稿執筆の際は、林田に関係のありそうな文書を執筆の資料に使ったのであるが、今回は、そのファイルの中の書簡の翻刻、すなわち読みにくい草書の字の読み取りにとりかかった。まずどのようなことが書かれているかを理解することが先決で、テーマは後からついてくるとの思いであった。

この頃、私はおよそ二〇年振りに順一さんに会った。二人は七〇歳を前にしていた。長い間会わなかったのは、私の病気のせいであった。再会したとき、「いま、小松の〇〇の手紙を二人で読んでいる」と聞いた。「二人で読んでいる」ということは、くずし字か草書で書かれた読みにくい手紙を解読していることだと理解した。しかし、一緒に読んでいる相棒が誰であるかは聞かなかったし、手紙の主が小松の誰であったかは、聞いたと思うがすぐに忘れてしまった。しかし、今はこれらのことはきちんと言うことができる。手紙の主は、林田哲雄と彼の関係者、共に読んだ相手は、近代史文庫の先輩の今井貴一さん、そして、テーマは、大正時代から昭和初期にかけての愛媛県東予における農民運動であり、政治活動であり、また、それらに対する政府の弾圧であった。

今井貴一

二人の共同解読作業で、第一ヴァイオリンを弾いたのは今井さんであった。今井さんは、この作業の中で草書やくずし字の読み方を順一さんに教えたことであろう。二人は完全退職しており、晴耕雨読であった。研究のスピードは上がった。二人が書簡の解読を始めたのは、早くて二〇〇九年の夏くらい。しかし、二〇一〇年一二月には、今井さんは、詳細な「農民運動の中の林田哲雄関係略年表」を作成し、その二年後には、研究ノート『昭和初期における林田哲雄と仲間たち』とその後」（本書、第二部所収）を著した。だが、残念なことに、この研究ノートは遺稿となってしまった。彼の衣鉢を継いだのは、もちろん順一さんであった。順一さんの資料解題「林田哲雄関係書簡からみた昭和初期の農民運動―今井貴一会員遺稿をふまえて」（本書、第二部所収）は、今井さんの研究ノート（遺稿）と同じ『えひめ近代史研究』六七号（二〇一三年八月）に掲載された。

本書第一部、すなわち、順一さんの『民報』の論稿、「東予における近代的農民運動」は、彼が『東予市誌』と『小松町誌』の「歴史編　近代・現代史」執筆のために取り組んだ周桑における「地主制・小作関係」と「小作争議・農民運動」の研究と、今井さんとともに取り組んだ林田哲雄たちの書簡の翻刻と読解による彼らの活動の解明とが、総合されたものであると言えるであろう。ここに、日農が愛媛県に導入された一九二四年から三・一五からの相次ぐ弾圧と内部分裂で全日農愛媛県連が解体するまでの、東予における農民運動の展開とそれへの林田哲雄の関わりの全体像が明らかになったのである。

林田哲雄によって指導された東予における近代的農民運動の歴史は、順一さんによって書かれるべくして書かれたのではないかとの疑問を解くべく、私は、順一さんが中学卒業まで育った家庭、集団就職と定時制の生活、法政大学時代の農業研究会での勉強、中学の社会科の教師となってからの授業の実践、篠崎勝先生の「地域社会史論」、『東予市誌』と『小松町誌』における周桑の地主小作関係、小作争議ならびに農民運動の研究、今井さんとの林田哲雄の共同研究、をみてきた。これらはすべて、同じ方向を指示しており、私は、私の疑問に肯定的に答えても、間違いないと思われる。

順一さんは、今井さんとの共同研究が終わった後、愛媛民報論稿が書かれる前後（二〇一三年八月～二〇二二年一一月）に、「越智順一著作目録」に見られるように、四つの論稿を『えひめ近代史研究』に発表している。最後の「共産党弾圧の記録」は、林田哲雄自身にも向けられた三・一五とそれ以降の共産党弾圧が愛媛県でどのように現れたかの調査であり、愛媛民報論稿を継続もしくは補足する研究である。『若もの会』の活動」は、順一さんが飛び込んだ学テ実施という愛媛の厳しい教育現場で、志を同じくするものととり組んだ状況打開の試みを記録したもので、経験を現在に活かそうとするもの。「東予・周桑憲法九条を守る会」は、いま日本中で組まれている平和運動の中の、周桑の人たちの一〇年間の活動記録であり、「中山川ダム建設反対」は、周桑の飲料水と農業用水の需要量の推計は間違っているばかりでなく、建設されるダムの近くにあるオオノ開発の産業廃棄物処理場から有害物質を含む汚水が流れ込み、千原鉱山廃坑跡は、ダムが満水になれば、完全に水没するが、それには、国の排出基準を超えるカドニューム・水銀・鉛・六価クロム・亜鉛・銅・鉄・マンガンなどが含まれていることを指摘し、当初ダム建設に賛成していた地元の二市二町、西条市と東予市と小松町と丹原町の各当局を翻意させた、勝利の実践記録である。

順一さんは、教師として教育実践と教育環境の改善に、研究者として地域の農業の歴史に、市民として中山川ダム建設問題に、そして、国民として九条の問題にかかわった。順一さんは、地域研究に取り組む姿勢として篠崎勝先生の「地域社会史論」に深い信頼を寄せたことを先に述べたが、それは、篠崎先生の「地域社会史論」を、単に地域と国に平和と民主主義を実現するための研究の態度と受け止めたためでなく、人の生き方、生きる思想と受け止めたためであった。順一さんは、近代史文庫において、まことに良き師、良き先輩、良き後輩にめぐまれた。

一五歳の順一さんは思った。
吾の流れは何処目指すや　と。
八五歳を前にして、順一さんは詠んだ。
老いたれど埋もれ火いまだ止まず　終楽章のタクトを擱かず
共闘を広げ九条守らんと　小雨降る中街宣始む

順一さんは立派に生きたと、しみじみ思う。

（二〇二四年一月執筆）

越智　順一（おち じゅんいち）

1938年11月29日、愛媛県周桑郡田野村に、父越智喜作、母ツマヱの四男として生れる。田野小学校、田野中学校を卒業。集団就職で上京。東京高等学校定時制卒業。1959年法政大学短期大学入学。1961年法政大学経済学部編入学。1963年の卒業と同時に愛媛県中学教師となり、以後、同県の南予と東予で勤務。1999年3月定年退職。その間、愛媛県歴史教育協議会と近代史文庫の会員として活躍。『東予市誌』（1982年）と『小松町誌』（1992年）に分担執筆。『えひめ近代史研究』に多数の論稿執筆。2005年の「東予・周桑九条の会」設立以来、活動に参加。

愛媛県東予における林田哲雄と近代的農民運動

2025年4月20日　初版第一刷発行　定価＊本体2500円＋税

著　者　越智順一
編　者　佐伯　尤、澄田恭一、冨長泰行、小島建三
発行者　大早友章
発行所　創風社出版
〒791-8068 愛媛県松山市みどりヶ丘9－8
TEL.089-953-3153 FAX.089-953-3103
振替 01630-7-14660 http://www.soufusha.jp/
印刷　㈱松栄印刷所

ISBN 978-4-86037-352-8

愛媛県東予地域の市町村地図　1937年（パラパラ地図より）

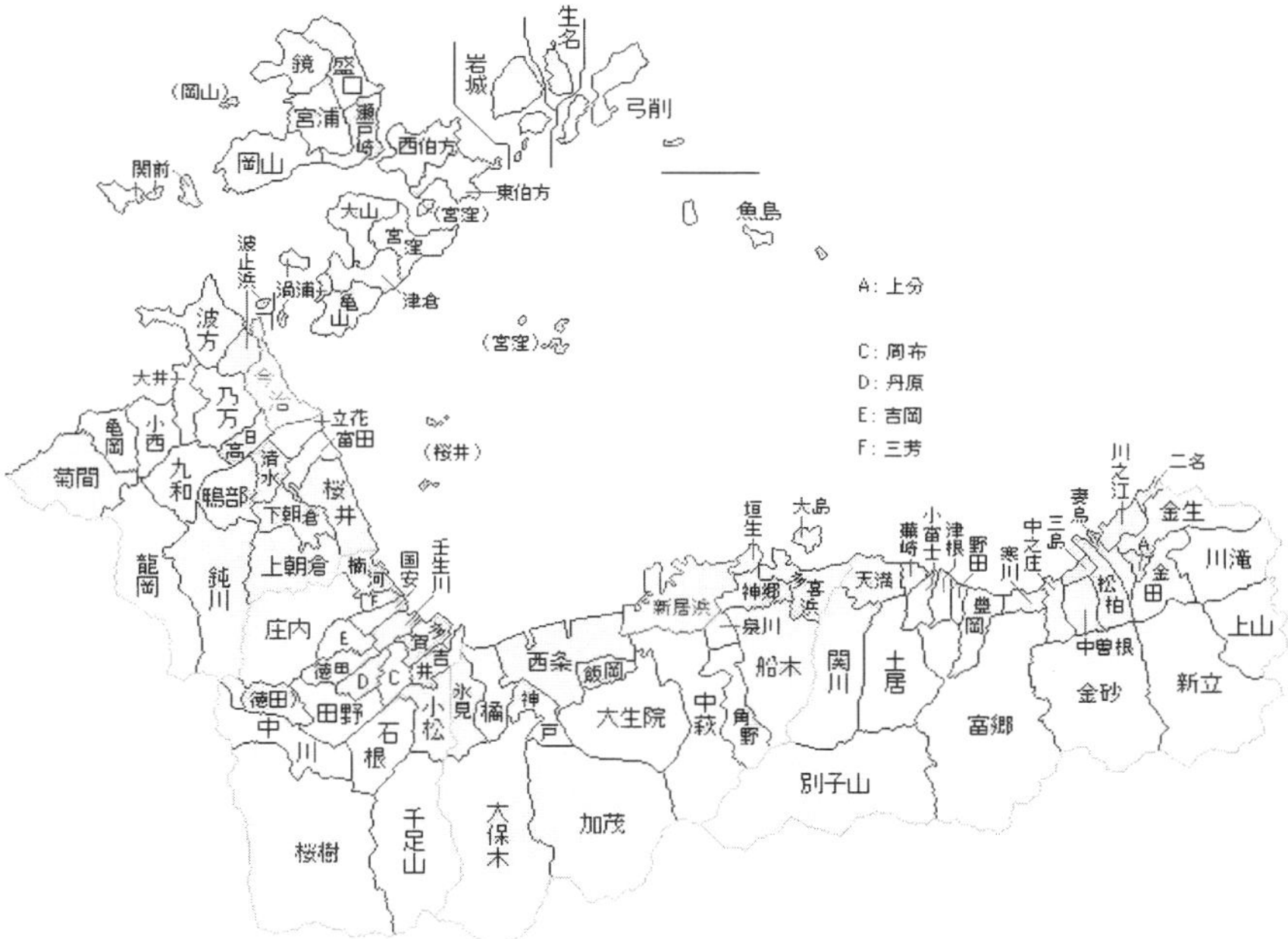

人名索引

(名が異なった文字で表されている場合は併記。ゴシック体は現代の研究者)

あ行

か行

さ行

た行

な行

は行

ま行

や行

ら行

わ行

事項索引

あ行

か行

さ行

た行

な行

は行

ま行

や行

ら行